科学养猪实用技术

（第 2 版）

唐新连　编著

上海科学技术出版社

图书在版编目(CIP)数据

科学养猪实用技术 / 唐新连编著. —2 版. —上海：上海科学技术出版社,2018.2（2020.11 重印）

ISBN 978 - 7 - 5478 - 3879 - 2

Ⅰ.①科… Ⅱ.①唐… Ⅲ.①养猪学 Ⅳ.①S828

中国版本图书馆 CIP 数据核字（2017）第 328408 号

科学养猪实用技术（第 2 版）

唐新连　编著

上海世纪出版(集团)有限公司

上 海 科 学 技 术 出 版 社　出版、发行

（上海钦州南路 71 号　邮政编码 200235　www.sstp.cn）

浙江新华印刷技术有限公司印刷

开本 889×1194　1/32　印张 12.5　插页 4

字数 350 千字

2013 年 8 月第 1 版

2018 年 2 月第 2 版　2020 年 11 月第 5 次印刷

ISBN 978 - 7 - 5478 - 3879 - 2/S・164

定价：45.00 元

本书如有缺页、错装或坏损等严重质量问题,请向工厂联系调换

内容提要

    本书由从事养猪生产近30年的第一线技术员编著,其最大特点是突破了传统的书本知识,很多内容是作者多年生产经验的总结和提炼,技术实用,资料翔实,如猪场设计、猪的人工授精、猪场管理、猪场防病等都有编者独到的见解。参阅本书能解决养猪生产中的很多实际问题,对广大养猪生产者及相关技术人员具有较大的参考作用。

序

当前我国的养猪业正朝着现代化、标准化、智能化方向迅猛发展，要求养猪一线工作人员必须理论与实践相结合，不断总结养猪实践经验，提升养猪生产的效益与成绩，确保养猪业健康发展。

《科学养猪实用技术》是非常实用的养猪专业书籍。作者唐新连从事养猪一线工作30余年，书中很多内容是作者结合多年生产经验的总结和提炼，文字条理清晰、简洁明了、深入浅出、通俗易懂。

作者结合自己在养猪实践中独到的见解和体会，对种猪选育、猪场设计、饲养管理、人才培养、绩效考核、饲料与营养、防疫与保健、疾病防治、生物安全等生产中应注意的细节及其重要性进行了详细阐述。本书内容能解决许多养猪生产中遇到的实际问题，值得一线养猪工作者及相关技术人员参考和借鉴。

中国工程院院士

陈焕春

二〇一七年十二月二十八日

前　言

我国是农业大国，农业是国民经济的重要基础和支柱。随着社会经济的不断发展，人们对肉、蛋、奶的需求不断扩大，畜牧养殖业在农业中占的比重越来越大，其中尤以生猪养殖最为重要。养猪是我国"菜篮子工程"的重要内容，除了满足人民基本的食肉需要外，对我国农业增收、农民致富和农村稳定更是起到举足轻重的作用。

我国有着数千年的生猪养殖历史。猪繁体字写作"豬"，"豕"意为"猪"，"者"意为"家庭"。"豕"与"者"联合起来表示"家养的豕"、有"家"必养"豕"。几千年的经验积累与劳动人民的不断探索，造就了当前我国较高水平的养猪理论与技术，但由于人口众多、生产资料及水平的不同，使得许多养殖技术不能广泛而深入地应用和交流；再加上经济发展起步相对于发达国家较晚等诸多客观因素，致使我国生猪养殖的总体水平还相对较低，直接影响着我国养猪业的生产水平和经济效益。因此，生猪养殖产业迫切需要更多经验丰富的从业人员将自己的宝贵经验与技术广泛地传播和交流。

本书从科学生产管理、实用等角度出发，详细阐述了养猪业生产中所使用的各种技术内容及发展前瞻，并依据兽医学、病理学、药理学、微生物学等基本理论，结合笔者多年生产实践总结，系统地阐明了猪场在选址、设计、消毒、防疫、育种、营养、管理、疾病防治等方面应注意的细节及其重要性。

本书力求通俗易懂，深入浅出，旨在提高养猪生产水平。书中全面展示了笔者多年关于猪饲养管理、猪人工授精、猪病临诊、猪场设计等多方面的独特技术与观点，可供广大养殖户、兽医临诊工作者、养殖场技术人员、畜牧兽医专业学生及相关科技工作者参考应用。

本书是对《科学养猪实用技术》第一版的进一步完善，也是应广大养殖户、养猪技术人员反馈的问题和提出的建议而重新编写的。在此，对大力帮助与支持本书成文的相关单位及众多有关人士深表谢意！

由于编者水平所限、掌握资料不够全面等原因，虽已尽心尽力，但疏漏与错误在所难免，敬请指正。

编著者

2018 年 1 月

目　　录

第一章　我国养猪业

我国是人类文明的起源地之一。据考古研究发现,猪是最早驯化的家畜之一。传统上猪为六畜之首,猪肉更是我国人民传统的肉食品,是"菜篮子"工程的主体。我国养猪数量占世界一半以上,养猪生产对我国农业增收、农民致富和农村稳定起到了举足轻重的作用。

一、悠久的历史和宝贵的经验

我国养猪的历史可以追溯到 10 000 年以前。据考证,在新石器时代就出现了家猪。广西桂林甑皮岩文化遗址挖掘的猪牙和猪骨,经 C^{14} 测定,距今 11 310 年 ± 180 年;浙江余姚河姆渡遗址内挖掘出家猪骨及陶猪,距今有 7 000~8 000 年;河南仰韶村遗址中挖掘出兽骨和陶猪;西安半坡村遗址中不仅挖掘出兽骨和陶猪,还发现圈栏设施,可以推测距今 5 000~6 000 年前猪的饲养管理条件已有明显改善。由此可见,我国养猪之早之盛。

中华民族是进行动物人工选种的始祖,但当时没有很好地把研究记录下来。到 2005 年,世界公认猪的起始地:一个是中国,一个是欧洲。

西汉氾胜之所著的《氾胜之书》有瓠瓢养猪记载。北魏贾思勰《齐民要术》有"春夏草生,随时放牧,糟糠之属,当日别与;八九十月放而不饲,所有糟糠则畜待穷冬初春"和"猪性甚便水生之草,把搂水草近岸,猪食之皆肥",懂得草糠季节搭配措施的叙述。先秦时期已有"六畜相法"。明代徐光启的《农政全书》和清代张宗法的《三农纪》等著作中,更清楚地表述了对家畜外形选择的要求和外形与机能的关系。如喙褊短、鼻孔大、耳根稳、背腰长、尾垂直、四蹄齐。毛稀者易养,气膣大多食难饱,耳根软不易肥,生柔毛久难长等。西晋张华的《博物志》中已有对家猪的种类进行描述:"生青、兖、徐、淮者耳大;生燕、冀者皮厚;生梁、雍者足短;生江南者耳小,谓之江猪;生岭南者白而易肥。"早在战国时代已有"多粪肥田是农夫众庶之事也"的养猪积肥的记述,说明了我国在历史上早就有发达的养猪业,且有丰富的经验。

自 20 世纪 60 年代起,从规模化兴起工厂化;70 年代搞机械化;80 年代搞集约化,讲育种;90 年代搞营养,讲饲料;21 世纪初搞疾病防治,接着搞猪舍环境和生物安全,目前关注的是肠道健康及霉菌毒素。养猪规模化、集约化、工厂化越来越清晰。

二、我国现代农牧企业
面临的机遇和挑战

养猪行业的生存环境发生了极大的变化,无论是饲料、保健、疫苗、设备等上游领域,还是种猪、养殖、屠宰加工等中下游领域都在加速转型。因此,养殖模式、理念、技术开发、新产品设计等方面的研究和建设,务必探讨养猪之道。

第一,全球性的饲料或畜牧业生产结构的转变。

猪饲料的主要原料为玉米(占 70% 左右),但由于目前工业酿造乙醇等原因,致使养猪生产所用玉米成本增加很大,节约型养猪务必高度重视开发新原料。据报道,美国用 100 kg 玉米发酵可产生 36 L 乙醇及 DDGS(Distiller's dried grains with solubles,乙醇及其残液干物质)和二氧化碳各 32 kg。

DDGS 营养特性:低淀粉、高蛋白,可消化纤维以及有效磷和硫含量高,可广泛用于畜牧业生产;酵母菌体、B 族维生素含量丰富,且富含生长因子,有利于动物生长,可部分替代畜禽饲料中的玉米、豆粕和磷酸二氢钙等原料。它的颜色越浅、气味越淡,营养价值越高。颜色越浅、气味越淡意味着加工过程对其中的赖氨酸破坏小,加热过程中美拉德反应小。另外,DDGS 中的 NDF(中性洗涤纤维)含量高,可阻止病原菌在猪肠壁上附着或作为有益菌的营养来源,在日粮中添加 5%~10% 可降低 50% 由回肠炎导致的猪病死率。饲喂肥育猪效果好,而对仔猪应严格控制用量。

第二,养殖环境和规模及理念的转变。

新时期必须更新养殖观念。首先,逐步改变生产方式落后、消毒不严、环境恶化、疫病的变异、疫苗与兽药使用不当、免疫程序不合理、检疫不力、规模大不利于疾病防治等状况;其次,注重结构与层次、市场与流通、技术与人员、兽医保护、生物安全等问题。眼下,养殖在演变,应运而生集团化、规范化、合作社。集团化场靠团队研发、生产;规模化场凭借一帮人搞应用生产;合作社场仅靠个体经验摸索生产。现实不可能再单打独斗,谁也不是绝对赢家,只有依靠科技力量,真诚合作,强强联合,养殖业才会更加兴旺发达。

第三,动物疾病困扰和营养免疫的互作与平衡。

感染和中毒是当前养猪业存在的主要问题。未来养殖业,一定要对先进养殖技术进行借鉴、引用、创新、整合和推广,将消毒、防疫、管理、用药程序和原则、合适的营养与饲养管理方案很好地结合起来。在实际生产过程中,根据猪不同阶段的生理特点,在保持其维持需要和生产需要的基础上,还要考虑肠道微生物区系的平衡和免疫系统的营养需求,使营养与免疫之间达到最佳的平衡状态,从而提高猪的免疫能力(尤其是特异性免疫功能,如抗体的形成);同时,对疾病实行防治并重,应用先进的生产技术(如全进全出饲养体系、分性别饲养、隔离早期断奶、免疫营养疗法等)、先进设备等,并不断改善生产环境,才能全面提升养殖业的核心竞争力。

通过在饲料中添加免疫调节剂、免疫增强剂、免疫修复剂和其他生物制剂,结合本猪场合理的防疫和用药计划,配合正确的消毒和饲养管理方案,全面提升猪只的免疫力、抗病力和抗应激的能力,从而提高成活率、生长速度和饲料利用率以及胴体品质,帮助养殖户提高养猪的持续赢利能力。

另外,通过不断提高饲料和肉食品的安全,以提升我国养殖行业的核心竞争力,这是我国养殖业未来发展的关键环节。

第四,保种和新技术推广。

我国地方猪品种资源丰富,生产性能和产品品质优秀。饲养地方猪具有低碳、环保、污染少、耗能低等特点,且肉鲜美,很受消费者青睐。但由于受诸多因素限制、影响，有的品种甚至濒临灭绝，实乃可惜。因此，加大地方猪种保护和开发利用及科研成果转化，在生产中推广新技术。舍近求远、崇洋媚外，完全没有必要。

三、我国生猪规模化养殖

自 1972 年国际上一个致力拯救农业生态环境、促进健康安全食品生产的组织——国际有机农业运动联合会（简称 IFOAM）成立后，各国纷纷兴起发展生态农业的浪潮。目前，国际标准化委员会（ISO）已制定了环境国际标准 ISO 14000 与以前制定的 ISO 9000 一起作为世界贸易标准。

健康养殖是以保护动物和人类健康，生产安全营养的畜产品为目的，最终以无公害畜牧业的生产为结果，谋求生态效益与经济效益的统一，社会效益与经济效益的统一，即追求经济、生态、社会三大效益并重。目标：① 健康养殖生产的产品首先必须为社会接受，是质量安全可靠、无公害的畜产品，对人类健康没有危害（放心的、畅销的产品）；② 健康养殖是具有较高经济效益的生产模式（投入产出最好）；③ 健康养殖对于资源的开发利用应该是良性的，其生产模式应该是可持续的，其对于环境的影响是有限的（绿色环保）。

眼下很多人把规模化养殖说成现代化养殖，把农户养殖说成是传统落后型加以否定或淘汰，其实是不正确的。规模化养殖不等于现代化养殖，更不等于机械化养殖，散养户及传统的养殖方式或方法并不一定都是落后的。建议：妥善处理好与传统养殖的关系至关重要；规模化自身发展仍是摸着石头过河；规模化应主动适应我国农业的变化和需求，不能照搬国外模式；规模养猪企业应主动领航养猪合作组织；规模养猪企业应准备迎接更加激烈和强大的竞争与挑战。

四、未来饲养体系建设和防范意识

猪场是一个非常复杂的生物学系统（即开放系统），特别是现代猪场，它是集营养学、畜牧管理学、环境工程学、遗传学、兽医学、营销学、会计学等众多学科之大成者。现代养猪场已步入向管理要效益和通过管理创新来获取支撑，并将实施猪群保健生态工程，是360度视角工程。应做到：① 使用消毒过的饲料和水；② 使用改进的建筑材料，最大限度地达到清洁卫生；③ 使用正确的通风猪舍，以防止传染性病原的侵入；④ 使用生物过滤膜技术，对棚舍内空气进行过滤，清除猪舍空气中的尘埃、微生物及其毒素（包括饲粮和微生物添加剂），减少疾病发生；⑤ 使用废物处理系统，变废为宝。

其次，如今的养猪业虽然发展飞快，养殖量大，养殖场高度集中，但这并非中国养猪业"救世良方"，我们清楚地看到，畜禽养殖也面临很多问题，如疾病增多，动物死亡率上升，经济效益低下，生物安全受到严重威胁。这就要求未来养殖的理念必须新颖、超前。分点饲养（公猪场、后备母猪场、生产母猪场、保育场和育肥场）或分段饲养的好处多。

1. 安全养殖有效益，更多赚钱在管理

优良的品种、先进的技术、正确的饲养、和谐的环境、循序渐进的养殖生态、科学的管理，这些将是养殖业的根本出路。

2. 少发生疾病是养殖业的最高境界

① 只要发病损失已不可避免；② 预防是最好的治疗；③ 猪群保健已经成为日常饲养中最重要的工作；④ 定期或定时检测猪群健康指数；⑤ 侥幸心理是大忌。

3. 看病水平越来越高是养殖水平越来越差的标志

① 过分依赖治疗技术是造成疾病的温床；② 积累治病经验是养殖场走向失败的阶梯；③ 看病不应该是养殖场的职责。

4. 淘汰病猪是未来的趋势

猪是有价的，如果为治疗花去的钱财大于或等于它所创造的价值，医治完全没有必要。在治疗过程中，病猪不断地排菌排毒，严重地散发、传播感染，更是可怕的。所以，对个体的治疗是有百害而无一利的事。花钱看病是天经地义的大傻事；出于科研需要，设定赔钱"到此为止"是明智的选择。

5. 发生疫病是技术员的失职

猪不可能不发生疫情，既然发病死亡不可避免，那么猪只死亡也并不可怕，最可怕的是不知道发生疫情甚至死亡的原因。

另外,猪病防控最好由专业兽医诊疗机构代劳,通过变革整合与延伸产业链,发挥远程诊疗系统的作用,加强动物保健,提高动物防疫质量,将是最好的选择。

6. 满足动物福利

动物应该享受自由、健康、快乐,即满足动物福利。

五、生 态 养 猪

民以食为天,食以安为先。食品是人类赖以生存和发展的最基本物质条件,畜牧业是"菜篮子工程"的主体,是提高人民生活水平的重要产业,培育绿色有机"环保猪",确保生猪产品质量安全,保护生态环境,全面推行无公害标准化生态养殖技术,是养猪业持续发展的重要措施。

生态养猪,又称自然养猪。它是一个系统,并不是一个名称上的含义或是一种简单的养猪方法,包含了人们在养育一个有生命的、生物的、驯化了的猪过程中,在任何使猪的生长、生活、繁殖的生命演绎中,能与养育它的人和生存环境融合在一起,使猪发挥出最佳的生活和生产潜能,充分利用一切可被利用的资源,并使生存的环境得到更好的保护和发展。现在有很多人把发酵床养猪法称之为懒汉养猪、零排放养猪、不生病养猪,甚至叫生态养猪,这是极不正确的。其实发酵床养猪并不等于懒汉养猪、零排放养猪、不生病养猪或生态环保养猪。发酵床养猪法是基于控制畜粪便排放与污染的一种新养殖方式,使微生物与猪业共生的观念进一步深入,对控制抗生素的使用、减轻环境保护的压力和逐渐恢复猪群的免疫容量大有裨益。它是一项处理粪污的新技术,其核心是利用好氧微生物降解、消化粪尿,从而达到免于清扫粪尿、无抗生素饲养,对环境少污染,提高了营养物质的吸收利用率和降低粪便中营养物质的排出量。它起源于日本、韩国等国家,2006 年起,我国山东、吉林等地区引进推广,大量实践证明北方好于南方,仔猪阶段使用好于肥育猪阶段。

1. 技术要点

在地面以下挖 90～100 cm 深的池,池内填满如锯末、粉碎的树皮、作物秸秆等有机物垫料(垫料厚至少 0.5 m 以上),并掺入约 10%

的当地的土及约0.3%的天然盐,再加上微生物、营养剂等物质混合形成发酵床,既满足了猪只的拱食习性,又达到猪粪尿全程排放被直接吸收的轻污染、无臭的目的。发酵池需根据当地自然生态进行发酵,抑制和分解有害细菌和病毒,避免病菌传播。垫料成为高档有机肥料,一般3~4年清理一次,期间可不断填塞有机物,不断翻挖更有利于发酵。

2. 优点

(1)减少了养猪业污染问题。

(2)因发酵产生热量,可保持或增加舍内温度、减少猪只应激、加快生长速度。

(3)促进运动,增进健康。

(4)出栏生猪肉更加安全。

(5)有一定的经济、社会效益。

3. 思考

垫料需要勤翻动,并没有降低劳动效率,怎能叫"懒汉养猪"呢?所谓"零排放",只不过是猪场排污形式与途径发生了转移,时间与空间重做安排而已,总的排放内容并没有实质性的改变,叫法不科学。混合物发酵必然向环境排放二氧化碳、甲烷和氧化亚氮等温室效应气体和热能;排放的甲烷、氧化亚氮气体失去了再回收作能源的可能,且甲烷、氧化亚氮等温室效应分别为二氧化碳的21倍和300倍;发酵产生的热能在冬天有增加室温的作用,但在夏天增加了热应激。另外,所有的物质是否被完全降解、转化?统一排放点浓缩的高浓度排放,衍生的问题也应慎重考虑。"发酵床"无法与基本健康画等号。呼吸道疾病、眼结膜炎、泪斑痕、皮炎等较为严重,怎么说是不生病养猪呢?

4. 注意的问题

(1)菌种问题。大都采用购置商品菌种,用60℃热水6 kg加红糖1.45 kg、枸橼酸钠0.25 kg,拌匀溶解;至40~50℃时加菌种2 kg,充分拌匀;至30~40℃时加盖密封24 h待用。使用前,将待用液浇于玉米粉、糠或麸皮中,以手抓不滴水为宜,以0.5~1 kg/m³浓度均匀地撒在潮湿(手抓不滴水)的垫料中,然后加盖薄膜密封1周。不同的菌种有其不同的培养方式及方法。其次,让其自然发酵,时间长达9个月以上。另外,土著微生物采集需要一定的技术,经验依赖性强;养猪场自制菌种存在一定的难度;商品菌种存在生物安全问题,特定微生物是否对周边环境造成影响尚无权威认证,且商品菌种能否适应不同的气候环境有待观察。

(2)猪场防疫与卫生问题。常规消毒剂对菌种有杀灭作用,猪场无法开展常规性的猪舍内环境消毒。

(3)明显的地区适应性问题。此经验对北方寒冷、干燥地区效果明显,但对南方夏季控制猪舍的温度加大了难度,增加了成本。

(4)猪龄问题。比较适合小猪。仔猪怕冷,大猪怕热。

(5)梅雨季节发酵床霉变问题。

(6)垫料来源问题。生物发酵床主要以秸秆、锯末、稻壳为原料,由于资源有限,大面积推广将导致原料短缺,价格上涨,成本高。

(7)菌种发酵需要适当的环境。如果处理不当,辅料被泥化,也可造成一时的细菌平衡不协调,产生沼气等有害气体。

(8)呼吸道疾病问题。舍内温度高,通风、排气不畅,猪极易患呼吸道疾病。

(9)寄生虫病问题。垫料的菌群变化及长期潮湿,猪很容易受寄生虫为害。

(10)其他问题。这里很有必要提及限位栏,它固然起到了个性化养殖、节约占地面积、减少了饲料浪费、方便防疫和疾病治疗、节省了劳力、减轻了污染、利于管理等作用,但同时也应看到,猪的生活习性与规律遭到了破坏,易长肥,生褥疮和肩部溃疡的可能性进一步加大,腿病增多,也降低了仔猪的母体免疫力,易造成泌尿系统感染(UTI),不利于发情及发情鉴定等。

自然养猪法具有开放性,与自然生态系统比,其生产力水平和经济效益有极大提高,但抗逆力较差,受自然生态规律和社会经济规律的双重制约,必须贯彻4R〔Reduce(减量),Reuse(重复使用),Recycle(循环),Recovery(回收)〕原则。

5. 遵循基本生态原理

发展养猪生态系统工程,应遵循的基本生态原理为能源传递和分级综合利用。

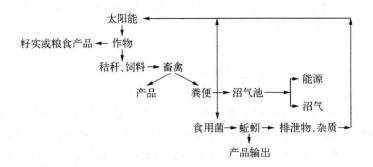

另外,经科学研究发现,二氧化碳排放是导致全球气候变暖的"罪魁祸首",但二氧化碳并不是导致全球气候变暖的唯一气体。甲烷可以在大气中保持 9～15 年,储热能力是二氧化碳的 21 倍,而化肥释放的氧化氮更能在大气层中保持 114 年,储热能力是二氧化碳的 296 倍。

餐桌上的肉类原本是碳密集型产品,根据联合国政府间气候变化专门委员会的研究,每生产 1 kg 肉类,就会排放 36.4 kg 的二氧化碳。不吃肉、少吃肉成了环保分子的呼声。又,每只煮鸡蛋碳排放为 333 g,一碗牛奶泡麦片碳排放为 1 224 g,相当于开 SUV 汽车行驶 6 km。

早在 2006 年年底,联合国粮农组织就公布了报告《牲畜的巨大影响:环保问题与选择》:肉类食品生产向大气层排放的温室气体大于交通业,占全球温室气体总排放量的 18%。因此,环保组织和学者提出了"碳足迹"的概念。

碳足迹(Carbon Footprint)是一种衡量人类活动对环境影响、特别是对气候变化影响的测量标准。它与人类在日常生活中用于发电、供暖和运输等活动中使用的化石燃料燃烧所产生的温室气体的量有关。它由两部分组成:主要碳足迹和次要碳足迹。主要碳足迹:指国内燃料燃烧和交通运输(如汽车、飞机)过程中的化石燃烧所直接排放的二氧化碳(等价物)的量。这是需要我们直接加以控制的。次要碳足迹:指人类在使用某个产品或某项服务在生产、使用、维修、回收、销毁等整个生命周期内释放的二氧化碳(等价物)的总量。

碳足迹用于测量人类活动中产生的全部温室气体,并以二氧化碳作为等价物,以 t 或 kg 为单位计算温室气体的量。

日常生活中每个人都会留下"碳足迹",在保护环境人人有责的今天,尽量减少"碳足迹",是必须积极面对的问题(以上摘自《猪业科学》2009 年第 12 期)。

六、数字化养猪技术

数字化技术对我们来说并不陌生,与人们息息相关的手机、电视、电脑等都是数字化产品,数字化技术已经广泛应用于各个领域,如数控机床、汽车、导航等,养猪数字化是事物发展的必然趋势。随着整个养猪业的平均利润越来越低和精准农业时代的到来,全自动种猪性能测定系统无论在猪育种工作的性能测定、猪营养配方技术的精确化,还是在不同生产系统、不同品种的采食行为比较研究及对动物福利、猪肉品质的影响深入研究中均具有广泛的实际意义和应用前景。

动物应有福利,生态必须文明,种猪与肉猪必须分开饲养。种猪进行个体性能测定时,由于必须实行单栏饲养,且要定时称饲料重和进行详细记录,在手工喂料测定中,不但费劳力,而且可能会因称重及饲料误差(通常都在 5％以上)而影响测定的精确性。

在猪耳牌中安装芯片,芯片中含该猪所有的个体档案信息,只要猪一进入测定站采食,接收器立即辨识猪的电子耳牌号码,采食时间、次数、每次的采食量以及猪体重等,由计算机完成统计、分析工作,从而实现整个生产过程的高度自动化控制;生产数据管理高度智能化;充分考虑动物个体福利要求,真正实现"猪性化";自动发情处理,自动分离处理,降低了生产成本,提高了生产效率。智能养猪(RFID)技术将是今后养猪发展的方向之一。

七、动 物 福 利

动物福利(Animal Welfare)是指为了使动物能够健康快乐而采取的一系列行为和给动物提供相应的外部条件,包括生理上和精神上两方面。可理解为生理、环境、卫生、行为、心理五大自由,即享受不受饥渴自由;享受生活舒适自由;享受不受痛苦伤害自由;享受生活无恐惧和伤感自由;享受表达天性自由。即不受人为因素的制约,在健康状态下生活。

早在 19 世纪初,欧洲一些有识之士就开始了他们捍卫动物的征程。1809 年,在英国国会上有人提出一项禁止虐待动物的提案,虽然在上院得到了通过,但在下院被否决。这样的提案在当时背景下遭到很多人的嘲笑。随着时间的推移,社会的发展,人们关于动物利益的思考已经渐趋成熟。1822 年,"人道的迪克"马丁提出的禁止虐待动物议案——"马丁法令"获得了通过。这是首次以法律条文的形式规定了动物的利益,保护动物免受虐待,是动物保护史上的一座里程碑。人们对待动物的态度从此开始了微妙变化。

国际动物福利界将动物分农场动物、实验动物、伴侣动物、工作动物、娱乐动物及野生动物 6 类。

目前,动物福利制度已在世界范围内迅速发展起来。早在 1911 年英国就通过了《动物保护法》,还陆续出台了很多专项法律,比如《野生动物保护法》《动物园动物保护法》《实验动物保护法》《狗的繁殖法案》《家畜运输法案》等,现仍在继续修订沿用。自 1980 年以来,欧盟成员国及加拿大、澳大利亚等国先后都进行了动物福利方面的立法,动物福利组织在世界范围内蓬勃发展起来,WTO 的规则中也明确写入了动物福利条款。

生产和经营者必须确保动物生命周期内的健康和福利。据报道,当前,欧盟成员国养猪基本拆除限位栏(限制活动、影响生长发育、滋生肢体病、导致过早被淘汰),实行群养。荷兰:母猪授精 4 天后必须实行群养,肥猪达到 110 kg,饲养面积不小于 0.8 m^2/头,其中漏缝面积不大于 60%。奥地利:母猪断奶后 10 天必须群养,肥猪饲养面积不小于 0.7 m^2/头。瑞典:分娩母猪必须能在自己的栏中自由走动;肥猪达到 110 kg,饲养面积不小于 1.02 m^2/头。禁止使用全漏缝地板,并规定所有年龄段母猪应使用稻草垫料。德国:肥猪饲养面积不小于 0.75 m^2/头。

规模化养猪模式的发展,高密度饲养、限位栏饲养,使得各式各样的饮水器应运而生,提高了养猪效率,减少了饮水溢出和浪费,岂不知看似先进却给猪只带来饮水障碍,也给生物安全带来隐患,如水压不够、管线阻塞致饮水不足、管道耗资和腐蚀严重等。我们也都清楚,猪尿液渗透压比其他动物低,从而使猪的肾脏对尿液中水分的重吸收能力下降,需及时从外界大量补水。猪的下颌呈勺状,较牛、马等动物更易"舀水",所以从生理学和解剖学特点来看,饮水器不适用于猪。跛行是仅次于繁殖障碍疾病的第二大母猪淘汰原因。因跛行遭淘汰的母猪一般不小于 10%。在实际养猪中,类似这样的现象确有存在,不能不让我们深思。

更遗憾的是,对瘦肉的优点与肥肉的缺点的片面或过分夸大,以及日益增长的消费需求不断要求猪肉产量节节升高,这些都与动物福利相悖。

第二章 选 育

优良品种是畜牧业生产的基础,遗传育种水平是畜牧业发展的重要标志,种猪选育是大型猪场核心工作,直接影响群体质量、经济效益。目前,全世界猪的品种有300多种,不同的猪种及与之相应的不同饲养标准和饲喂方式使得不同品种猪的生长速度及屠宰后胴体的各项指标如瘦肉率、脂肪、肉色、营养成分、口感等存在着显著差异,无不显现品种的重要性。

20世纪80年代以来,我国生猪遗传改良工作稳步推进,种猪质量明显改善,瘦肉型猪生产水平不断提高,养殖效益明显提升,现代化养猪业已逐步走上以市场规律为主的市场经济轨道。

优良品种来自不断选育,猪的育种必须紧跟最新动态,育种发展必须结合市场需求,并在有效快捷地实施品种间的杂交、分化进展中创新。

一、品 种 与 品 系

(一) 品种

人类在一定的社会条件下,为了生产和生活上的需要,通过长期选育而成的一群具有共同经济特点,并能将其特点稳定遗传给后代的畜禽称之为品种。品种是畜牧生产的产物,不是生物学的分类单位。家畜品种应具备:① 性状相似。同一品种的个体,体型结构、生理功能和许多重要经济性状都很相似,构成了该品种的特点,同时这些特点必须在经济上有利。② 适应性相似。品种是在一定的自然条件和社会经济条件下育成的,对这些条件有良好的适应性。③ 稳定的遗传性。④ 来源相同。即同一品种的家畜,血统来源和遗传基础要相似。⑤ 一定的结构。因任何品种都是由若干各具特点的类群或品系构成的，这些类群或品系使品种在选育中不断提高。⑥ 有足够的数量。良种是产业的基础，科技的载体，随着社会经济的发展和人民生活需求的变化，品种特点可发生变化，根据培育程度，品种可分为原始品种、培育品种和过渡品种；根据生产力可分为专门化品种和地方品种。在配套系种猪繁育中按猪种性质分为不同层次种猪系统，如原种、曾祖代、祖代、父母代猪群等；依种猪群的作用又可分为选育群（原种）、繁殖群（祖代）、父母代群以及商品群。

品种选择是仅次于猪场设计的大问题，影响长远，一旦感到不合适，要改变则需伤筋动骨。以往我国在引进猪种时曾经历了许多的不顺利，如迪卡猪引进后，由于严重的萎缩性鼻炎导致以后无法推广；皮特兰猪有很高的瘦肉率，但却由于应激太大让一些养猪者望而却步；PIC是优秀的配套系猪种，但由于要求条件高，一些猪场引入后遭遇了大面积呼吸道病的传播，损失惨重。我们提倡精细养猪，在品种选择上，我们应注意什么？笔者认为，在考虑高生产性能、高瘦肉率和高饲料利用率的同时还要考虑以下问题。

（1）适应性：所选品种应能适应当地的气候、环境、饲养管理等。丹麦长白猪曾因不适应坚硬的水泥地面、粗放的饲养方式和易患肢蹄病而无法推广；高瘦肉率品种没有高蛋白全价饲料为基础，其生长速度比不上一般品种；南方猪到北方，因寒冷患风湿病而淘汰的不在少数。

（2）原猪场的疾病情况：如果不了解原猪场疫病情况，盲目引种，带进疫病的危害会远远超过种猪带来的效益。蓝耳病的发生与传播就是一个铁证。故引种前必须了解疫情，加以防范，把带进疫病的危害降到最低程度，做到引种、防病两不误。

（3）杂交利用：由两品种杂交所产生的杂种，其生产性能往往高于其父母平均数，称为杂种优势。利用杂种优势原理是提高生产成绩的捷径，但有的品种间杂种优势明显，有的则不明显，如用生长速度快的杜洛克公猪和繁殖性能突出的长大二元母猪交配，产生的杂种优势很明显，在许多地区得到了推广，其他的配套系都是经过严格筛选的杂交利用的最佳组合，商品代猪在许多方面有明显的杂种优势。选种时单纯地选择纯种猪作种,既增加了引种成本,又不能产生明显的杂种优势,对生产不利。有人在引入国外高瘦肉率品种后,出现大批后备猪不发情的情况,淘汰率高达 30％以上。

（二）品系

品系是品种的结构或品种的组合。广义的品系指能将一些突出优点相对稳定地传给后代的种畜群,除具有某品种的一些共同特点外,还应具有某些独特的特点。品系特点的遗传稳定性不如品种,所以存在的时间较短。狭义的品系专指起源于同一卓越的系祖,并有与系祖相似的体质和高生产力的畜群,如系祖为公畜称为品系,母畜则称为品族,但有时也混用。品系是畜牧业生产发展和育种技术提高的产物,建立品系,使品种具有差异。进行品系间杂交,可将各自的优点综合起来,形成新的品系,促使品种质量向前发展;也可利用系间杂种优势生产商品畜禽。建立品系的方法有系祖建系法、近交建系法和群体继代选育法等,其类型可归纳为地方品系、单系、近交系、群系和专门化品系等。品系可以在品种之外独立存在,专门化品系如 PIC、TOPIC、斯格、迪卡等。

二、选育程序

猪的育种由最初的表型选育开始,经历了早期的育种值选育,发展到当前的基因型选育,育种工作已经形成了相对完整的遗传理论和选育方案,同时借助现代分子生物技术和先进的计算机信息技术,使得选育准确性和育种效率大大提高,由群体选育进入到分子选育。动物遗传育种理论的发展大致经历了孟德尔遗传学、群体遗传学、数量遗传学、分子遗传学四个阶段。

选育程序:制定选育方案,包括确定育种目标→进行性状选育→测定遗传成绩→评估遗传效果。

（一）总体目标

立足现有品种资源,着力推进种猪生产性能测定,建立稳定的场间遗传联系,初步形成以联合育种为重要形式的生猪育种体系;加强种猪持续选育,提高种猪生产性能,逐步缩小与发达国家的差距,改变我国优良种猪长期依赖国外的格局;猪人工授精技术尽快普及,全面推广应用优良种猪精液,满足国内日益增长的优质肉猪市场需求。

早期大都关注品种特性、生长速度、饲料效率、胴体瘦肉率。当前应根据未来的市场及对产品消费的不同要求降低成本,提高质和量;在保持适度胴体瘦肉率的前提下提高瘦肉长速和饲料效率;在提高性状的同时延长使用年限,增强抗病力,提高性别比;在保持正常营养和采食前提下提高繁殖性能。21世纪养猪业面临的挑战:抗病、健康与福利;改良性能,降低成本及风险;提高质量和一致性的标准;遗传改良的损失和不稳定性;加快改良速度;加强人类健康、动物环境及生态循环的保护。

(二) 主要任务

制定遴选标准,严格筛选国家生猪核心育种场,作为开展生猪联合育种的主体力量;在国家生猪核心育种场开展种猪登记,建立健全的种猪系谱档案;规范开展种猪生产性能测定,获得完整、准确的生产性能记录,作为品种选育的依据;有计划地在核心育种场间开展遗传交流与集中遗传评估,通过纯种猪持续选育不断提高种猪生产性能;推广、普及猪人工授精技术,将优良的种猪精液迅速应用到生产一线,改善生猪生产水平;充分利用优质地方猪种资源,在有效保护的基础上开展针对性的杂交利用和新品种(配套系)培育。

(三) 主要内容

(1) 遴选国家生猪核心育种场。

(2) 分批完成国家生猪核心育种场评估、遴选及配套等相关设施设备,形成相对稳定的育种基础群体。根据农业部近期规定,结合全国生猪优势区域布局规划,采用企业自愿、省级行政主管部门审核推荐的方式,选择100家种猪场组建国家生猪核心育种场。其中,2009～2012年完成认证,2013～2016年形成纯种猪基础母猪总存栏

10 万头的国家生猪核心育种群,形成相对稳定的育种基础群体。

（四）技术指标

体重、日龄年保持 2% 的育种进展,达到 100 kg 日龄提前 2 天;瘦肉率每年提高 0.5 个百分点,达 68% 保持相对稳定;总产仔数年均提高 0.15 头;饲料利用率年均提高 2%。

（五）繁殖性状

繁殖性状包括产仔数（总数、活数）、初生重、泌乳力、窝重、断奶数、上市时间、体重、料肉比、生长速度、瘦肉率、脂肪、肉质、肉色、pH、水分、系水力、风味、大理石纹、单位体积内肌纤维根数等。毛色是品种的重要标志,虽与经济性状的关系不大,但在育种中都比较重视。

（六）遗传缺陷

猪的遗传缺陷是猪群中常见的一类异常,是由于生殖细胞或受精卵中的遗传物质在结构或功能上发生改变,从而使个体的缺陷或异常具有垂直传递与终生性特征,但不会延伸到无亲缘关系的个体。遗传缺陷一般不属于数量性状范畴,其遗传机制不外乎染色体畸变和基因突变,是由于基因组中的一些有害基因对猪个体造成致病、致残、致畸或致死等有害影响,表现为身体结构缺陷或功能障碍。

（七）测定

测定包括场内、场外、同步、网上测定,含个体、同胞、系谱、后裔。测定数量要求：50 kg 前 2 公和 3 母,100 kg 测定结束时必须保证有 1 公和 1 母。

$$校正日龄 = 测定日龄 - [(实测体重 - 100) \div CF]$$

式中,CF =（实测体重÷测定日龄）×H(注：测公猪时 H 即 1.826 040,测母猪时 H 即 1.714 615;校正背膘厚=实际背膘厚×CF)。

（八）评估

遗传评估是选种的基础,是实现遗传改良最重要的育种措施。

哺乳动物遗传资源保存有活畜保存、冷冻保存和基因保存 3 种方法。另外,克隆技术正在逐步推广。克隆方法有功能克隆、定位克隆、定位候选克隆、基因分离、基因芯片、电脑克隆等。

(九)未来猪育种发展方向

以规模化养猪催生生猪产业化、现代化的革命正在悄然兴起,猪的健康、性能备受关注,弘扬品牌与文化,建立区域性或国家性育种体系,提供专门化的品系,实现育种公司→种猪公司→种猪繁育场→商品饲养场模式,充分利用丰富的良种资源,互补互利,实现生物技术、电子技术、计算机与系统工程的应用,提高工作效率和准确性。

目前国际育种模式有国家育种、育种公司、私营育种 3 种育种体系。随着生物科学技术的深入研究与开发,转基因是今后育种的发展之路。研究抗病转基因、优质转基因、节粮型和环境友好型转基因猪新品种。总之,未来猪育种发展方向:一是 GASQ 全基因组选择;二是克隆 ET、AI;三是单基因。

三、良种猪简介

一个品种就是一个特殊的基因库,它们能够在一定环境中和特定的历史时期发挥作用,从而使品种表现出为人类所需的优良特性。

按品种来源与培育方式猪种可分为地方猪种、培育品种和国外引入猪种;按品种成熟的早晚可分为早熟、中熟和晚熟品种;在生产实际中,人们较多地从经济利用角度出发,根据生产瘦肉和脂肪的性能,以及相应的体躯结构特点,将猪种划分为脂肪型、瘦肉型和兼用型三类。

脂肪型又称脂用型,该类猪的胴体脂肪多,瘦肉少,体躯宽长,四肢粗短,我国地方猪种都属于脂肪型,如太湖猪、姜曲海猪和民猪;瘦肉型又称肉用型,脂肪少,瘦肉多,体长,四肢高,肌肉丰满,从国外引进的长白、大白、杜洛克、皮特兰猪等以及我国培育的苏太猪和三江猪等均属此类型;兼用型的外形特点、生产性能、生长速度、胴体产肉性能都介于两者之间,我国培育的大多数猪种都属于此类型,如上海白猪、北京黑猪等。

（一）我国地方猪种

我国幅员辽阔，地形和气候差异大，地方猪种资源丰富多样，是一个巨大的基因库。1960 年，中国农业科学院畜牧研究所按我国地方猪种的起源、外貌、生产性能和分布，结合当地自然地理、社会经济、农业生产和饲养管理条件，将我国地方猪划分为华北型、华南型、华中型、江海型、西南型和高原型等六大类型，加上新培育品种，共七大类型。

华北型猪种有：东北民猪、八眉猪、黄淮海黑猪（淮猪）、汉江黑猪和沂蒙黑猪等。华南型猪种有：两广小花猪、滇南小耳猪、香猪、槐猪、海南猪、五指山猪和桃园猪等。华中型猪种有：华中两头乌猪、金华猪、龙游乌猪、皖浙花猪、玉江猪、莆田猪、宁乡猪、武夷黑猪、广东大白花猪和乐平猪等。江海型猪种有：太湖猪、姜曲海猪、安徽圩猪、虹桥猪、阳新猪以及台湾猪等。西南型猪种有：内江猪、荣昌猪、成华猪、雅南猪、关岭猪、乌金猪和湖川山地猪等。高原型猪种有：甘肃甘南藏族自治州夏河一带高寒地区的合作猪和青藏高原的藏猪等。

八眉猪　主要分布在陕西泾河流域、甘肃与宁夏部分地区。被毛全黑，头狭长，耳大下垂，额部有纵行"八"字皱纹，腹大下垂，体型中等。

太湖猪　以产仔多、肉质好闻名全球。主要分布在苏、浙、沪地区。包括梅山猪、枫泾猪、嘉兴黑猪、二花脸猪、沙乌头猪等。

内江猪　主要分布在四川内江等地。被毛全黑，头大，嘴短，耳中等大、下垂，额纹深陷成沟，皮厚。成年猪体侧及后腿皮肤有皱褶，俗称"瓦沟"或"套裤"。

民猪　原产东北三省。分为大、中、小三型，以中型多见。被毛全黑，头长中等，耳直大、下垂，胸深，背微凹，体躯略窄，冬季毛丛生，皮肤有不同程度皱褶。

金华猪　产于浙江金华地区。以腌制火腿而闻名。身毛中间白两头黑，交界处有"晕带"。体型中等偏小，额有皱纹，颈粗短，四肢短粗。

荣昌猪　原产四川荣昌、隆昌等地。分布于永川、泸县、合江、江津等地。多数猪两眼四周、头部、尾根和体躯出现黑斑，其他部位为白色（似菊花），耳中等、下垂，额面有旋毛，背微凹，腹大而深，臀稍斜，四肢结实。鬃毛长，洁白而刚韧。

莆田猪　产于福建莆田市，分布于仙游、福清、惠安和晋江等县。体型中等，毛黑，头狭长，耳中等大、略向前倾，背腰微凹，腹下垂，四肢较高。

圩猪　产于安徽青弋江两岸的南陵、宣城、繁昌、芜湖、当涂等地。体型中等，毛黑，头中等大，耳大、下垂至口角，背腰稍凹，臀部微斜，多卧系，母猪肚大、下垂，孕后期多及地。

屯昌猪　原产于海南屯昌县。属早熟脂肪型。头小，嘴短，额部有倒"八"字形皱纹、正中有三角形白斑，耳小、直立、稍前倾。从头到尾根有一条黑色宽带，黑带以下为白色，黑白之间有"晕"。体丰满，呈圆桶形，腹大、下垂，臀肌发达，飞节有皱褶，四肢粗短。

藏猪　产于青藏高原广大地区，属典型的高原型猪种。被毛多为黑色，里密生绒毛，鬃毛长而密，体小，嘴筒长直、呈锥形，额面窄，额部皱纹少，耳小直立、转动灵活。胸较狭，体短，背平微弓，腹线较平，前躯低，后躯高，臀部倾斜，四肢结实，蹄坚实、直立。

姜曲海猪　主要分布于江苏长江下游北岸高沙土地区的姜堰、海安一带为主要集散地。胴体背膘较厚，体脂较多，骨骼和瘦肉的比例较低。

我国地方猪种的体型大体为"北大南小"，毛色大体为"北黑南花"，窝仔数多，其中以太湖猪为首，向北、南、西均有下降趋势。

我国地方猪种质特性：性成熟早，繁殖性能好〔性成熟早（有的2～3月龄就能配种）、产仔数多达15头以上、发情明显、乳头多、使用年限长〕；性情温顺，哺乳期护子性特别好；耐粗饲，抗逆性能强（抗寒、热、病）；饲养周期长，生长速度慢；体小，瘦肉率高，肉质好，早熟易肥，板油多；鬃毛好，毛色多黑色和花色；对呼吸系统疾病抵抗力差；耐近交，育种时地方猪种大都被选做母本（具体参见以下培育系及专门配套系）。

（二）国外良种猪

长白猪　原名兰德瑞斯猪。原产于丹麦，为世界著名的瘦肉型猪种。现已分布世界各地,尤其以欧洲各国分布最多。1964 年由瑞典引入我国,是我国引入最多的国外猪种。全身被毛白色。头狭长,颜面直,耳大向前倾。背腰长,腹线平直而不松弛,体躯长,前躯窄后躯宽,肋骨 16～17 对,大腿丰满,蹄质坚实。乳头 6～7 对。性成熟较晚,6 月龄开始出现性行为,9～10 月龄体重达 120 kg 左右开始配种。初产母猪产仔数 10～11 头,经产母猪 11～12 头。生长速度快,屠宰率高,屠体较长,胴体瘦肉率高。

大约克夏猪 又称大白猪。于 18 世纪在英国育成,是目前国外所有瘦肉型猪种中分布最广的品种。我国于 1957 年、1967～1973 年,先后从澳大利亚和英国引进数批(几百头)大约克夏猪,主要分布在华中、华东、华南等地区,以后被引种到全国各地。全身背毛白色。头长,面宽微凹,耳中等大、直立。体格大,体型匀称,体躯深长,背腰平直、略呈弓形,四肢较高,肌肉发达。乳头数 7 对。性成熟晚,母猪初情期在 5 月龄左右,繁殖力强,平均产仔数 10～12 头,增重速度快,饲料利用率高,适应性强,我国各地较多采用大约克夏猪做杂交父本,均获得较好的杂交效果,其一代杂种猪日增重分别比母本提高19.5%～26.8%,瘦肉率比本地猪提高 3%～6%。

杜洛克猪 美国在 19 世纪 60 年代用纽约州的杜洛克猪和新泽西州的泽西红毛猪杂交育成,在美国的猪品种中其日增重和料重比排名第一,分布最广,数量最多。我国于 1972 年首次引入,1978 年和1982 年又先后从美国、日本、匈牙利等国大批引入,现已分布全国。毛色呈红棕色,但深浅不一,从金黄色到棕褐色均有。耳中等大、略向前倾,耳尖下垂,面部微凹。体型较大,体躯深广,肌肉丰满,腿臀发达,四肢粗壮,背略呈弓形,适应性强,饲养条件比其他瘦肉型猪要求低,生长速度快,饲料利用率高,屠宰率高,胴体瘦肉率高,肉质好。乳头 5～6 对。初情期在 6 月龄左右,成年母猪体重 300 kg 左右,初产母猪产仔数 9 头,经产母猪 10～12 头,成年公猪体重 380 kg 左右,与我国地方品种杂交,能较大幅度增加胴体的瘦肉率,一代杂种猪毛色多为黑色或黑白花,群众不太喜欢,再加上杜洛克猪产仔不多、早期生长慢等问题,部分地区不用杜洛克猪做二元杂交父本,而往往将它做三元杂交的第二父本使用。

杜洛克的毛色不限于红毛，也有白毛。可追溯到 1493 年，哥伦布远航美洲，当时带去 8 头红毛几内亚种猪，后与美国的杜洛克杂交组合，至 19 世纪上半叶，在美国与杜洛克祖先有血缘关系的原始亲本按毛色可分为两类：其一，红毛亲本：① 新泽西红，形成于 1820年；② 纽约杜洛克，形成于 1823 年；③ 红色巴克夏，形成于 1830 年。其二，白毛亲本：① 大中国猪（大白猪的前身）；② 爱尔兰牧猪；③ 俄罗斯猪；④ 拜费尔德猪。1883 年，美国杜洛克猪正式命名成名之后，红毛猪大受欢迎，遂成为主要选育方向和品种标志，但仍有少数白色杜洛克猪个体存在。这些白色个体的白色基因主要源于白色祖先，也不排除白化突变，在 20 世纪 30 年代的美国育种教科书和科研论文中也多处提及白色杜洛克猪的存在。

皮特兰猪 产于比利时的布拉邦特省。是由法国的贝叶杂交猪与英国的巴克夏猪进行回交，然后再与英国大白猪杂交育成的。目前以德国饲养量最多，我国有引进饲养。毛灰白色加有黑色斑点，个别猪会出现红毛。头部清秀，颜面平直，嘴大且直，耳中等大、向前倾。体躯宽深而较短，肌肉特别发达，瘦肉率高，后躯和双肩肌肉丰满。在较好的饲养条件下，生长迅速。繁殖力较低，经产母猪平均产仔数 9～10头。由于皮特兰猪瘦肉率高，多用作父本进行二元或三元杂交。缺点是含应激敏感基因，容易产生应激反应，出现 PSE 劣质肉较普遍。

汉普夏猪 原产于美国肯塔基州。由薄皮猪和白肩猪杂交选育而成。以其膘最薄、瘦肉率最高而在美国猪品种中仅次于杜洛克排名第二。我国最早于 1936 年引进过少量的汉普夏猪，1978 年后我国先后从英国、日本、匈牙利和美国引入该品种。肩颈结合部和前腿为白色，前躯形成一条白带，其余背毛黑色，故又称银带猪。头中等大、耳中等大、直立。体躯较长，背宽大略呈弓形，体质强健，肌肉发达。乳头 6～7 对。母猪母性强，但繁殖力较差，初产母猪窝产仔数 7～8 头，经产母猪 8～9 头。成年公猪体重 350 kg 左右，母猪 300 kg 左右。虽抗逆性强，饲料利用率较高，胴体瘦肉率高，肉质较好，生长速度快，但对饲养管理条件要求高。

（三）我国培育品种

苏太猪 由江苏省苏州市太湖猪育种中心在 1999 年培育成功

的瘦肉型猪新品种。

北京黑猪　用北京本地黑猪与巴克夏、中约克夏、苏联大白猪、北高加索猪进行杂交后选育而成。

哈白猪　在约克夏、巴克夏和东北民猪杂交基础上，又与苏白猪杂交选育而形成。

汉中白猪　用苏白猪、巴克夏和汉江黑猪杂交选育而成。

湖北白猪　用大约克、长白猪与本地猪杂交，再经群体继代选育和闭锁繁育育成的。为我国新培育的瘦肉型猪种之一。

三江白猪　由长白猪与民猪正反交产生的一代杂种母猪再与长白公猪回交，从其后代中择优组成零世代猪群，连续进行 5～6 世代的横交和选择育成的新品种。

上海白猪　主要由约克夏、苏联大白猪和本地猪杂交培育而成。

新淮猪　由约克夏和淮猪杂交培育而成。

新金猪　辽宁、吉林和黑龙江三省有关育种单位在巴克夏和东北民猪杂交的基础上选育而成的一个新品种。

伊犁白猪　由苏联大白猪和八眉猪杂交选育而成。

（四）专门化配套系

专门化配套系是根据猪的全部选育性状分解为若干组（繁殖性状、育肥性状和胴体性状）建立和培育的各具一组性状的品系，分别作为杂交的母本和父本。由于这种品系不仅各具特点，而且专门用以与另一特定品系杂交，自成一套完整的杂交繁育体系，故称专门化配套系。专门化配套系有三系配套（两个专门化母系，一个专门化父系）、四系配套（两个专门化母系，两个专门化父系）和五系配套等。

例如：迪卡猪原产美国，北京市 1990 年引进，共计 A、B、C、E、F 5 个专门化品系；斯格猪原产比利时，共计有 A（21 系）、B（33 系）、C（23 系）、D（15 系）、E（12 系）、F（36 系）6 个专门化品系；冀合白猪是河北省育成的我国第一个专门化配套品系，共包括 A、B、C 3 个专门化配套品系，采用三系配套，两级杂交的生产方式，生产高性能的商品猪 CAB。

三系配套

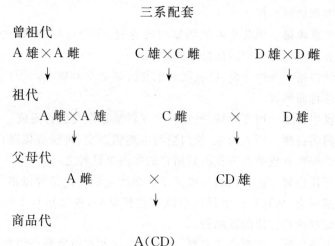

曾祖代

A 雄×A 雌   C 雄×C 雌   D 雄×D 雌

祖代

A 雌×A 雄   C 雌   ×   D 雄

父母代

A 雌   ×   CD 雄

商品代

A(CD)

衡量配套系的质量与生命力最终要看其商品代,商品畜禽应表现"最佳"。

四系配套

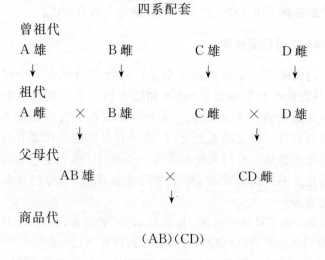

曾祖代

A 雄   B 雌   C 雄   D 雌

祖代

A 雌   ×   B 雄   C 雌   ×   D 雄

父母代

AB 雄   ×   CD 雌

商品代

(AB)(CD)

保护地方品种迫在眉睫,刻不容缓。为此,我国农业部于 2006 年发布了第 662 号文件,确立了第一批国家级畜禽遗传资源基因库、保护区和保护场。

第三章　猪场的选址与设计

　　选址与设计工作是构建猪场的最基础工作，也是提高生产效益首要考虑的问题，设计的合理与否直接影响生产组织的效率及猪场的经济效益。

　　猪场的设计是一次性的工作，设计人员需要从地理环境、猪场规模、管理模式、发展思路等多个方面着想，综合处理、精细设计，否则，一着不慎，满盘皆输，得不偿失，损己害人。例如，大规模猪场在设计时必须考虑布局合理、周转便利；分期建设则要考虑一期工程的方位，以后建筑时对生产的影响；扩建时应考虑人员、车辆的进出便利，避免细菌和病毒的传播。猪场密集地区更应考虑严格的防御设施；单元化饲养、全进全出对提高猪场生产水平有目共睹。再如，在圈舍的设计上既要考虑通风换气、保暖，又要考虑防暑、降温，舍内跨度小，通风路线短而直气流顺畅，舍内跨度大，难形成穿堂风，通风效果较差。窗口的位置更有讲究，北方地区要求向北窗口面要小，离地面要高，向南窗口面要大，离地面应低；南方地区要求窗口面大而对称，离地面较低。舍内如果长期保持昏暗、潮湿、高温、空气污浊严重、有害有毒气体超标，猪就会生长缓慢，疾病不断，甚至死亡，给生产带来严重损失。夏季降温多用水，但频繁使用水会给水的处理、存放带来压力，今天农户吵，明天环保找，污水的处理让人焦头烂额。又如，在零下 30℃ 地区，消毒池对轮胎消毒这一办法无法实现，有的猪场采用机器喷雾消毒轮胎。每种消毒药都不可能杀灭所有病原，消毒区域往往变成了人为的传染源。然而设计时将购猪车辆限制于场区墙外，类似饲料原料或成品入库就避免了这些消毒手续，问题简单多了。适宜的环境是猪群高效生产的前提。保持良好的环境卫生是预防猪病的重要措施之一，对增强猪群体质和抵抗能力起着重要作用。

建设一个环境优美、设计合理、设施先进、工业化生产的现代化养猪场是我们永远的追求!

一、规 划 原 则

(一)前期工作

先调查规划所在地的农业生产状况及社会状况,了解规划所在地的自然状况、养猪状况、原生态状况等,然后要进行可行性研究。

(二)选址

猪场选址应注意:尽量不占用农田或是选择土质差的地块,场址既要交通便利又要僻静,远离省级公路(1 km以外),村庄,周围无其他养殖场、屠宰场(2 km以外)、饮水源、风景名胜等。地势要高、干燥,避风向阳,排水方便,水源充足,电源保证。

(三)布局

猪场生产的布局应由实际情况而定,一般最前部加工、办公;前部育肥;中部保育;后部公猪、母猪及产房。总之,全场五区(加工区、办公区、生活区、繁殖区、育肥区)、三点(水塔、粪场、隔离室)要突出远离和安全。具体地说,应注意以下问题:① 消毒池、兽医室、隔离舍、病死猪无害化处理间,应距离猪舍下风50 m以外。② 化粪池远离地表水体400 m以外。③ 不具备焚烧的养殖场,至少建有加密井盖、体积不小于8 m³ 的化尸池3个以上。④ 场四周围墙高2 m以上,围墙与猪舍距离至少2 m以外。⑤ 双重屏障,即隔离墙外有防疫沟、护林带。⑥ 每一个区域都要有专用消毒通道。⑦ 消毒池的设计应根据其所在位置及消毒的对象、方式给予合理规划。例如人员、车辆、工具等。⑧ 隔离舍。据研究表明,混群距离100～500 m符合我国国情。⑨ 圈舍宜东西向,若南北向,偏差应小于30°(与南北轴),且每封闭舍应有排气孔,最好是自动换气;封闭式圈舍一般不主张建双排。⑩ 每栋长 $32\sim50$ m、高 2.5 m 以上,屋顶与天花板的夹角 $1/3\sim1/2$(屋内不宜用天花板)。⑪ 窗口应根据地理位置设定。一般南窗离地高不低于 0.6 m,北窗离地高不低于 1 m。窗口玻璃宜双层。⑫ 每栋间距为猪舍屋檐高的 $3\sim5$ 倍。每栋要备一个专用的加药水桶。⑬ 通道间距 $6\sim10$ m。⑭ 舍内走道宽 $1.2\sim1.5$ m,能防滑。⑮ 最大产房内的产床不多于 20 张,产床宜部分漏孔,漏网下是高空隙的斜坡,底边缘有排粪沟。⑯ 漏空板与地面的高度 $50\sim70$ cm(此高度是细菌浓度最低的空间)。⑰ 舍内排粪沟,宽 0.3 m,深 $0.2\sim0.3$ m,舍外酌情设计。⑱ 排风扇、水帘合理安装。⑲ 污水排出须经预处理,排出总量不得超过田间农林作物所容的最大用肥量。⑳ 参照母猪饲养量,以每头母猪 1 m³ 的标准建沼气池,以充分分解、发酵粪便。㉑ 多点式建场。㉒ 仓库门前应用 200 m² 的水泥晒场。㉓ 养殖场禁养猫、狗等动物。

据报道,绿化带有减少有害有毒气体 25%、臭气 50%、尘埃 $30\%\sim50\%$ 的作用,宽宜 $5\sim10$ m。在东西方向双排舍中,同时放入相同重量的仔猪饲养到上市称重,北排圈的猪比南排圈的平均每头少 0.5 kg。另外,把猪舍模式建造完全一样是非常错误的,乳猪及保育猪相对大猪对温度要求要高些,北方寒冷,较适宜封闭式喂养,而南方偏热,较适宜开放或半开放式饲养,建中空加泡膜双层墙保温性能好,又比较经济实惠。建双层多孔空心墙很利于夏天水帘降温。灭蚊器省不了,测胎仪必不可少。

(四)建筑类型

猪场的建筑可分为生产建筑、辅助建筑和生活管理建筑 3 种类型。生产建筑包括猪舍和装卸台;辅助建筑包括更衣室、淋浴室、消毒室、兽医化验室(含隔离室)、饲料加工间、仓库、变电室、水泵房、锅炉房、维修车间、排污设施及焚烧室;生活管理建筑包括办公室、生活房、值班室、厕所、围墙、门卫等。

(五)饲养面积

猪场的总占地面积参数按年出栏头数乘以 $2.5\sim4.0$ m²/头计

算,猪栏建筑面积参数按每头每年 0.8~1.0 m² 计算,种公猪每头每圈 8~10 m²,种母猪(含后备母猪)以 2~4 头每圈 6~12 m²,若配建一定数量的限位栏更佳,生活用房每劳动定员 4 m²。

(六) 饲养密度

饲养密度须适宜,过高既影响猪舍空气卫生,又影响猪只采食、饮水、睡眠、运动及群居行为,从而间接影响猪只的健康和生产力;过低不仅浪费设施,而且也增加了保温难度。具体参数详见表 3-1。

表 3-1 限位栏规格

名　称	所需面积(m²/头)	限位栏规格(m³/圈)	漏孔地板
空怀母猪	1.8~2.5	2.2×0.65×1.0	1/3 漏孔
妊娠母猪	3.7~4.2	2.2×0.65×1.0	1/3 漏孔
哺乳母猪	3.7~4.2	2.4×0.65×1.0	1/3 漏孔
仔猪前期	0.3~0.5	2.0×4.0×0.6	1/3 漏缝塑料板
仔猪后期	0.5~0.8	3.0×4.0×0.8	1/3 漏缝水泥板
肥育前期	0.8~1.0	3.0×4.0×1.0	1/3 漏缝水泥板
肥育后期	1.0~1.5	4.0×4.0×1.5	1/3 漏缝水泥板
配种栏	5.5~7.5	3.0×2.4×1.2	
种公猪	7.5~9.0	3.0×2.5×1.6	1/3 漏缝水泥板
后备母猪	1.0~1.5	3.0×4.0×1.0	1/3 漏缝水泥板

各阶段猪饲养密度:仔猪前期为 12~24 头/圈;仔猪后期为 10~16 头/圈;育肥阶段为 8~12 头/圈;后备种母猪为 2~6 头/圈;怀孕母猪为 1~2 头/圈;种公猪为 1 头/圈。随温度的升高而降低密度。

(七) 饮水和供水

1. 供水系统与水质要求

水是动物体的重要组成成分和必需的营养物质,更是猪场生产生活的最基本物质,但往往成为"被遗忘的养分"。猪每天能消耗其体重 10% 的水,热天会更多些。采食过程中饮下的水占其耗水量的 80%。猪饮水受限时,攻击性增强。饮水不足更是膀胱感染的主要原因。病猪通常采食减少或废绝,但不会不饮水,所以通过饮水可治疗病猪群体,尤其可减少注射应激。

供水一般靠自来水或水塔来完成,水塔的储存量力求保证全场两天的用水量,高度 2 m 以上。不同阶段的猪群供水量、饮水流速及饮水器高度要求均不相同,具体要求见表3-2。

表 3-2　养猪场平均每日供水量估算、饮水流速及饮水器高度

猪 群 类 别	总耗水量 (L/头·日)	饮用水量 (L/头·日)	饮水流速 (L/min)	饮水器高度 (cm)
空怀及妊娠母猪	15	10	1.5~2.0	70
哺乳母猪(带仔猪)	30	25	2.0~4.0	70
仔猪前期	5	2.5	0.7~1.0	15
仔猪后期	10	6.0	1.0~1.5	40
肥育前期	12	8.0	1.0~1.5	60
肥育后期	20	12	1.5~2.0	70
后备母猪	20	12	1.5~2.0	65
种公猪	25	15	1.5~2.0	70

猪只总耗水量包括猪饮用水量、猪舍清洗消毒用水量和饲料调制用水量。炎热地区及干燥地区耗水量可高至其体重的25%,猪舍湿度过大时(特别是冬季),应尽量减少饲养管理用水,并在标准范围内适当增加通风量,必要时供暖。具体措施:减少管理用水;适当加大通风量,必要时供暖;撒生石灰类固体消毒剂,一方面杀菌消毒,另一方面吸潮干燥。一般供水压力 1.5~2.0 kg/cm^2。一个饮水器最多可满足 8~10 头猪饮用。延续猪的互争习性,饮水器宜并排安装,间距 30~40 cm。另外,限位栏应设水、料两个槽。饮水器宜安装于水槽内、向上(防喷水、地面潮湿、关节炎等)。

饮水设备常见以下故障:水流速度不够;饮水器过高、过低;饮水器数量不足;饮水器间距太近;饮水器型号与猪只年龄不相符;饮水器角度不对(长期饮后猪只会表现面部变形);饮水器漏水;饮水器的安装不便员工操作等。另外,饮水系统中生物膜极不易清洗,且易构成多种病原菌环境,故高温天气每日清洗 1 次,其他季节至少每周 1 次。用药后的饮水设备应立即清洗。其实,猪饮水器具的使用还是回归水槽再加装饮水控制器比较好,不仅发现是否缺水,且真正意

义上节约用水,更是合乎自身生理。

此外,在猪场水线设计之初,应将猪场主水管深埋于地下至少一米深,再加上隔温材料,北方气温低应根据当地基建惯例实施。南方一些猪场老板的误区是不用考虑冬季防冻,而夏天主管道在地下过浅或暴露在露天,也会造成水温过高影响猪的饮水量。另外,在设计之初也要考虑将不同阶段的水线和分开,并加装减压器。更多的饮水量等于更多的奶水!

饮用水质的好坏对猪的生产性能也有直接的影响,因此猪场对水质有较高的要求(表3-3)。

表 3-3 猪对水质的要求
(单位:mg/L,germs/mL)

水质指标	pH	氨	亚硝酸盐	硝酸盐	氯	镁	铁	硫酸盐	硬度	高锰酸钾	硫化物	大肠杆菌	细菌总数
好	5~8	<1	<0.1	<100	<250	<1	<0.5	<100	<15	<50	0	<100	<100
差	<4 或 >9	>2	>1	>200	>2 000	>2	>10	>250	>25	>100	>0	>100	>100

注:好与差指水的气味与口味。无味:好;轻度味:一般;强味:差。清澈度以清为好。

2. 废水处理与净化

(1)猪场废水水质:根据《第一次全国污染源普查公报》结果显示,化学需氧量(COD)排放量为1 234.09万吨,占化学需氧量排放总量的43.7%;农业源也是总氮、总磷排放的主要来源,其排放量分别为270.46万吨和28.47万吨,分别占排放总量的57.2%和67.4%。农业源中畜禽养殖业化学需氧量、总氮和总磷排放分别占农业源的96%、38%和56%。水产养殖业只是水污染物排放量:化学需氧量55.83万吨,总氮8.21万吨,总磷1.56万吨,铜54.85万吨,锌105.63万吨。我国水污染四成来自农业污染,其中畜禽养殖业污染问题又是农业源污染中的重中之重。

据有关部门测算,1头猪每日所排粪、尿量约是其每日采食和饮水总量的一半。1头猪每日排粪尿按6 kg计算,1头猪每日排污量30 kg。一个1 000头猪场日排泄粪尿达6吨,年排粪尿量达2 500

吨,采用水冲式年排污水量达 1 万吨。其中,BOD_{Cr}(生化需氧量)浓度高达 600～7 000 mg/L,COD_5(化学需氧量)浓度高达 13 000～17 000 mg/L。养殖场废水水质见表 3-4。

表 3-4　养殖场废水水质

pH	色度(倍)	COD_5(mg/L)	BOD_{Cr}(mg/L)	悬浮物(mg/L)	氨氮(mg/L)
7～8	50	1 600～6 300	2 600～10 000	1 100～1 600	320～520

（2）猪场污水发酵:猪场污水发酵前后的成分分析见表 3-5。

表 3-5　猪场污水发酵前后的成分分析

成　分	猪场污水(mg/L)	厌氧发酵后(mg/L)	去除率(%)
BOD_{Cr}	152 000	2 200	88.53
COD_5	9 000	1 300	85.55
N	829	705	11.6
P_2O_5	546	340	37.7
K_2O	349	334	4.4

注:摘自《生猪信息》(2009 年第三期)。

（八）圈舍内环境

1. 空气卫生指标

据有关测算,年出栏 10 万头猪场,每小时向大气排放 15 亿个细菌、159 kg 氨气、14.5 kg 硫化氢和 25.9 kg 粉尘。这些悬浮物(SS)对大气污染半径可达 4.5～5.0 km,猪场 3.5 km 范围内氨气含量超过 0.2 mg/L。猪场每年排 30 万吨污水,若不经处理,需 9 000～15 000 吨地下水稀解化学需氧量(COD)(当水中 COD 浓度超过 500 mg/L 时,水中所有水生动物无法生存),可污染 300～600 km²,这样 3 年内可构成严重污染。1 头猪由出生到上市可产生污水 5～6 吨。

猪舍空气卫生要求:氨气、硫化氢、二氧化碳、细菌总数、粉尘等含量不得超过表 3-6 规定。

表 3-6　猪舍空气卫生要求

猪群类别	氨气 （mg/m³）	硫化氢 （mg/m³）	二氧化碳 （%）	细菌总数 （万个/m³）	粉尘 （mg/m³）
公　猪	26	10	0.2	≤6	≤1.5
成年母猪	26	10	0.2	≤10	≤1.5
哺乳母猪	15	10	0.2	≤5	≤1.5
哺乳仔猪	15	10	0.2	≤5	≤1.5
保育仔猪	26	10	0.2	≤5	≤1.5
育肥猪	26	10	0.2	≤5	≤1.5

2. 光照

充足的光照强度和时间能够满足猪正常的生物节律需要。适宜的光照对猪舍的杀菌消毒及提高猪只的免疫力、抗病力都有很大的作用。良好的采光有助于将更多的能量和蛋白质滞留在猪的体内，有助于肠壁的快速修复，特别是可以促进维生素 D 的合成，保证钙、磷代谢，促进骨骼生长，预防佝偻病。如母猪光照不足，易患子宫炎、子宫内膜炎；黑暗中配种，受孕率低，产仔少。

猪舍光照为 150～300 lx，且均匀。自然光照设计须保证入射角≥25°，采光角≥25°；人工照明灯的安全距离为 2.5～3.0 m，猪舍灯具和门窗等透光构件须经常保持清洁（表 3-7）。

表 3-7　猪舍光照要求

猪群类别	自然光照		人工照明	
	窗地比①	辅助照明②（lx）	光照强度（lx）	光照时间（h）
种公猪	1：（10～12）	50～75	50～100	14～18
成年母猪	1：（12～15）	50～75	50～100	14～18
哺乳母猪	1：（10～12）	50～75	50～100	14～18
哺乳仔猪	1：（10～12）	50～75	50～100	14～18
保育仔猪	1：10	50～75	50～100	14～18
育肥猪	1：（12～15）	50～75	30～50	8～12

注：① 窗地比：指猪舍内门、窗等透光构件的有效透光面积之和与舍内地面积之比大于 1/（10～15）；② 辅助照明：指猪舍在自然光照条件下设置人工照明以备夜晚工作照明用。

3. 温度

不同类别的猪对温度的要求见表 3-8。

表 3-8 不同类别的猪对温度的要求

猪群类别	适宜温度(℃)	最高温度(℃)	最低温度(℃)
种公猪	15～22	25	10
种母猪	15～22	27	10
哺乳母猪	15～22	27	10
哺乳仔猪(7 kg 以内)	30～35	37	28
保育猪(7～15 kg)	22～28	30	18
中猪(15～60 kg)	18～22	27	13
大猪(60 kg 以上)	15～20	27	10

注：适宜温度=体重(kg)×(-0.06)+24。

温度过高对哺乳母猪、肥育猪、种公猪影响很大,采食量降低,生长缓慢,精液质量差;温度过低,采食量增加,料重比增高,尤其对乳仔猪影响很大,拉稀、生长缓慢。温度高于 24℃ 为警戒状态,高于 37℃ 为危险状态。温度高于 37℃、相对湿度 25% 则为紧急状态。影响猪只感受到的温度的因素及其关系见表 3-9。

表 3-9 影响猪只感受到的温度的因素

因素	温度指数的影响
睡在一起	感受到的温度增加 2℃
睡在舒适床垫上	感受到的温度增加 2℃
睡在水泥地面或金属地板上	感受到的温度降低 2℃
睡在潮湿地面上	感受到的温度降低 2℃
风速:1 km/h	感受到的温度降低 2℃
风速:2 km/h	感受到的温度降低 4℃
风速:3 km/h	感受到的温度降低 6℃
猪只生病时	感受到的温度降低 5℃
断奶时采食量减少	感受到的温度降低 4℃

首先是通风降温。气流速度 0.2 m/s、0.5 m/s、1.5 m/s 可分别降低环境温度 4.0℃、7.0℃、10.0℃。其次是滴水降温,确实很好,但增大废水排放量,不是上策;较佳的方法是装设水帘降温,水取自制冷的冰水,用后回集再制冷,循环利用的确很实用。另外,猪只生病发热时必须增加保暖。

4. 湿度

湿度过高与过低都不利于猪的生长,相对湿度一般以 65%～70%为宜。湿度过高有利于各种病原微生物、寄生虫(卵)繁殖,猪易患疥癣、湿疹等皮肤病,同时高温容易造成饲料发霉,猪采食霉变料后,抵抗力、免疫力下降,发病率增高,还加剧了冷、热的刺激,更易使猪患病;湿度过低猪的皮肤和呼吸道黏膜表面蒸发量加大,使皮肤和黏膜干裂,对病原微生物的防卫能力减弱,易患皮肤病和呼吸道病。预防措施是通风、换气、及时清扫粪便等。另外,猪舍地面向粪沟方向的倾斜度要在 3°左右,可防止积水等。

5. 通风

屋顶风管的面积计算公式:$L = 7\,968.94F\sqrt{\dfrac{H(t+2)}{275}}$($L$ 为通风量;F 为排气管面积;H 为进气管间距离;t 为舍内温度)。进风口面积按排风管面积的 50%～70%设计,以自动排气扇为宜。

6. 噪声

饲养各类别猪的猪舍的噪声均不得超过 80 dB(分贝),更应避免突然的强烈噪声。

(九) 猪场设备

猪场设备是指用于猪的生长繁殖、环境的检测控制、保障生物安全的装置和设施,如产床、限位栏、漏缝板、水帘、自动料线、清洁机、刮粪机、显微镜、运输车等。

1. 猪栏设备

(1) 猪栏:猪栏分实体栏、栅栏和综合栏。依据猪群与猪舍的不同,给予合适的构建。实体栏一般用砖与水泥砌成,宜于养大猪(如公猪、经产母猪和肥育猪),墙高 1.4 m 左右;栅栏一般用钢管和钢筋焊接而成,宜于养小猪,多用于保胎架,如保育床、产床和限位栏,栏高 0.6 m;综合栏实则在 0.3～0.6 m 的实体栏上,再加 0.3～0.8 m 的栅栏,既能养大猪也能养小猪。综合分析,栅栏占地面积最少、通风、耗材少、相对成本低,但不利防疫。

(2) 料槽:料槽有长、宽、高三组重要数据。长:圈内最大猪肩宽的110％×头数;宽:断奶至出栏(12～33 cm);高(即深):断奶猪10 cm,中大猪15～20 cm。高置为宜。

计算:每头每日采食时间约需 60 min,食槽利用率80％,那么每槽每日可供 24×80％≈19 头使用。若总采食量延长为 70 min 或 80 min,每槽可供 14～16 头使用(以上指喂湿料,干料只能供 10 头使用)。1 头猪每日采食量为其体重的 3％～5％,是维持其自身生存需求量的 1.5 倍,大约是自由采食的 0.6 倍。大猪比中猪平均日采食高出 60％～65％。

笔者认为,乳猪阶段的料槽最好是悬空 10 cm;产床应配置乳猪液体喂料器;母猪槽宽一般为 35 cm,槽口无拐角,槽底一定要求圆弧形,自动料槽应有封闭盖。

(3)产床:产床有单床与组合床之分。单产床规格:长 2.2～2.4 m,宽1.8～2.0 m。因其占地面积较大,不太受欢迎。组合床规格:长2.2～2.4 m,宽3.8～4.0 m。其较实用,深受欢迎。

(4)漏缝地板:使用漏缝地板易于粪尿清除,保持栏内清洁,减少工人劳动量等。如何选择板材的材质及缝隙的大小很有讲究,需要结合猪只的大小等来挑选水泥板、铸铁板、复合材料板的配套安装。前提:耐腐、坚固不走形、光滑、不卡蹄、便冲洗、环保。一般,水泥板、铸铁板多用于大猪,复合材料板多用于小猪。漏缝地板规格见表3-10。

表 3-10　漏缝地板规格　　　(单位:mm)

规　格	板条最小宽度	缝隙最大宽度
哺乳仔猪	10	11
保育猪	10	14
育肥猪	80	18
母　猪	80	20

注:漏缝地板离地面的高度以 50 cm 以上为宜。

(5)供暖:现代化猪舍供暖,一般分集中供暖和局部供暖两种方式。集中供暖主要形式:利用热水、蒸汽、热空气及电能等。局部供暖主要形式:多用电热地板、电热灯、保温箱等。我国养猪供暖系统多采用锅炉、供水管、散热器、回水管等设备。各养猪场应根据实际情况,因地制宜地实施供暖。

（6）通风降温：猪舍内有害气体必须排除,降低舍内高温高湿需使用通风降温设备,如窗户、风扇、吹风机、抽风机、换气窗、水帘、空调、喷淋泵等。加强环保。

2. 采精台

采精台长 1～1.3 m,宽 0.25 m,高 0.5～0.6 m,可升降更好。采精舍应有防滑设施,且与公猪舍有一定距离。

3. 饲喂设备

为减少劳力、减轻劳动强度、降低污染,使用自动喂料系统(如散装车、加料车、输送管道、料槽、饲喂器等)还是受欢迎的。具体应根据本场实际情况实施。

4. 环保设备

养猪场必须加强环保。不论是沼气生态模式,还是种养平衡模式、达标排放模式,生物安全是首位。

5. 清洁设备

清洁是养殖场控制疾病最简单、最有效、最实惠和最实用的方法。清洁与消毒密不可分。合理配套更衣室、洗澡间、洗衣机、消毒剂、清洗机、紫外线、消毒池、刮地板、化粪池等设施,是非常有益的。

6. 其他

如水泵、饮水控制器、测胎仪、无针头注射器、灭蚊器、耳标、秤、办公用品等。

（十）粪尿处理

1. 猪粪尿的主要化学成分

猪粪尿的主要化学成分见表 3-11。

表 3-11　猪粪尿的主要化学成分　　（单位：g/L）

项　目	总固体物质	挥发性固体	总氮	磷	钾
粪	303.38	261.94	30.73	115.8	23.9
尿	21.29	11.04	6.40	—	—

2. 各类别猪的粪尿日排量

各类别猪的粪尿日排量见表 3-12。

表 3-12 各类别猪的粪尿日排量 （单位：kg）

项 目	日 排 粪 量	日 排 尿 量	合 计
种 公 猪	2.0～3.0	4.0～7.0	6.0～10.0
哺乳母猪	2.5～4.2	4.0～7.0	6.9～11.2
后备母猪	2.1～2.8	3.0～6.0	5.1～8.8
中 猪	1.3	2.0	3.3
大 猪	2.17	3.5	5.67

据报道，母猪每头每日排粪尿量 8～14 kg，50～80 kg 的肉猪每头每日排粪尿 6 kg，其中含氮 16～37 g，约 60% 是以尿素或铵盐等形式转化为氨气。

3. 猪粪尿含肥量

猪粪尿中含各种肥量的区间值见表 3-13。

表 3-13 猪粪尿中含各种肥量的区间值

成分	含水量（%）	全氮（%）	全磷（%）	全钾（%）	灰分（%）	有机质（%）	维生素（%）	水解氮（%）	氨态氮（%）	可溶性氮（%）	碳氮比
含量	72.13	1.05～2.96	0.4～0.49	0.39～2.08	3.93	3.84	0.5	0.24	0.13	1.91	7.14～3.17

4. 猪的饲粮蛋白质与氮排出量

饲粮中蛋白质含量与每头猪的氮排出量之间的关系见表 3-14。

表 3-14 饲粮中蛋白质含量与每头猪的氮排出量之间的关系

饲粮中蛋白质含量（%）	氮排出量（kg）
24	97
22	87
20	76
18	66
16	56

注：引自《规模化猪场与废水处理技术》。

5. 沼渣

沼渣的化学成分见表 3-15。

表 3-15　沼渣的化学成分　　（单位：mg/L）

氮	五氧化二磷	氧化钾	铜	锌	铁
705	340	334	3.01	13.9	6.54

6. 清粪工艺

粪便的管理是一件很麻烦也很头痛的事，饲养量、饲养规模、饲养模式、饲养环境及所在饲养区域起着决定性的作用。养殖业的蓬勃发展，粪便能源化肥料化应运而生。固液分离厌氧好氧还田利用；沼气发酵无害化处理再生利用。因场而异，因地域而异，盛开环保之花。

清粪工艺是猪舍设计工艺的重要组成部分，也是决定猪场能否高效运转的关键因素之一。清粪工艺必须满足：舍内清洁、干燥、防滑；尽量避免动物和人暴露在臭气和粪便挥发的刺激有毒气体中；尽量少用人工，尽量减少收集、储存、运输粪便的费用；遵循各级法规和政策。

目前养猪场粪便管理的主要工艺有人工干清粪、水冲粪、水泡粪、水生植塘、机械刮粪、高床发酵粪、异位发酵、沼气发电等等。其中，固液分离是很值得提倡推广的。

人工干清粪又称固液分离或干清粪，粪便集中处理，尿液蓄积，符合环保政策要求，适合中小型养殖场使用，但人工用量太大。

水冲粪是放水或浅坑拔塞冲洗粪沟，将粪污一并从排污道清出干净，很节约人工，舍内空气质量好，投资运营费相对较低，但用水量太大，不符合环保要求。目前环保部门的相关规范明确指出新建、改建、扩建的畜禽场宜采用干清粪工艺。

水泡粪是指在猪舍内的排粪沟或蓄污池中先注入一定量的水，后将粪、尿、冲水和管理用水一并排放至漏缝地板下的粪沟或粪池中，贮存一定时间、达一定量后彻底清出。这里需要提醒，蓄积粪池一定要安装溢液分流管，以保证漏粪板与水面的高度不变;另外,蓄积期间,也有设计同时进行生物处理值得规模化猪场采用。

水生植塘是指将固液分离后的污水、废水一并流入池塘蓄积沉淀,通过池塘里种植水浮莲、水花生类等植物来净化水质、环境。但水生植塘占地面积太大,适合中小型养殖场使用。

机械刮粪是采用电力驱动刮粪板,由低向高,每天进行多次清空地沟的清粪方式。有的养猪场将刮出的粪便进行固液分离后又进行发酵处理制得有机肥料或有机肥。刮板形状上有V形刮板和平刮板两种。V形刮板较平刮板施工精度要求高,增加故障率,增加维修费,尤其地沟沟底精度不理想会严重影响刮粪效果。其次,舍内刮粪,应考虑到粪沟底与漏粪板间的高度不能小于人的平均高度,否则不利维修且基建成本高。但在猪舍外墙体沿边设置粪沟,并上铺盖透明塑料板阻碍空气对流,好处多多。

高床发酵或称舍内发酵是在漏缝板下的地面上建1~1.2 m深发酵池,池内填放70~80 cm厚的木屑或稻壳类填料及菌种,待粪尿漏入池内,用机械翻扒,从而达到零排放的目的。漏粪板与地面高度2 m以上,室内负压通风,定时除臭,酌情添加垫料,每年或更长时间才清理1次。发酵过程应注意废水排放量会影响发酵质量(相对湿度不超60%)。新型有机肥料及有机肥的孕生,彻底消除了前些年因饲料中无机矿物质如铜铁锌违规、重金属超标,与养殖场乱滥使用消毒剂、火碱的残留等致畜禽粪的危害——上到哪烂到哪,得到了彻底改变,果农菜农由不敢使用到抢着使用,这为资源化土地配套掀开新的一页。但建造成本太高。然再生利用,增收创盈,变废为宝。大型规模化集约化养猪场较适用。

异位发酵是指将固液分离后的猪粪传送到里一个指定地方进行发酵处理制得有机肥料或有机肥,沼渣沉淀过滤,沼液发酵,沼气发电。深受各式养猪场欢迎。

常见的清粪工艺:高床发酵、墙外下粪、平板刮粪、V形刮粪、半漏缝地板、全漏缝地板、刮粪机、双列V形刮粪,分别见图3-1至图3-8。

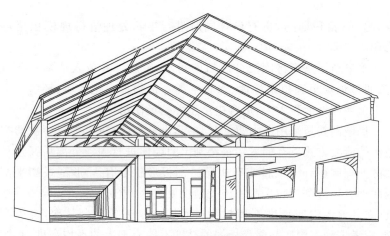

图 3 - 1　高床发酵

图 3 - 2　墙外下粪

图 3 - 3 平板刮粪

图 3 - 4 V形刮粪

图 3 - 5　半漏缝地板

图 3 - 6　全漏缝地板

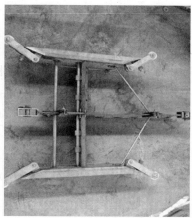

图 3-7 刮粪机

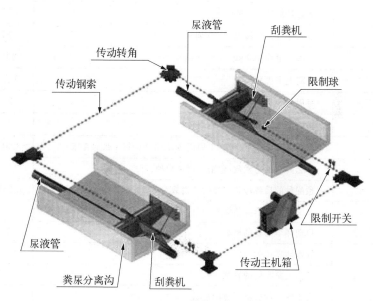

图 3-8 双列 V 形刮粪

二、项目标准

全年 365 天(52 周),怀孕母猪提前 1 周进入产房,断奶日龄 4 周(3～5 周),空栏与消毒 1 周,每张产床每次使用约 40 天,全年共使用 9 次;保育至 60 日龄结束,那么,保育床上停留 5～6 周,空栏与消毒 1 周,每张保育床每次使用约 50 天,全年共使用 8 次;发情周期 21 天,断奶后 1 周配上种,妊娠期 113 天或 114 天,受胎率 90%,分娩率 96%,每窝产仔 10 头,有效成活率 92%,断奶率 96%,上市率 98%,生产母猪淘汰率 30%(表 3-16)。

表 3-16 猪栏生产项目及标准

序 号	生 产 项 目	标 准
1	每头年产胎数[365÷(113+35)]×90%×92%=2.1(胎) 或:[365÷(113+45)]=2.31(胎)	2.2 胎
2	断奶日龄(3～5 周)	4 周
3	转入保育舍至转出(4～9 周)	4 周
4	上市重量约 100 kg(22～24 周)	23 周
5	每窝上市头数	9 头
6	每周分娩母猪窝数	F
7	需要产床数量(包括 1 周周转)	5F
8	需要保育床数量(包括 1 周周转、2 张产床折 1 张保育床)	3.5F
9	育肥需要的总栏数(包括 2 周预配种、每栏 10 头)	14F
10	预配种的后备母猪需要的总栏数	1.25F
11	预配种的经产母猪需要的总栏数	2F
12	早期怀孕需要的栏数	5F
13	妊娠期需要的栏数	12F
14	试情公猪需要的栏数	0.2F
15	人工授精的公猪需要的栏数 自然交配的公猪需要的栏数	0.5F 1.25F
16	淘汰母猪需要的栏数	0.5F

序　号	生　产　项　目	标　准
17	后备母猪的发展需要的总栏数（出自保育舍）	6F
18	猪群数（生产周期22～25周）	23F
19		
20		

注：每周分娩母猪窝数＝（生产母猪头数×年产胎数）÷52。

三、布　局　与　式　样

以下是猪场设计示意图3-9至图3-25,仅供参考。

（一）猪场平面设计

为便于防疫和安全生产,布局应根据当地季风风向和场址地势,顺序安排生产管理区、生活区、生产区、隔离区等区域。

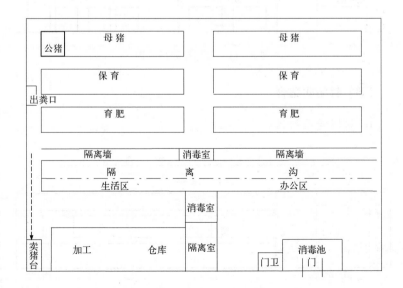

图3-9　猪场平面图

（二）猪舍形状

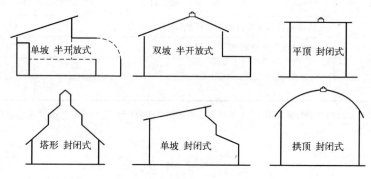

单坡 半开放式　　双坡 半开放式　　平顶 封闭式

塔形 封闭式　　单坡 封闭式　　拱顶 封闭式

图 3 - 10　猪舍形状图

（三）猪栏排列形式

单列圈　　双列圈　　多列圈

图 3 - 11　猪栏排列形式图

（四）封闭式猪舍

1. 封闭式双列栏舍

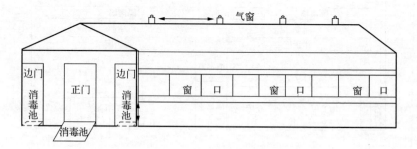

气窗

边门　消毒池　正门　边门　消毒池　窗　口　窗　口　窗　口

消毒池

图 3 - 12　封闭式双列栏舍外观图

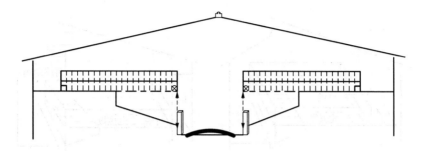

图 3-13 封闭式双列栏(中间下粪)剖面图

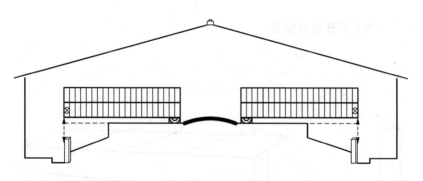

图 3-14 封闭式双列栏(两边下粪)剖面图

2. 封闭式单列栏舍

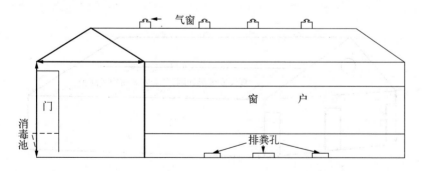

图 3-15 封闭式单列栏舍外观图

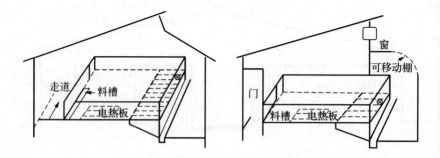

图 3 - 16   封闭式单列栏剖面图

（五）半开放式猪舍

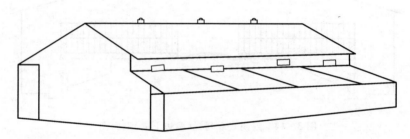

图 3 - 17   半开放式单列育肥舍外观图

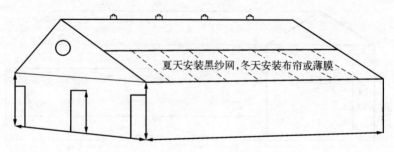

图 3 - 18   半开放式双列育肥舍外观图

（六）产床

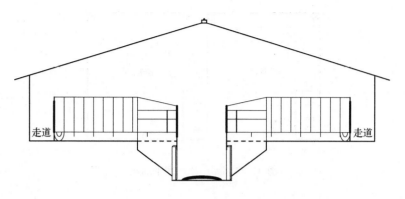

图 3－19　产床剖面图

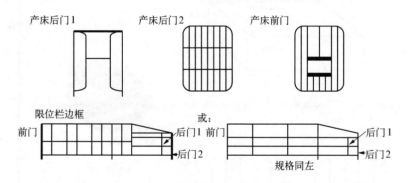

图 3－20　产床附件及限位栏图

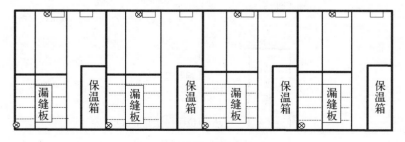

图 3－21　双产床底平面图

（七）无产床

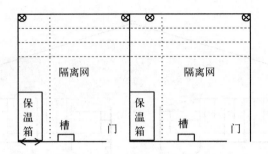

图 3 - 22　无产床产圈平面图

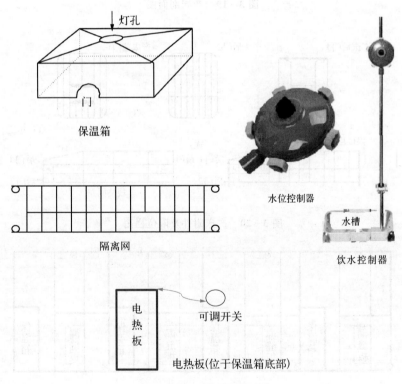

图 3 - 23　无产床附件图

（八）发酵床

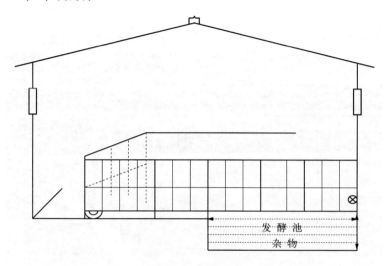

图 3-24　发酵床剖面图

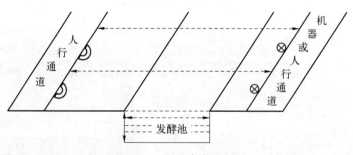

图 3-25　发酵床底平面图

此棚舍结构是最近较流行的一种设计,用发酵池(含有菌种)代替了以上的沼气工程,各有千秋,根据需要实施。

（九）塑料大棚设计要求

塑料大棚养猪经济实用,设计时主要把握 5 要素:一是采光增温;二是隔热保温;三是通风降温;四是膜与地面的夹角以 40°～50°为宜;五是棚顶高度应达 2.5 m 以上。具体形式可参见图 3-26 和图 3-27。另外,塑料大棚长一般不超 50 m。

图 3 - 26 弧形顶大棚

图 3 - 27 "人"字顶大棚

第四章　生产管理与人才培养

企业经营管理者,应让每个员工都明白自己的工作位置、权利和生产目标,发挥自己的专长,心甘情愿地与企业共存。如果我们在说"理"之时,赋予"情",岂不是更完善。向管理要效益和通过管理创新来获取支撑,已成为广泛的共识。

一、经营管理

(一)养猪场重要参数

(1)母猪每头每年产 2.2～2.4 胎。

(2)每窝 10～12 头,年供商品猪 24 头以上。

(3)仔猪初生重平均每头 1.4 kg 以上。

(4)25～28 日龄断奶,体重 6.0～8.0 kg,60 日龄 22.0 kg 以上,70 日龄 25.0 kg 以上,160 日龄 100.0 kg 以上,商品猪提倡 18～21 日龄断奶,种猪稍晚断奶为宜。

(5)断奶后 3～7 天配种 85％以上。

(6)配种率 98％。

(7)受胎率 90％。

(8)分娩率 85％以上。

(9)乳猪成活率 92％以上。

(10)保育成活后上市率 99％。

(11)流产率 2％以下。

(12)死胎率 4％以下。

(13)返情率 8％以下(人工授精高于自然交配)。

(14)葡萄胎 1％。

（15）淘汰率20％～40％。

（16）第8胎起应淘汰。

（17）公猪利用年限3～5年。

注意：全场母猪平均年产胎数不能以年产总窝数除以年终母猪头数来计算，应考虑淘汰、死亡及新产母猪数；料肉比也不能以年用料量除以年上市量来计算，应考虑处理、淘汰、死亡数等；母猪膘情随胎次、年龄的增高要求变低，但这并不影响配种、受胎。

（二）种猪的结构

种猪分种公猪与种母猪。种公猪分后备公猪和生产公猪；种母猪分生产母猪（经产母猪）和后备母猪。生产母猪按生产阶段分为妊娠母猪、哺乳母猪、断奶母猪、空怀母猪4个阶段。后备母猪分后备前期和后备后期。

养猪场的种母猪胎次结构：1～2胎占20％～30％，3～6胎占60％～70％，7～8胎占10％～20％；全场母猪平均胎次3.5～4.5为最佳。

以自然交配为主的猪场，公母猪比例1∶（20～25）；以人工授精为主的猪场，公母比例1∶（200～400）。

全场年更新率：种公猪35％～50％，种母猪25％～40％。

（三）引种

引种必须考察供种场资质水平、建场时间、供种能力，查看种猪健康状况，了解技术水平和售后服务；引入的全程应尽可能减轻、减少各种应激，确保猪只隔离、消毒、保健、驯化、免疫、健康生产；杜绝引入→退化→再引入现象发生；忌从多家引种、系谱不清、乱混群；最后不好的坚决淘汰。

（四）猪只辨识

目前我国已使用动物射频识别64位序列号，前16位是控制代码，第17～26位为国家或地区代码，第27～64位为动物代码。目前养殖场大都以耳标或耳缺来表示。

（五）商品猪各生长阶段的划分及其增长速度与料肉比

1头商品肉猪（100 kg）上市，生长期150～165天，历经仔猪期、肥育期两大生长时期。仔猪期含仔猪前期（出生至15 kg，45日龄左右，其间断奶至15 kg通常称保育期）和仔猪后期（15～30 kg，45～80日龄）。肥育期分肥育前期（30～60 kg，80～110日龄）和肥育后期（60 kg至上市，110～165日龄），共4个生长阶段。仔猪期生长速度250～500 g/天，肥育期生长速度450～900 g/天。

21～28日龄为断奶关键点，断奶体重7.5 kg左右，仔猪前期需配合料，其中教槽料（1～2 kg）和保育料共10 kg左右，此期一般料肉比（1.0～1.4）:1（这里需要指出哺乳期是无法核算料肉比的）；仔猪后期约需配合料30 kg，此期一般料肉比（1.6～1.8）:1；肥育前期约需配合料70 kg，此期一般料肉比（2.0～2.4）:1；肥育后期约需配合料120 kg，此期一般料肉比（2.6～3.2）:1。那么，一头商品肉猪生长全程料肉比（2.0～2.3）:1。然而，全场生产全程的料肉比（须把每头种猪每年约需1 t配合料的量算入）为（2.6～3.0）:1比较理想。

（六）猪只体重估算法

体重估算公式如下：

$$体重(kg) = [胸围(cm) \times 体长(cm)] \div A$$

式中，胸围指以前胛部周长；体长指两耳根连线中点到尾根的长；A代表体膘状况，好、中、差分别为142、156和162。

（七）养猪生产的成本构成

养猪必须计算成本。养猪生产的成本包括饲料成本、猪成本、医药费、工人工资、水电费、折旧费、维修费和办公管理费等。

（1）饲料成本：一般占总成本的70%。以出售1头商品猪100 kg为例，料肉比2.8:1，饲料平均单价3.4元/kg，所用饲料成本952元。减少浪费是控制饲料成本的关键。

（2）仔猪成本：1头种母猪一年至少用1 000 kg饲料，料单价

4 元/kg,每年产 2 窝,每窝产 10 头,成活率 95%,每头活仔猪成本在 200~250 元。

(3) 医药费:出售 1 头商品猪(100 kg),医药成本费应摊 30~50 元。

(4) 饲养员、后勤、管理人员的工资:出售 1 头商品猪(100 kg),费用应摊 20~30 元。

(5) 水电费(包括降温、保暖):出售 1 头商品猪(100 kg),费用应摊 10~20 元。

(6) 低值易耗费:出售 1 头商品猪(100 kg),费用应摊 5~10 元。

(7) 折旧、维修费:出售 1 头商品猪(100 kg),费用应摊 20~30 元。

(8) 其他费用(管理、业务、办公、利息等):出售 1 头商品猪(100 kg),费用应摊 40 元。

合计出售 1 头商品猪(100 kg),成本 1 200 元左右。

集约化猪场总成本的高低表现在种猪的种质及种猪管理上;生长猪生长速度的关键在产房及保育上,不在生长猪。

据专家预测,规模养殖的成本比传统农村养殖高 15%~20%,但其每千克增重少耗饲料 0.6~1.0 kg,只要措施得当,可以出高效益。

以原料购量大压价,每头猪可降低成本 50 元左右。把好自繁自养、保证品质、有自力加工、屠宰、销售等每一个环节都能出效益。

(八) 主要经济技术指标的计算方法

养猪的主要经济技术指标及计算方法如下。

(1) 平均每日实际饲养头数 =(存栏量+出栏商品猪头数)/365 天。

(2) 生产母猪年均产仔窝数 = 总产仔窝数/年实际饲养母猪头数(不计流产头数)。

(3) 仔猪哺育率(%)=断奶成活仔猪头数/初生时产活仔数。

(4) 仔猪保育率(%)=保育期末(70 日龄)成活数/断奶时仔猪数。

(5) 育成率、育肥率(%)=育成、育肥猪头数/保育期末仔猪数。

(6) 总育成率(%)=总育成期商品猪数/总产活仔数。

(7) 出栏率(%)=全年出栏商品猪数/年初存栏猪数。

(8) 分娩率(%)=分娩母猪数/配种母猪数。对于因死亡、疾病或跛行导致高淘汰率的猪群来说,可用"矫正分娩率"来矫正非主动淘汰数。

矫正分娩率(%)＝分娩母猪数/(配种母猪数－非繁殖原因淘汰母猪数)。

(9) 妊娠母猪数 ＝ [(成年母猪头数×年产胎次)/365 天]×妊娠饲养天数。

(10) 空怀母猪数 ＝ [(成年母猪头数×年产胎次)/365 天]×断奶至配种间隔天数(返情未考虑在内,所以理论值比实际值小)。

猪场分娩指数 ＝ 年产窝数/[(年初存栏母猪数＋年底存栏母猪数)×1/2]。

(11) 母猪非生产天数:任何生产母猪及超配种年龄(一般 230 天)的后备母猪,无怀孕、无哺乳的天数称为非生产天数。其中有 3～6 天(断奶至配种)是必需的。一些怀孕母猪发生流产、死亡或淘汰之前的时间也不等于生产,那么此段天数也称非生产天数。

例:1 头母猪年产 2.3 胎,每窝 10 头,断奶天数 28 天,怀孕期 114 天,非生产天数即为 365 天－[年产胎数 2.3×(断奶天数 28＋妊娠天数 114)]＝ 39 天。

国外通常把非生产天数减少 3 天就等于每窝增加 0.5 头仔猪计算。

(12) 胎指数 ＝ 365/[怀孕期＋断奶天数＋6(断奶至配种允许天数)＋ 非生产天数]。

(九) 养猪效益评估

养猪效益评估的方法有:① 每头母猪每年提供断奶仔猪头数;② 每头母猪每年提供上市肉猪头数;③ 每头母猪每年提供上市猪肉重量。其中②的方法使用较为广泛。

(十) 影响经济效益的要素与要点

(1) 要素:公猪、母猪繁殖力和人为因素。
(2) 要点:品种、营养、环境、管理、疾病、价格等。

(十一) 影响养猪生产成本的因素

(1) 浪费:这是造成养猪成本增加的重要因素。
① 饲料浪费:是猪场最大的浪费,常见的是使用高水分玉米而

不改变配方,不按配方加工,配方不随季节变化而变化,搅拌不均匀,大猪吃小猪料,投量过多。

② 药品浪费:乱用药、重用药、错用药,以次充好,搅拌不均匀,使用方法不当等。

③ 猪只浪费:公母搭配不当,出栏时间过长,技术不过关,饲养无价值猪。

④ 其他浪费:人才浪费,资金的浪费,设备的浪费,计划不周,信息资源浪费等。

(2) 料肉比高:料肉比下降 0.1,出栏 1 头商品猪(100 kg)可节约料 100×0.1 kg。

(3) 生长速度慢:每天多增重 50 g,出栏 1 头商品猪 150 天共可多增重 7 500 g。

(4) 每头商品猪上市应承担的直接生产费用:包括种母猪折旧费和种猪料两项。

① 种母猪折旧费:1 800 元/(7 胎×10 头/胎×84%)=30.6 元。

② 种母猪料耗费:生产 1 头活仔猪耗料 50 kg(1 000 kg/20 头),饲料单价 4 元/kg,断奶率 84%,出售 1 头商品猪耗料成本为 (50 kg×4.0 元/kg)/84% = 238.1 元。合计:30.6 元+238.1 元 = 268.7 元(这里未含药费、水电费、管理费、种公猪费用等)。

总之,母猪繁殖性能、使用年限、产仔率、成活率、出栏率是降低该阶段成本的主要方面。

(十二)衡量养猪场生产状况及管理的指标

(1) 肉猪的生长速度(日增重)。

(2) 饲料利用率(关系到单位体重的饲料成本)。

(3) 胴体瘦肉率及肉的品质。

(4) 种猪的繁殖指数。

(十三)养猪场合理医疗费的分配比例

笔者认为,养猪场药费支出分配应以消毒费 30%、疫苗费 20%、保健费 36%、治疗费 10%、其他 4% 为宜。

（十四）肉质评定

猪肉肉质的评定主要有以下一些指标。

（1）肉色：鲜红。

（2）pH：接近 7 为好。

（3）肌肉水分：较少为好。

（4）系水力：越强越好。

（5）滴水损失：测定方法参见熟肉率，即左右两侧腰肌在煮前重与煮熟后重的比。

（6）肌肉大理石纹：大理石纹明显为好。

（7）肌肉脂肪含量：欧美认为 2.5%～3% 最好。

（8）肌纤维数量：单位体积肌束内肌纤维根数越多越好，说明肌纤维直径小。

（9）脂肪酸含量：这也是评定肉质好坏的重要指标，其中不饱和脂肪酸含量所占比例越高越好。

（10）风味：嫩、香、口感好。

（十五）猪体内能量分配流程

了解饲料能量在猪体内分配流程是合理配制饲料的基础。具体流程如下。

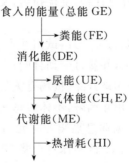

食入的能量（总能 GE）
┃
┣→ 粪能（FE）
消化能（DE）
┃
┣→ 尿能（UE）
┣→ 气体能（CH₄E）
代谢能（ME）
┃
┣→ 热增耗（HI）
用于生产（NEm）←净能（NE）→用于维持（NEp）

（十六）绩效考核

国家关于企业、养殖行业规划：年销售额小于 5 000 万元的为小型企业;5 000万～5亿元的为中型企业;5亿～50亿元的为大型企业;50亿元以上的为特大型企业。

畜禽场:鸡≥5 000只,母猪存栏≥75头,牛≥25头;小型养殖场:生产母猪≤300头;中型养殖场:生产母猪300～500头;大型养殖场:生产母猪500头以上。

最高限制指标:奶牛200头,肉牛1 000头,种猪500头,育肥猪3 000头,绵羊1 000只,蛋鸡70 000只。每一次重大的经济转型,必定有新兴行业的诞生。

目前我国养猪业及相关岗位定员要求:300头母猪场:饲养员6人,一般技术员2人,中级管理人员2人。年上市1 000头肉猪场:分3批,每批300～350头,折合20头母猪年产量,需饲养员1人;饲养员应不低于全场员工的70%。年产6.1万吨饲料厂:工人41人,一般技术员7人,中级管理员2人。年屠宰20万头肉猪加工厂:工人50人,一般技术员8人,中级技术员2人,中级管理员5人,总部包括计划、决策、市场分析与营销、质检、动保、财务、管理等。

由此至日常管理段,以某一养猪场为例进行介绍,仅供参考。

为进一步调动员工的劳动生产积极性,充分发挥员工的创造性和主观能动性,明确责、权、利,使生产指标与成本控制相结合,效益最大化,场与员工共赢,根据本场生产流程和岗位设置及特点,实行生产绩效与员工收益直接挂钩,奖优罚劣,奖勤罚懒。制订绩效工资考核试行方案。

新招聘员工试用期为1个月,试用期不合格者给予辞退,试用期合格者即转为正式员工,并签订劳动合同;老员工自动辞职,应提前1个月向场部递交申请;如被开除,按场有关规定执行。

每月休假1天,可相互调解,不休假每天增发30元补贴,休假累加不得超过3天;全年未休息嘉奖300元,11次不休息嘉奖200元,10次不休息嘉奖100元,6次不休息嘉奖50元。

打架、斗殴每1次各罚款50元,不还手者奖100元;打架满3次者开除。无故缺席1次培训学习,罚款5元,学习后经考试(含笔试或口试)不及格者每次罚款5元,考试成绩优秀者每次奖20元,连续3次获优秀者嘉奖50元。全年获同类全奖者嘉奖500元。建议被采纳,每一条奖 20 元。

场部统一安排时间理发,聘请高级理发师入场专门服务,费用自理;生活必需品及常用的、必备的非处方药物,统一购置、配发、供应。

成立伙食委员会,提前 1 周公布下周菜谱,生活补贴每人每月需交 60 元,剩余由场部承担每人每月 100 元,长期供应本场猪肉,只收取成本,所需其他荤菜,根据情况购买,但必须保证无传染性、价格便宜、实惠,账目公开。

成立督察委员会,时刻接受场内的各项监督与被监督。禁止能源浪费,如电扇空转、无效照明、水白流淌等;禁止酗酒、过量饮酒、赌博。

员工出场区需凭出门证,有事应写请假条。请假条先得主管人员批准后经正、副场长签字后方可准假;来不及请假者,应通过电话告知缘由;无故旷工每人每天罚款 40 元,连续旷工 3 天除名;病假凭医生证明或病历卡;缴纳电话费,可由场统计员与话费缴纳处联系统一代办;上班时间不准会客,如急需接见须经领导同意;任何人不得擅自、随便出入场门。

为营造劳动开心、工作暖心、环境舒心的工作氛围,可增设娱乐设施,如乒乓球、羽毛球、篮球、象棋、围棋、阅览室;组织歌咏比赛、拔河比赛、种菜比赛等项目;开设建议奖、学习奖、卫生奖、竞赛奖、成绩奖、先进事迹专职演讲会等丰富多彩的活动,请踊跃参加。

每天上班前,所有的领导主管、班组长都应聚集在办公室召开班前会,解决前一天遗留的问题,计划当天的工作。每周 1 次例会。定期聘请国内外资深专家来场培训、讲课、现场指导,成绩优异者可享受公费学习及旅游等福利待遇。

工资分为基本工资、绩效工资、工龄工资及岗位津贴。工作满一年后方可享受工龄工资每月 20 元。每月中旬领取上月基本工资,当月绩效工资由统计员在当月底统一核算,报生产部门核实、饲养员签字生效,并备案后经财务发放下月领取,以存折交付。其他杂务工钱,事毕当场结清。

（十七）组织结构

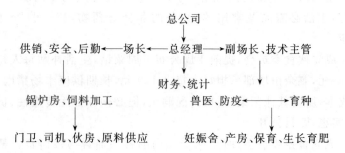

（十八）岗位与职责

1. 总经理

内容：听取汇报、反映、意见等，安排正副场长、财务部长工作。

任务：主持养殖场的全面工作，日常安排督察室、统计室工作。

指标：同生产场长。

收入：按协议进行。

2. 场长

内容：主持全面工作，主抓销售、采购、安全、后勤，分管副场长、技术主管。

任务：主持全场生产，完成各项生产指标。

（1）及时准确地向总公司汇报养殖事业部购销情况及各项数据。

（2）组织策划、建立健全各项规章制度，并不断完善及广告宣传。

（3）督促各部门领导在安全生产条件下超额完成指标与任务。

（4）按规定淘汰猪只（传染病、疑似传染病、隐性感染、无价值的）。

（5）组织实施传染病防治、扑灭工作。

（6）加强员工安全生产教育，扩充知识，营造学习气氛。

（7）注重生物安全，加强环境保护，实施无害化处理。

（8）执行引种制度，切实引好种猪，提高使用率。

（9）保障后勤，监督财务，当好总部的参谋。

现以生产母猪 500 头、后备母猪 200 头、生产公猪 20 头为例计算，要求（全年生产指标）：

① 上市 9 000 头以上，饲养 6 个月均重 100 kg，死亡率 10％以下，淘汰率 30％以下，分娩率 2.2 窝以上，初生重 1.4 kg 以上，产仔率 10 头/窝（不含死、弱、木乃伊）。

② 药费（按现有防疫程序计算）：24.426 万元（19.8＋4.176＋0.45）。

肉猪：保健费 2 元/头，防疫费 18 元/头，治疗费 2 元/头，9 000 头×（2＋18＋2）元/头＝19.8 万元。

种猪：保健费 10 元/头，防疫费 46 元/头，治疗费 2 元/头，720 头×（10＋46＋2）元/头＝4.176 万元（按现有防疫程序计算）。

其他：0.5 元/头。9 000 头×0.5 元/头＝0.45 万元。

③ 饲料费：936（63＋81＋201.6＋327.6＋262.8）万元。

仔猪前期：首用教槽料，料价 10 000 元/t，每头限用 2 kg，9 000 头×2 kg/头×10 元/kg＝18 万元；再用保育料，料价 5 000 元/t，每头用 10 kg，9 000 头×10 kg/头×5 元/kg＝45 万元。总计 63 万元。

仔猪后期：料价 3 000 元/t，每头用料 30 kg，9 000 头×30 kg/头×3 元/kg＝81 万元。

肥育前期：料价 2 800 元/t，每头用料 80 kg，9 000 头×80 kg/头×2.8 元/kg＝201.6 万元。

肥育后期：料价 2 600 元/t，每头用料 140 kg，9 000 头×140 kg/头×2.6 元/kg＝327.6 万元。

种猪：720 头×吃料 2.5 kg/天·头×料价 4 元/kg×365 天＝262.8 万元。

④ 收入（A＋B＋C）

A 为基本工资。按商定为准。

B 为绩效工资。每月领取全场生产指标奖罚的平均数，半年一结，年终总结。

C 为年终奖。完成全年指标，奖 1 000 元；工作不满一年或中途离职者不享受年终奖。

⑤ 奖罚：年上市增、减1头奖或罚10元；上市重增、减1 kg奖或罚0.2元；死亡率增、减1个百分点奖或罚10元；淘汰率增、减1个百分点奖或罚5元；窝产仔增、减1头奖或罚5元；年产率增、减1个百分点奖或罚100元；初生重增、减0.1 kg奖或罚1元；饲料费增、减1 000元罚或奖3元；药费增、减1 000元罚或奖5元；全年生产无重大事故，奖1 000元；特殊情况例外。

3. 财务部长

做好预决算，及时向场长、总公司汇报。

4. 技术主管

负责兽医、防疫、育种工作，支持正、副场长工作，协调各技术部门间工作，监督各生产组工作。

5. 兽医主管

负责兽医、防疫工作，支持正、副场长工作，监督育种工作。

6. 育种主管

负责育种；支持正、副场长工作，监督兽医工作。

7. 统计

各项统计，监督饲料加工，药品收发。

8. 种猪组组长

完成母猪生产（含公猪饲养）的各项指标，督促、协调各母猪饲养员工作，支持正、副场长工作。

9. 保育组组长

完成保育生产的各项指标，督促、协调各保育员工作，支持正、副场长工作。

10. 育肥组组长

完成育肥生产的各项指标，督促、协调各育肥员工作，支持正、副场长工作。

11. 机修科

保证水电安全畅通，生产设备的安装、维修及时，不浪费。

12. 饲料部

严格按配方生产，准确送到位，及时做好仓库原料预报，提前1天完成第二天所需饲料的加工生产，做好记录。

13. 保卫科

严格执法,保卫生产安全、记录,公共区域卫生、消毒、绿化维护。

14. 能源供应部

保证热水准时、足量供应,生产安全,不浪费。

15. 伙食委员会

食堂要卫生、经济,餐品多样化,开饭及时,账目公开。

(十九) 生产流程与人数

1. 种猪舍

分种猪一舍和二舍。一舍主要饲养由断奶至妊娠 24～28 天的母猪及公猪(1 人),种猪二舍主要饲养由妊娠 28～108 天的母猪(1 人),专职育种员 1 人,计 3 人。

指标:配种率 95％ 以上;受胎率 90％ 以上;返情率 10％ 以下;流产率 4％ 以下;死胎率 4％ 以下;分娩率 82％ 以上;年产率 2.2 窝以上;产仔率 11 头/窝(包括死、弱、木乃伊);初生重 1.4 kg 以上;死亡率 1％;年淘汰率 30％(注意:断奶后 12 天内应配种);月底时,断奶天数不满 10 天列为下月计算;妊娠 28 天必须转至种猪二舍;每阶段低值易耗费 30 元;药费同上(防疫与保健费不计入绩效考核内)。

收入考核:保证转出母猪的膘分不低于六成,无严重皮肤病。① 基本工资:种猪头数×0.15～0.2 元/天·头·人。② 绩效工资:返情率、配种率、受胎率、流产率每高、低 1～2 个百分点罚或奖 10 元,3～5 个百分点罚或奖 50 元,6 个百分点罚或奖 150 元;死亡数(两头残猪算 1 头死亡)每减增 1 头奖或罚 50 元,每窝增减 1 头仔猪(体重不满 1.2 kg 为弱仔,两头弱仔或两头死仔或两头木乃伊折算为 1 头健康仔)奖或罚 5 元,档案记录与日报完整无误,误差 1 次罚 10 元;母猪推迟转出,每头每天罚 1 元;丢失或损坏 1 项档案罚 5 元;药费、低值易耗费不满规定或超出规定部分奖或罚其多余部分的 30％。③ 年终奖:完成全年任务奖 300 元;工作不满一年或中途离职者不享受年终奖金。④ 特殊情况例外。对种猪二舍来说,在绩效工资中:返情率应≤2％,流产率应≤3％,死胎率应≤4％,每高、低

1～2个百分点罚或奖 10 元,3～5个百分点罚或奖 50 元,6个百分点罚或奖 150 元;空怀 1 头罚 20 元,产房内空怀 1 头罚 30 元;初生重每高 0.1 kg 奖 3 元;对于后备舍来说,反复选育,及时调教与配种。公猪不早于 6 月龄,体重不小于 75 kg;后备母猪:纯种不迟于 9 月龄,体重不小于 120 kg;二元猪不迟于 8 月龄,体重不小于 110 kg。饲料用量执行生产部下达指标,以湿拌料形式饲喂;发现饲料浪费,每槽每次罚 2 元。

2. 产保舍

饲养产前 5 天的母猪,产后 3 周断奶,包括饲养仔猪至 65 日龄左右(体重 20～23 kg)转走,每人限饲 40 窝,具体根据产床数而定,特殊情况例外。收入考核:① 基本工资:种猪头数×0.7 元/天·头。② 绩效工资:成活率 95%;23 日龄断奶体重不小于 7 kg,每增降 0.1 kg 奖或罚 5 元;母猪死亡率 1.5% 以内,奖罚同上;每产 1 头健康仔(小于 1.2 kg 为弱仔,无残疾)计 0.6 元工资;治疗费限每头 0.5 元(消毒、防疫、保健费不计入考核);每人每月允许耗资(包括水管、灯泡、架子车配件、门锁、配种工具、洗脸盆、毛巾等小件物品)35 元,超、余部分罚或奖其的 30%;每交出 1 头健康的保育猪只计 7.5 元工资;母猪用料量执行生产部下达指标,原则上不限量;以湿拌料形式饲喂;发现饲料浪费,每槽每次罚 2 元;发现母猪分娩时无人在场且有仔猪死亡每头罚 20 元,3 头以上罚 50 元,一窝全伤亡罚 100 元;母猪推迟 1 天断奶,每头罚 1 元;仔猪推迟 1 天转至育成舍加重 0.75 kg 增重;成功救治 1 头弱仔,奖 5 元;弱仔数算产仔数,但不算成活率;另,两头死仔或两头木乃伊,折算为 1 头产仔数;饲料价格:乳猪 10 元/kg、保育 8 元/kg、中猪 5 元/kg;每头仔猪限用教槽料 2 kg,每超 1 kg 罚 1 元,剩余不奖;后期保育,以料肉比 1.6:1 计算用料量,每超或余 1 kg 料,罚或奖 0.2 元;断奶体重及转出体重不足或超 1 kg(不计四舍五入,以整数计算),罚或奖 5 元;体重小于 20 kg 及伤残仔猪由原饲养员继续饲喂并承担饲喂期间的医药费和饲料费,直到满 25 kg 且健康被转出为止。有争议由生产部管理人员鉴定后裁定。两头残母猪计 1 头母猪死亡,每高、低 1 个百分点罚或奖 50 元;仔猪死亡率及存活率,每高 1 个百分点罚 20 元,每低

1个百分点奖 30 元;药费,限每头母猪 2 元,仔猪每头 1 元,超、余部分罚或奖其的 30%(消毒、疫苗、保健药费不计其内);档案记录与日报完整无误,丢失或损坏 1 项罚 5 元。③ 年终奖:完成全年任务奖 300 元;工作不满一年或中途离职者不享受年终奖金,特殊情况例外。

3. 肥育舍

每人每批接 400 头育成猪;饲养 3~3.5 个月,至 165 日龄左右;上市重不小于 100 kg;每头用料 250 kg(中猪料 100 kg,5 元/kg;育肥料 150 kg,3 元/kg);死亡率≤1.5%。收入考核:① 基本工资:饲养头数×0.1元/天·头(接管到上市定价不变)。② 绩效工资:转入 3 天内死亡的弱仔不计入死亡数;弱残仔经精心饲养并出栏,每头奖励 10 元;上市过程中两头弱残仔折算 1 头死亡数;死亡数增加 1 头,罚 20 元,减少 1 头奖 30 元;推迟 1 周上市,每批每次罚 100 元;上市重每超 1 kg,奖 0.3,上市重每减轻 1 kg,罚 0.2 元;用料量按规定计算,节省 1 kg 奖 0.2 元;多耗 1 kg 罚 0.1 元。药费从接管到上市限 1.3 元/头,超、余部分罚或奖其的 30%(消毒、疫苗、保健药费不计其内);发现饲料浪费,每槽每次罚 2 元;低值易耗量饲养每批供应物品价值 30 元,超、余部分罚或奖其的 30%;档案记录与日报完整无误,谎报 1 次或丢失 1 项档案罚 5 元。③ 年终奖:完成全年任务奖 300 元;工作不满一年或中途离职者不享受年终奖金,特殊情况例外。

4. 育种员

全场母猪平均年产窝数不能低于 2.1 窝。收入考核如下。

方法一:15 元/胎,流产、早产、全产死仔及木乃伊不计,30% 年底发放;方法二:基本工资按商定为准。绩效工资:种猪舍与保育舍绩效的平均数;缺少一项档案记录或报表罚 20 元;发现一次作假罚 30 元;年产率每提高 0.1,奖 100 元,相反罚 100 元。年终奖:完成全年任务奖 500 元;工作不满一年或中途离职者不享受年终奖金,特殊情况例外。

5. 兽医

收入考核如下。

方法一:断奶健康仔头数×2.0 元/头,30% 年底发放。方法二:按出生或上市头数计算。基本工资按商定为准。绩效工资:缺少一项档案或报表罚 20 元;作假一次罚 30 元;死亡率增加 1 个百分点罚 20 元,减少 1 个百分点奖 30 元;严格执行免疫程序,漏免、重免 1 头罚 10 元;禁止疫苗浪费和损坏,如有发现,按疫苗价格的两倍罚款;全场绩效平均数。年终奖:完成全年任务奖 500 元;工作不满一年或中途离职者不享受年终奖金,特殊情况例外。

6. 管理员

根据各场实际情况,结合企业自身特点进行安置,并进行工资发放及业绩考核。

7. 各岗位责任制(略)

(二十) 各类工种劳动定额及其基本股份级

养猪场各类工种劳动定额及其基本股份级见表 4-1。

表 4-1　各类工种劳动定额及其基本股份级

工　种	定　额	基本股份级
养猪工人	年出栏肉猪 1 000 头为基准。多则奖励	1.0
养种猪工人	每人年饲养 50 头母猪为基准。多则奖励	1.2
饲料厂工人	平均每人年生产饲料 1 500 t 为基准。多则奖励	1.2
屠宰厂工人	平均每人年屠宰 4 000 头肉猪为基准。多则奖励	1.2
供销人员	平均每人供销 10 000 头肉猪为基准。多则奖励	2.0
一般管理人员	办公和后勤人员,平均每人年出栏 200 000 头肉猪	1.5
中级管理人员	部门经理、部门财务经理等	2.5
高级管理人员	董事长、总经理、副总经理、常务副总监	3.0
一般技术人员	猪场、饲料厂、屠宰厂等部门、化验员	2.0
中级技术人员	畜牧师、兽医师、分析师	2.5
高级技术人员	总畜牧师、总兽医师、总分析师等	3.0
奖励股	按总股份的 10%配比	
公共福利股	按总股份的 2%配比	

二、日　常　管　理

(一) 建立健全各种规章制度

要建立的规章制度较多,如《经理职责》《场(厂)长职责》《职工守则》《技术员职责》《考勤制度》《消毒制度》《免疫程序》《供销制度》《财务管理制度》《门卫制度》《后勤制度》《仓库管理制度》《奖罚制度》等。以下举例为示,以供参考。

1. 卫生防疫制度

（1）谢绝参观。

（2）未经批准,任何人及车辆一律不得进入生产区。

（3）确须进入,经批准再经严格消毒,更衣后方可。

（4）进入生产区,不得跨越消毒区,车辆须停放在指定处。

（5）各生产区职工不准随意串岗,也不准随便出入。

（6）回岗饲养员须经生活区隔离3～5天后方可上岗。

（7）机修人员进入生产区必须消毒,更衣、帽、鞋后方可。

（8）已出本区动物不得再入内。

（9）职工生活用品,统一购买、消毒。

（10）职工肉食品应来自本场的健康猪。

（11）包装袋须消毒后方可再用。

2. 引种制度

（1）严格执行《动物防疫法》。

（2）种猪来源应是国家或地方规定的合格、合法生产单位。

（3）种猪出售有《种畜禽经营许可证》、《动物检疫合格证》。

（4）种猪来源于无疫区,无特定病菌、病毒并有抗体监测报告。

（5）种猪有健全的系谱、生长档案。

（6）外购进的种猪必须经消毒、隔离、接种,安全后方可进入生产区。

（7）每年引种母猪数不低于经产母猪数的40％。

（8）忌乱、滥引种。一般每年2～3次。

（9）有相应的售后服务。

3. 饲料厂、仓库卫生防疫制度

（1）承运原料车辆进厂、库前须消毒。

（2）进库外来司助和搬运工须更换工作服。

（3）进库物须化验,抽样合格后方可入库。

（4）严禁原料混装、混堆、混放。

（5）仓库要干净、卫生、通风、干燥、防虫、防霉、灭鼠。

（6）运进生产区的饲料车辆须专用，且定期消毒。

4. 重大疫情上报制度

（1）严格执行《动物防疫法》。

（2）一旦发现规定的三类的疾病应立即上报。

（3）防治措施：诊断、确诊、上报、封锁、隔离、检疫、免疫、划分疫点与疫区、扑杀、销毁、焚烧、净化、解封。

（4）防治过程必须制定严格程序，使用指定用药。

（5）严禁人员及其相关物料、车辆等流窜。

（6）加强疫区污水净化处理。

5. 药物预防程序

（1）按国家规定使用药品。

（2）保健。定期、定时、定量用药（首选益生素、溶菌酶），抗应激、促生长、增强免疫等。仔猪出生后补铁，视情况给分娩后母猪冲洗子宫。

（3）驱虫。每年两次，每次分两段，每段间隔 10～15 天。

（4）屠宰前一星期须停止一切用药。

（5）注意用药浓度及药物禁忌。

（6）定期做好抗体监测。

6. 无害化处理

（1）严格执行《动物防疫法》。

（2）严禁使用不合格饲料、药物、添加剂及高残留等产品。

（3）严禁解剖原因不明、疑似传染病的病猪。

（4）病死猪处理必须焚烧、深埋。

（5）彻底消毒，保障生物安全。

（二）隔离

隔离是最有效控制疫病传播的重要手段。如新进猪并不表现疫病症状，但若将它们留置观察数周就可能开始表现症状，养殖场若能对可疑猪只进行观察，其传染病就能被快速而有效地得以控制。

（三）消毒

消毒是养殖场控制疫病的重要防范措施，也是最有效的首选方法，即以最小的投入、最快的速度将疫病消灭在萌芽状态。消毒机工作压力一般为 $15\sim20$ kg/m^2，流量 20 L/min，冲程 $12\sim14$ m。另外，生产工具专用很重要，严禁外来人员尤其小刀手、车辆等进入。

1. 疫病防控顺序

疫病预防与控制的顺序为消毒—免疫—药物。在实际生产中，有些养殖企业往往忽视消毒这一重要环节，使得猪的发病率和死亡率较高，兽医师们忙于用药物对病猪进行治疗，结果造成很大的经济损失，养殖水平也得不到提高。

2. 消毒药

指能迅速杀灭病原微生物的药物。按杀菌能力分：① 高效（水平）消毒剂：即能杀灭包括细菌芽孢在内的各种微生物。② 中效（水平）消毒剂：即能杀灭除细菌芽孢外的各种微生物。③低效（水平）消毒剂：即只能杀灭抵抗力比较弱的微生物，不能杀灭细菌芽孢、真菌和结核杆菌，也不能杀灭如肝炎病毒等抵抗力强的病毒和细菌繁殖体。按消毒的目的分为 3 种，即预防性消毒剂、临时性消毒剂、终末消毒剂；按消毒的时间分为 2 种，即定期消毒剂、紧急消毒剂；按物品性状分为固体、液体、气体。严格按说明书使用。

凡消毒，先必经认真清洗（去除脏污、减少细菌计数），否则，消毒无效或效果减半。泡沫清洗剂（减排、节能、高效）好处多，值得关注。另外，产房及保育舍，相对其他阶段的圈舍干燥要求高，注意加强选择固体消毒剂的使用。

消毒剂作用机理一般为：通过改变细胞膜通透性，引起细胞破裂；使蛋白变性或凝固；改变或抑制其活性。其特点是快速而没有选择性地对所有活体细胞或生命统杀。这与抗生素的杀菌特点（有选择性、针对性，合理用量不会对动物体造成太大的伤害；不会杀死正常体细胞，而只会杀菌）有本质的区别。一般畜禽消毒剂只能空舍和室外使用，绝不能使用于活体动物。错用、滥用消毒剂必对生态环境和微生态环境造成严重破坏。舍弃环境消毒剂，使用环境改良剂，努力营造良性循环的微生态环境。

常用的消毒药如下。

(1) 过氧化物类消毒剂：指能产生具有杀菌能力的活性氧的消毒剂。如过氧乙酸、过氧化氢、过氧戊二酸、臭氧、二氧化氯等。

(2) 含氯消毒剂：指在水中能产生具有杀菌活性的次氯酸消毒剂。① 有机含氯消毒剂：如二氯异氰酸钠、二(三)氯异氰酸、氯胺-T、二氯二甲基海因、四氯甘脲氯脲等。② 无机含氯消毒剂：漂白粉、漂白粉精(高效次氯酸钙 $Ca(ClO)_2 \cdot 2H_2O$)、次氯酸钠($NaClO \cdot 5H_2O$)、氯化磷酸三钠($Na_3PO_4 \cdot 1/4NaOCl \cdot 12H_2O$)等。

(3) 碘类消毒剂：是以碘为主要杀菌成分制成的各种制剂。一般来说可分为：① 传统的碘制剂：碘水溶液、碘酊(碘酒)和碘甘油。② 碘伏：碘与表面活性剂(载体)及增溶剂等形成稳定的络合物，有非离子型、阳离子型及阴离子型 3 大类。其中非离子型碘伏是使用最广泛、最安全的碘伏，主要有聚维酮碘(PVP-I)和聚醇醚碘(NP-I)，尤其聚维酮碘(PVP-I)，我国及世界各国药典都已收入在内。非离子型：元素碘与非离子表面活性剂等形成的络合物，如聚维酮碘(PVP-I)、聚醇醚碘(NP-I)、聚乙烯醇碘(PVA-I)、聚乙二醇碘(PEG-I)。使用最广泛的是 PVP-I 和 NP-I。阳离子型：元素碘与阳离子表面活性剂等形成的络合物，如季铵盐碘。阴离子型：元素碘与阴离子表面活性剂等形成的络合物，如烷基磺酸盐碘。③ 其他复合型：碘酸溶液(百菌消：碘、硫酸、磷酸、表面活性剂)等。

(4) 醛类：能产生自由醛基在适当条件下与微生物的蛋白质及某些其他成分发生反应。如甲醛、戊二醛、聚甲醛等。目前最新的器械醛消毒剂是邻苯二甲醛(OPA)。

(5) 酚类消毒剂：苯酚是酚类化合物中最古老的消毒剂，20 世纪 70 年代以前广泛用于医学和卫生防疫消毒，由于其杀菌效力低，加上对环境造成污染，目前已不主张大量使用，已被更有效、环境毒性低的酚类衍生物所取代。如卤化酚(氯甲酚)、甲酚(煤酚皂液又称来苏儿)、二甲苯酚和双酚类、复合酚等。

(6) 醇类消毒剂：杀菌效果属于中等水平，主要用于皮肤消毒。

常用的有乙醇、正丙醇和异丙醇。

（7）杂环类消毒剂：主要有环氧乙烷、氧丙、乙型丙内酯等。

（8）双胍类及季铵盐类消毒剂（低效消毒剂）：是阳离子型表面活性剂类消毒剂。主要有氯己定（洗必泰）等二胍类、苯扎溴铵（又称新洁尔灭或溴苄烷铵，即十二烷基二甲基苯甲基溴化铵）、度米芬（又称消毒宁，即十二烷基二甲基乙苯氧乙基溴化铵）、双链季铵盐消毒剂、百毒杀（50％双癸基二甲基溴化铵）、新洁灵消毒液［溴化双（十二烷基二甲基）乙撑二铵］、四烷基铵盐（拜洁）。

（9）其他类消毒剂：高锰酸钾、固体氧化电位次氯酸钠消毒剂等。

（10）酸碱类：醋酸、烧碱（火碱/氢氧化钠）、石灰等（仅作为一次性空舍消毒）。

（11）复方化学消毒剂：使用时应注意配伍。消毒剂与消毒剂：两种或两种以上消毒剂复配，季铵盐类与碘的复配、戊二醛与过氧化氢的复配其杀菌效果达到协同和增效，即 $1+1>2$；消毒剂与辅助剂：一种消毒剂加入适当的稳定剂和缓冲剂、增效剂，以改善消毒剂的综合性能，如稳定性、腐蚀性、杀菌效果等。

3．轮换使用消毒药

长期使用一种消毒药，会使细菌、病毒产生耐药性，故应定期或不定期轮换消毒剂，一般顺序为：碘制剂、醛制剂、氯制剂、过氧化物、酚制剂……消毒剂的轮换使用并非是未来的发展方向。

4．消毒药发展方向

杀菌谱广，低浓度、高效，作用快，低毒、低残留，无色、无味、无刺激，无腐蚀，易溶水，使用方便，不受酸碱及其理化性影响，可低温下使用，性稳、易运、价廉等。

5．防腐药

抑制病原微生物生长繁殖的药物，主要用于防腐，高浓度时也有杀菌作用，低浓度时仅能抑菌。

6．消毒与防腐

二者没有严格区别。按照其性质，结合实际情况灵活掌握，准确运用。这里需要强调的是，不论使用何种化学药物消毒，消毒后都应再用净水冲洗残药后再空起来。

7. 消毒程序

（1）进生产区入口处：人先洗浴，随身物品应隔离、消毒（紫外线应置黑暗中，对其2.5 m以下的物品、工具、鞋帽类的杀菌效果好，对人体消毒是不科学且伤身体的，宜用臭氧），更衣，洗手（来苏儿或新洁尔灭）。棚舍口放置已浸湿2％烧碱或1％菌毒敌的麻袋片或草垫。

（2）棚舍消毒：要定期（消毒液对人畜无害），实行全进全出（彻底消毒后并停放5～7天）。

（3）生产区消毒：每月2～3次，喷洒，不留死角。

（4）病死猪场地消毒：隔离、封锁、不随便解剖、销毁，工具万不可疏漏。

（5）细节：① 从外引猪要隔离、消毒、接种。② 母猪分娩前洗刷、消毒。③ 分娩后产物处理。④ 粪便、污水应进行无害化处理。⑤ 定期给场所杀虫、消毒。⑥ 参观后路径场所消毒。

8. 猪场消毒的误区

误区一：未发生疫病可以不进行消毒。消毒的主要目的是杀灭传染源的病原体。疫病发生有3个基本环节：传染源、传播途径、易感动物。在养殖中，有时没有疫病发生，但外界环境存在传染源，传染源会释放病原体，病原体就会通过空气、饲料、饮水等途径入侵易感畜，引起疫病发生。如果没有及时消毒、净化环境，环境中的病原体就会越积越多，达到一定程度时，就会引起疫病大发生。因此，未发生疫病地区的养殖户更应进行消毒，防患于未然。

误区二：消毒前，环境不进行彻底清除。由于养殖场存在大量的有机物，如粪便、饲料残渣、家畜分泌物、体表脱落物，以及鼠粪、污水或其他污物，这些有机物中藏匿有大量病原微生物，它们会消耗或中和消毒剂的有效成分，严重降低对病原微生物的作用浓度，所以说，彻底清除是有效消毒的前提。

误区三：已经消毒就不会再发生传染病。尽管进行了消毒，但并不一定就能收到彻底的消毒效果，这与选用的消毒剂品种、消毒剂质量及消毒方法有关。就是已经彻底规范消毒后，短时间内很安全，但许多病原体可以通过空气、飞禽、老鼠等媒体传播，养殖动物自身不断污染环境，也会使环境中的各种致病微生物大量繁殖，所以必须定时、定位、彻底、规范消毒,同时结合有计划的免疫接种,才能做到养殖动物不得病或少得病。

误区四:消毒剂气味越浓,消毒效果越好。消毒效果的好坏,主要与所用药物的杀菌能力、杀菌谱有关。目前国际上一些先进的、好的消毒剂是没有什么气味的,如聚维酮碘、聚醇醚碘、过硫酸盐等;相反有些气味浓、刺激性大的消毒剂,存在着消毒盲区,况且气味浓、刺激性大的消毒剂对畜禽呼吸道、体表等有一定的伤害,易引起呼吸道疾病等。

误区五:长期固定使用单一消毒剂。细菌、病毒能产生耐药性,同时由于杀菌谱范围的限制,一种杀菌剂不可能杀灭所有的细菌、病毒。因此,消毒剂应轮换使用。

误区六:使用消毒剂后不用清水冲洗干净。长期使用消毒剂后若不用清水冲洗干净,那么未被完全杀灭的细菌、病毒有可能再演变、变迁、衍生,所以,不论使用何种消毒剂,使用后必须再用清水冲洗干净。

误区七:使用消毒剂方法不对路。有些消毒剂只适用空气消毒,有些消毒剂只适用器械消毒。

误区八:使用便宜的、不合格的、假冒伪劣产品。这些产品不仅起不到应有的消毒作用且在使用过程中会产生更有害的衍生物。

误区九:平时过度使用消毒剂。过频使用消毒剂将大量杀灭猪场中常在的中立性微生物,为病原微生物大肆繁殖创造条件;更容易造成恶性感染事件,发生群发性疫情、群发性死亡损失。这不但不能锦上添花,反而画蛇添足。

误区十:滥用消毒剂。滥用消毒剂不但造成耐消毒剂微生物,而且还诱导耐抗生素超级病菌的产生,会使消毒效果明显降低,甚至完全失效。日积月累,会促使生物遗传物质发生变异和耐药性。一味地根据自己惯性思维去考虑,加上利益厂商的忽悠,给猪饮用消毒水、用消毒剂溶液清洗母猪子宫等,纯属自残,还白白浪费很多钱。

误区十一:带猪消毒。消毒剂是把双刃剑,既能杀"敌"也能害己。带猪消毒得不偿失,反而陷入越消毒越发病的恶性循环,加重潮湿寒冷又不能清除有害气体。特别是规模猪场,往往造成呼吸道频繁感染和顽固性感染疫病频发。普遍地带猪消毒等于自残。

误区十二:消毒制度化成了心理安慰、面子工程。过多、过频消毒,打破了圈舍的菌群平衡,得不偿失。

9. 忽视消毒的原因

(1) 猪场里唯一不能数字化的就是消毒。

(2) 消毒药物不同于治疗性药物。

(3) 有时不消毒也不生病,这是运气好;有时消毒的也生病,有可能是消毒剂质量有问题或消毒方法不对。

(4) 整体消毒剂质量差,如低价、劣质的产品充斥市场,使广大用户无从选择。

(5) 节省费用。表面节省了,实则花费更高。真是小事聪明,大事糊涂。

10. 细菌耐药性

细菌耐药性又称抗药性,指细菌对于抗菌药物的耐受性。细菌耐药性是生物进化的必然,因为细菌为了生存,必须进化出能够适应新环境的各种机制,其中包括假性耐药性(体外无活性,体内有活性)、交叉耐药性(原本没有耐药性,后因某种存在就有了耐药性)、先天耐药(又称原发的、遗传性、内耐药性)和获得性耐药(又称继发性耐药、非遗传性耐药、外援耐药等)等。

超级细菌:其实并非是一种细菌,而是一类细菌的总称。这类细菌的共性是对几乎所有的抗生素都有较强的耐用性。随着时间推移,超级细菌会越来越多,包括产超广谱的大肠杆菌、多重耐药的铜绿假单胞菌、多重耐药的结核杆菌、泛耐用肺炎杆菌、泛耐药绿脓杆菌等。

(四) 监测

监测是保护食品安全和人类健康的必然发展方向。采用特异准确的监测技术(商业化的、公认的监测试剂和试剂盒)进行病原学与血清型评估分析(包括临床监测与诊断、病理学监测、病原学监测和血清型监测)。其意义:系统掌握猪场疫病发生与流行状况以及危害程度,制定和调整相应的预防与防控措施;发现疫情,采取相应的控制措施,降低疫情发生造成的经济损失;评估疫苗的免疫状况与群体免疫效果,决定免疫程序的制定、疫苗的选择与更换;监测猪场相关病原的变异、新毒株及新病原的出现,及时调整预防与控制策略;引种与疫病净化的需求(防止引入病原,淘汰阳性种猪,构建阴性种猪场)。总之,对疫病预防与防控具有重要的指导意义,更是做好生物安全工作的重要前提。

大型养殖企业应建设相应的诊断与监测实验室。监测机构应来自兽医行政部门、农业院校、科研院所、大型养殖企业、大型动保企业的诊断室及实验室,以及专门从事动物疫病诊断监测工作的公司。

猪场疫病监测工作应制度化与合理化,但不可过于复杂化。猪场监测方案的制定应结合猪场疫病状况、管理水平、人员素质、实验室条件等合理制定,切实做好临时监测、定期监测和引种监测。

(五)防疫

根据本场实际情况制定防疫程序且不得任意更改。倡导"健康养殖"理念,树立"防患于未然"的观念,长期坚持"以防为主,防重于治"的方针。只有这样,我们的养殖业才能成为投资安全、风险可控、利润可盼的行业。

(六)查情

母猪发情需留心观察,对外二元母猪发情不明显的观察更要仔细,驱赶成年公猪到母猪棚"相亲"。这种诱导发情有效可取,但易传播疾病,又增加劳动量,况且公猪不可逗留,次数不宜过频。若查情时手持沾有公猪唾液及公猪包皮黏液的海绵查情就比较方便、简捷,因为发情母猪只要嗅到那气味后便立刻呈现静立发呆现象。此法既能鉴定母猪是否发情,又是诱导母猪发情的好方法。当然,放求偶磁带、注射激素也是可行的。总之,方法多多。

(七)配种

猪配种方式通常指自然交配、人工授精两种,二者结合更佳。给新母猪配种,提倡第一次自然交配,以后给予人工授精。重复配种,一般时间间隔 $8 \sim 12$ h。当然,还有更先进的技术和方法等待运用推广。

配种方式、次数对受胎影响很大，据《养猪学》（第 200 页）报道，配 3 次比配 2 次的多产仔 2.3 头，重复配种比单次配种的受胎率高27％，窝仔数多 3.4 头；混合输精在产仔数及窝重上均优于单配、单种精液。品种的搭配更有讲究，如杜大长商品肉猪很受市场欢迎。

（八）三阶段保健

1. 哺乳仔猪阶段

主要是母猪免疫、保健的完善实施，极有利于乳猪的生长发育。

（1）保健目的：① 从源头上控制疾病的垂直传播；② 防子宫炎、子宫内膜炎、缺乳、无乳综合征（MMA）发生，主要针对细菌性、病毒性、寄生虫性疾病。③ 后备种猪的引进就是引病。

（2）用药事项：① 氯霉素易导致再生障碍性贫血并对胚胎产生毒性；② 磺胺 5 甲或 6 甲具有较强的损伤肝脏作用，并产生毒性，致再生障碍性贫血；③ 利巴韦林具有较强的细胞毒性和肝脏毒性，易中毒致死亡；④ 妊娠后期采食量大，药物摄入加大，易致胎猪慢性中毒。

（3）临产前用药更要谨慎。

（4）发挥 B 超机的作用。

2. 保育猪阶段

应采用全进全出管理制度。全进全出是猪场切断疾病循环，控制疫病传播的核心。所有闲空栏都必须彻底清洗、消毒，再空 5 天以上才能更有效保证效果。经验表明：采用该程序饲喂至 108 kg，可降低生产成本 24 元/头，即每千克省 0.22 元。另外，注意猪在幼小期驯化。

3. 肥育阶段

关注免疫力、驱虫、生长速度、瘦肉率、料肉比。另外，保健期免疫须谨慎、小心。然而，公猪的保健往往被忽视。

（九）采食量

增加采食量的意义：猪作为经济动物，人类饲养它就是为了充分发挥并利用其生产性能（经济性状），从而获得最大效益。采食量是决定猪生产性能的重要因素，两者呈正比关系。因此，在养猪生产过程中，应高度重视、密切关注、想方设法地提高猪的采食量。重在性价比。

采食量调控机理：采食是动物天性，采食量的调控在下丘脑摄食中枢。下丘脑两侧的外侧区是刺激摄食的中枢部位，受刺激后引起动物进食、觅食，所以称其为饥饿中枢。下丘脑腹内侧核是抑制摄食的中枢部位，受刺激后动物拒食，此区域缺失动物则出现摄食过量，所以称其为饱食中枢。饥饿中枢处于持续活动状态，受饱食中枢抑制而停止。

化学调节是通过调节葡萄糖、挥发性脂肪酸、氨基酸、矿物元素、游离脂肪酸、渗透压、pH、激素等来调节采食量；而物理调节是通过胃肠道紧张度、体内温度变化的来调节。猪是以化学调节为主的。

影响采食量的因素：品种、环境、健康状况、饲料、饲养方式、人为因素等。

（十）检查猪舍时注意要点

每日都必须用眼睛刻意地去查圈，认真观察猪的每一个表现，从大猪到小猪，先查个体，再查群体，形成一个全面印象后再做分析。

（1）检查人员注意要点

① 穿好工作衣，戴上工作帽，有效消毒后进入生产区。

② 带好记录工具，如体温表及测定仪等。

③ 尽量和饲养员一同查，既能提问又可了解情况。

④ 先看运动场（粪便颜色，同时听咳嗽、呼吸声）。

⑤ 入舍先给猪警示。

⑥ 察看睡式、皮毛、神态、料槽、饮水、氨气、温湿度、光照、卫生等。

⑦ 查记录（消毒、防疫、产仔、断奶、配种等）。

⑧ 查舍结束后，探讨方案。

（2）粪便异常：健康猪只的粪便是光亮、蓬松、成型的。否则，就是不健康的表现。异常情况主要有以下几种。

粪便稀薄：发生在猪只的任何生长阶段，且猪只反应迟钝，采食减少，但不发烧。应属与饲料有关的腹泻。

水样粪便：限新断奶仔猪，不发烧，不进食，打堆，有时有的仔猪鼻子和腹部带蓝色，甚至有死亡。应属于断奶腹泻（主要与大肠杆菌有关）。

热巧克力样粪便：任何阶段的猪只都可能出现热巧克力样粪便，且发烧、有急性死亡。应属弧菌为害，如痢疾、螺旋体病等。

灰黑稀便有时带血：主要发生在肥育期，有发烧、苍白、腹部尤其腰部下陷症状，加之粪便灰黑稀薄，有时带血。属密螺旋体、病毒性胃肠炎或流行性腹泻类问题。

稀黄便：发生在任何阶段，表现反应迟钝，拒食，相互打堆，发烧，突然死亡，且粪便非常黄而稀薄。应与沙门氏菌有关。

（3）尿液异常：猪正常的尿液为清水样、无颜色或带浅黄色、无异味的液体。排尿姿势多为后肢展开，稍下弯（母），尿液接连不断排除。如果尿液变色、内含异物或排尿姿势有改变，则有可能发生疾病。排尿异常情况主要有以下几种。

多尿：若每次排尿次数多、量也多，则多见于肾脏及代谢障碍病。

尿频：若每次排尿次数增多，每次尿量少，则多见于膀胱炎或膀胱结石。

少尿：若每次排尿次数少、量也少，则多见于急性肾炎、机体严重脱水，如腹泻、呕吐等，或患有热性疾病。

无尿：若常做排尿姿势而无尿排出，则多见于膀胱破裂、肾功能衰竭，以及输尿管、膀胱或者尿道堵塞。

闭尿：若肾脏泌尿正常，膀胱充满尿液后不能排出，则多见于尿道闭塞、膀胱麻痹、膀胱括约肌痉挛或者脊髓损伤等。

血尿：尿中混有血液。开始排尿有血尿，而中段和终末段无血，常为前尿道炎；尿液鲜红，多为尿道损伤；终末血尿，常为急性膀胱炎或者膀胱结石；整个排尿过程都有血，说明出血部分在上尿道或者膀胱、肾脏；血尿伴随绞痛者，多见于泌尿系统结石等。此外，血尿也常常是由药物损伤而引起的。

棕色尿：常见于砷化氢及酚等药物中毒。

妊娠尿：取母猪晨尿 10～15 毫升于杯中，再加 5%～7% 的碘酊 1 毫升或碘酒 1 毫升或食醋 1 毫升，搅匀后，煮开，呈红色即受孕，呈黄或褐色即未受孕。

尿失禁：若不自主地排尿，则多见于脊髓或者中枢系统疾病、膀胱括约肌受损或者麻痹。

排尿困难：若排尿时弓腰努责，有疼痛表现，哼哼或者嘶叫，则多见于膀胱炎、尿道炎或者尿道不全阻塞。

白色混浊尿：新排出的尿液呈白色、混浊状，静置后不下沉者，多属菌尿。静置后有白色絮状沉淀者为脓尿，多见于泌尿系统感染或氯丙嗪、安茶碱、驱虫灵中毒。尿呈白色，尿中带有砂样白色物，并常附着在尿道口的毛上，是膀胱结石症状。

血红蛋白尿：尿呈深茶色或者酱油色，放置后无沉淀物，镜检无红细胞，但尿内含有游离血红蛋白，一般为寄生虫病。奎宁等药物中毒时，猪尿也呈酱油色。

（4）咳嗽：猪一般不会发生咳嗽，若发生连续很大声音的干咳，表明有食物呛入气管；若发生剧烈的干咳，膘情也不是很差，表明是内寄生虫在危害；若发生湿咳，表明肺部炎症很大，如患喘气病、胸膜肺炎、猪肺疫等。

（5）采食量：猪的采食量，一般是随其体重的增加或是因饲料的适口性好而增加，采食量减少，大都与饲料的适口性差或在发病有关。

（6）睡式：健康猪睡式是平躺、腿直伸、相互挨着且呼吸正常，体膘偏瘦的会表现犬伏式，远离群体的大都因为被攻击；每当生病发热必会表现打堆，有的还显现呼吸急促等。

（十一）检验、检疫

定期健康监测是猪场必不可少的一个重要环节，也是制定防疫程序的依据。加强抗体监测、准确掌握猪只健康状况、及时检测出新病的传入，对有效预防、控制、净化疾病的效果显著。

猪只健康检查包括观察、品种、血液化验、剖检、综合分析、经济模型等。猪只健康度的评价来自健康体系,即营养指数、中毒指数、过敏指数、免疫指数、聚散指数间综合性指标的评估。具体通过血液中生理变化的指标,即肌酐、尿酸、C反应蛋白、皮质醇、血细胞等,经计算机数学模型计算而得。当健康指数0~70为病态、70~100为亚健康态、100以上为健康态(具体详见《通过数学模型和血液样本可获知猪群健康状态》,农业部种猪质量监督检验测试中心,樊福好)。这固然精准,但较复杂,如果能通过唾液、鼻液、尿液、粪便、声音的综合评价就能判断健康状况岂不更简单快捷。

另外,监测至少每季度一次。抗体水平参差不齐,远比猪群整体处于低水平抗体的危害性更大;紧急接种是不得已的办法。健康指数必须引起关注。

(十二)应激

猪属于恒温动物,汗腺不发达,体内热能散发较慢,不善于通过皮肤蒸发调节体温,因此,猪很不耐热。猪的适宜温度:初生猪为27~29℃,仔猪为21~24℃,肥育猪为15~25℃,产房哺乳母猪为16~18℃。环境温度高,猪的产热大于散热,猪就要通过增加呼吸道蒸发和辐射蒸发散热,或通过减少采食量进而减少体热产生来调节体温平衡或维持机体体温平衡,否则,就会引起猪体温升高,导致猪的热应激甚至热射病。

在饲养管理中常见的应激源:强应激包括运输、混养、断奶、抓捕、保定、惊吓、免疫注射、去势等;中度应激包括拥挤、过热、过冷、饲料突变、正常驱赶、咬架等;弱应激包括隔离、陌生、昆虫骚扰3类。强应激不但导致条件致病菌发病,往往因为过于持久或强烈以及多重应激联合作用,导致发生典型应激综合征;中度应激一般导致附红细胞体、大肠杆菌等条件致病菌发病;弱应激平时不能引起不良作用,但当机体发病时,则起加重病情的帮凶作用。例如,运输过程中,运载车上不加垫料等保护措施,随意用冷水冲洗给猪降温,这是万万不可取的;霉菌毒素更是规模化猪场的高隐性杀手。就氧气而言,疾病的发生一般与氧产生的自由基密切相关。正常生理条件下,自由基在体内不断产生,也被 SOD(超氧化物歧化酶)等不断清除。在应激条件下,自由基代谢发生紊乱,要么自由基产生过多,要么清除能力减弱,结果都导致自由基过剩,活性氧使细胞发生交联而失去活性,机体抵抗力明显下降,严重时导致细胞变性、坏死。尽管提供 SOD 活性中心的铜、锌、锰等微量元素及维生素 E、维生素 C 等具备抗各类应激能力,但在实际工作中必须记住时刻减少应激的发生。

在生产中最主要的应激为热应激,凡应激必致机体热平衡调节产热和散热。应激是疾病发生的重要原因,也是规模化猪场的隐性杀手。热应激时,猪散热加强,皮肤表面血管膨胀充血,消化道血流量不足,影响营养物质消化吸收,胃现充盈感,采食量下降(Mount,2002)。发生热应激的猪精神沉郁,体温升高,心跳加快,呼吸急促,血管扩张,伸张躯体,喜睡卧湿,躲避阳光,少食,生长缓慢或停滞。公猪性欲下降,精液质量下降。母猪发情推迟,返情率增高,受胎率低,死胎,产仔率低等。母猪在妊娠 14~90 天,抗应激能力最强。

热应激机理(激素调节):热应激会导致猪体内甲状腺激素分泌大幅度下降,甲状腺激素、肾上腺激素分泌变少,影响机体胃肠道的蠕动,延长食糜的过胃肠时间,使胃充盈,通过胃伸张感受器传到下丘脑控制采食中枢,进而影响采食量(邹胜龙,2004)。热应激降低猪甲状腺素、肾上腺素等调节物质代谢的激素分泌量,甲状腺体积变小、萎缩,从而引起机体糖类、脂类和蛋白质代谢活动降低,继而降低增重速度。热应激降低猪的免疫功能,机体抵抗力下降,容易发生多种疾病。

热应激时肠道血量下降,会产生氧自由基。氧自由基的产生会诱导热休克蛋白(HSPs)的表达。细胞内 HSPs 水平的升高,保护细胞免受热等多种应激因素带来的损伤。热休克蛋白属于应激蛋白,抑制细胞结构蛋白的合成,影响猪的生产性能。

氧化应激是指机体在体内外环境某些有害刺激的作用下,体内产生活性氧自由基(ROS)和活性氮自由基(RNS)增加,从而引起细胞和组织的生理和病理反应。

氧化可发生在所有的生物体中,氧化会随着机体代谢的加快而提高,高水平氧化结果会产生高活性自由基,属于正常天然代谢产物。高浓度下,高活性自由基会分解细胞,产生较高发病力,机体将表现出氧化应激,导致免疫力下降、肌肉变性、快速生长猪高中风、桑椹状心脏病、食欲减退、腹泻和肝组织破坏等,还可造成受精率低及胚胎发育迟缓,使得血液循环中的雌二醇浓度降低,从而引起胚胎死亡或流产。

经验告知,通常病猪采食减少或不食,但不会不饮水,所以通过饮水、维生素 D_3 可治疗猪群,尤其可减少注射应激。

(十三)淘汰

猪场全年淘汰率为 $20\% \sim 40\%$,淘汰间隔 $3 \sim 6$ 个月/次。淘汰率过高的结果是引种过频、猪群年龄变小。乱、滥引种是蓝耳病等猪重大传染病发生的主要原因,应引起重视。

(十四)废弃物的处理及再利用

废弃物,如包装袋必须经过消毒才可使用,有些只能焚烧或深埋。

(十五)灭鼠、蚊、蝇

当严格控制人员进出猪舍时,却没能阻止老鼠、蚊、蝇的进入,当发现房屋建筑受到破坏时,自由采食槽顶部饲料经一个晚上变平时,当看到放置半天后的潮拌料上部饲料大部分变成纤维含量高的麸皮时,当看到猪烦躁不安、疼痛难忍、斑痕累累时,我们清楚地知道:老鼠破坏了我们的生产工具,老鼠和苍蝇们夺取了营养物质,吃掉了我们的利润,苍蝇和蚊子在叮咬、骚扰休息、影响猪只的生长速度、严重伤害了猪只的健康,也成为当前疫病暴发的重要隐患,给养猪业带来了诸多不良影响,损失严重。

老鼠适应能力强,繁殖快。据统计,一只老鼠一年能消耗 11 kg 饲料。但老鼠不同于蚊、蝇,它的生存、繁殖需要一定空间,至少需要一个鼠洞,规模猪场的场内空地面积较少,若每周一次查找鼠洞并及时采用灌水、投药、动员职工抓鼠有奖等办法,可有效地控制老鼠的数量。灭鼠的方法:生态灭鼠——主要改变鼠赖以生存的生活条件,断绝鼠粮,捣毁隐蔽场所;器械灭鼠;药物灭鼠——选用专用、高效、低毒、低残留、无副作用、安全的鼠药,且使用方法得当;死鼠须无害化处理。

蚊子具有对二氧化碳敏感、趋光、追随气流、喜群居生活的特性,雄蚊不吸血,只吸草汁、花蜜,雌蚊在交配后必须吸入人或动物的血,卵才能发育成熟,雌蚊饱吸1次血能产1次卵,一生可产卵6~8次,每次200~300粒,所以早期消灭1只蚊子,等于消灭了成百上千只。

苍蝇喜欢阴暗潮湿,成蝇寿命仅2个月,但繁殖力很强,雌蝇一生4次产卵约600个,1次能产100~250粒卵,在低于17℃时停止繁殖。古铜黑蝇喜欢夜间活动,不喜欢阳光直射,它最大飞行距离不超过100 m。那么,一只苍蝇一年能消耗多少饲料?目前未见报道。但据报道,蚊、蝇能携带60多种细菌、病毒和寄生虫(卵),其中,通过蝇类携带、传递的疾病病原体达50多种,传播猪病近16种,如口蹄疫病毒、伪狂犬病病毒、猪瘟病毒、附红细胞体、传染性胃肠炎病毒、禽流感病毒、新城疫病毒、禽多杀性巴氏杆菌、禽大肠杆菌、球虫等。苍蝇和蚊子大量孳生,在疾病暴发时可加速流行性疫病传播,增加疾病防治难度。另外,在母猪产仔舍内,蚊、蝇可引起母猪严重的乳腺炎,还可传播链球菌并引起仔猪的链球菌性脑膜炎。

控制蚊、蝇孳生的方法很多,如门窗加装纱窗,圈舍内摆放盛开的夜来香、茉莉花、薄荷、玫瑰,燃烧干残茶叶和橘子皮,安装橘红色灯泡与捕蚊灯。另外,可用3~5片维生素 B_1 溶解的水溶液擦抹暴露的肢体,也能起到驱蚊的作用。干燥粪便,及时清扫,生物发酵,也能有效控制蚊蝇的孳生。杀虫药、杀虫剂等阻止了苍蝇的繁殖,也就大大减少了苍蝇的数量。用塑料布将新鲜猪粪盖严(苍蝇是在猪粪中产卵孵化的),使蝇卵断绝空气的供应,无数蝇蛆会很快死亡,此法效果十分显著,有条件的猪场应专设封闭的贮粪池效果更好。

环境防制包括杀灭和清除孳生源是控制蚊、蝇孳生的最根本方法,并将畜禽粪便等孳生物进行生物发酵,保持良好的卫生状况等,使之不利于蚊蝇卵、幼虫及成虫的生存或不再吸引雌蚊蝇来产卵,猪场的生产水平和效益会大大提高。

总之,在养殖中,防治鼠、蚊、蝇害必须以环境的综合治理为主,从而有效地保证防制的成功。

(十六) 生物安全

生物安全是指采取疾病防制措施,以预防新的传染病传入,并防止其进一步传播开的科学俗语,现已成为人们生活的主旋律。1992年,全世界 1 575 名科学家对人类发出警告:"人类和自然正走上一条相互抵触的道路",《快餐王国》《屠场》《寂寞的春天》的问世受到了联合国环境卫生组织高度重视,绿色、有机、无公害食品将成为 21 世纪最有发展潜力的产业。

据研究,1 头母猪的资源消耗量是 6 个人消耗量的总和,1 头育肥猪的资源消耗量与排泄量是 4 个人的总和,养殖场的集中、规模化的扩大,单位面积内猪粪尿排泄量激增超过土地消纳、自净的能力,排泄物与污水对环境的威胁日渐突出,与社会和谐持久发展的步伐极不协调,如猪因病死亡多,严重威胁人类自身安全;社会资源无谓的浪费;产品过剩,总体效益下降;高碳现象严重。

猪舍氨气更不容忽视。猪舍氨气的产生大致分为两种:一种为肠道内粪尿、肠胃消化物,另一种是室内环境氨(发酵)。一般来说,反刍动物对氨的耐受力比单胃动物强,猪比鸡强。降低粗蛋白量,添加除臭剂可有效降低氨气的产生。

使用抗生素对动物起到了发病率降低的作用,也有一定促生长作用,但至少促生长的作用机制仍未定论。其危害表现:致畸、致突变和致癌以及激素(样)作用与过敏反应。目前欧盟已经禁用抗生素于养殖业,但未见带来不利。

药物残留,病原菌,寄生虫,高锌、高铜、氮、磷及重金属等较严重超标,抗生素乱、滥、超量使用,这些都引起世界的关注。立体养殖(如鸡—猪—鱼等)形势严峻,更让人们担忧。又如,血浆及其蛋白粉对提高乳猪的免疫确有很大的帮助,但血源及其质量又是怎样保证的呢?食物链不容忽视,必须寻找可良性循环的发展之路。

饲料是动物的食物,而动物又为人类食物链用产品,其中不安全因素对人类健康及生态环境的影响很大。例如,植物饲料中抗营养因子植酸的有机磷含量特别高,但单胃动物(如猪、禽)对其利用率极低;大多数豆类及其饼粕类含不同类抗营养因子,如胰蛋白酶、抑制剂、凝集素、丹宁及淀粉酶制剂等,阻碍蛋白质的消化、吸收、合成;饲料中添加磷酸二氢钙酸盐(水溶性差)是浪费,且污染环境;还有些饲料、添加剂、抗生素、重金属、砷制剂、激素、农药也都是破坏生态环境的因素。

我国加入 WTO 后,药物已成为畜产品出口贸易的障碍。故饲养者一定要严格执行兽药管理条例,依法合理用药,不使用违禁药物。

对排泄物集中并进行综合研发利用。如堆粪发酵通常可促进有机物稳定地腐殖质转化,提高肥效,也可杀灭病原菌、虫卵。外国有关专家在我国调研后指出:“中国过量使用化肥,特别是氮肥和农药已达到极限。”氮肥只有 50% 被使用,其余流失累积于水源,特别是影响井水会严重危害人类健康。粪臭素可受季节(温度)、日粮中的添加剂(抗生素、益生素)及营养条件影响。

又如:繁殖苍蝇生成蛆虫,再加入粪便中,既除臭,又发酵了粪便;蛆虫经 170℃ 高温 1~2 h 消毒灭菌,又是高蛋白动物饲料;还有,用蚯蚓(每吨蚯蚓每日可消化 70 t 牛粪)消化牛粪;蚯蚓经高温消毒灭菌更是高蛋白动物饲料,可代替鱼粉。以上利用方式投资少,操作简单,利用率高,安全系数大,见效快。

(十七) 培训

培训是提高员工素质和技能的最经济、最快、最简捷、最实用的好方法。培训应注意:① 培训的价值。② 培训的方式包括设计与安排,含时间、地点、内容、对象、主讲人。③ 培训的评估,含参训人及参陪人。具体表现理解程度、启发、兴趣、互动、发问、体会、收获、需求等。④ 培训要行之有效。

（十八）管理综述

养猪挣钱养之本,品种大小要分清。重视保健轻治疗,环境卫生要抓牢。提倡消毒代防疫,生物安全不忘记。市场经济有风险,更多赚钱在管理。加强信息互沟通,饲养理念应超前。公猪,精挑细选强锻炼;母猪,先粗后精步步高;肥猪,吃饱睡好不生病;仔猪,营养高衡应激少。总之,只有看到问题、说到危害、查找认真、想得超前、做得科学,才能叫管理到位。

（十九）猪场常用表格

以下是猪场常用表格的表头,可供参考。

（1）消毒记录表

日期	消毒液名称	消毒液生产厂家名称	使用方法	配比浓度	使用总量	使用区域	使用面积	负责人	备注

（2）使用疫苗记录表

日期	购 进							使 用					库存量	是否采购	备注
	名称	厂名	生产日期	有效期	规格	数量	验收人	日期	名称	规格	数量	使用人			

（3）防疫记录表

日期	防疫对象	接种区域	疫苗名称	疫苗产地	疫苗批号	疫苗规格	生产日期	针头型号	注射量	注射头数	注射人	备注

（4）　　　　　　　　　　仔猪接种卡片

日期	圈舍号	仔号	出生日期	接种时间	补铁	喘气疫苗	链球菌	猪瘟	口蹄疫	蓝耳病	伪狂犬	水肿	剂量	注射人	备注

（5）　　　　　　　　　　种公猪来源汇表

序号	耳号	品种	产地	祖父	祖母	父号	母号	初生日期	同窝数		断奶时	购进时		已接种疫苗	建议接种疫苗	第一次用		备注
									雌数	雄数	天数	体重	日期	体重			时间	体重	

（6）　　　　　　　　　　种母猪来源汇表

耳号：　　　品种：　　　来源：　　　父系：　　　母系：　　　出生日期：　　　忌配公猪：

初配日龄：　　　　初配体重：

序号	耳号	品种	产地	祖父	祖母	父号	母号	初生日期	同窝数		断奶		购进		已接种疫苗的名称	建议接种疫苗名称	首次配种		备注
									雌数	雄数	天数	体重	日期	体重			时间	体重	

（7）　　　　　　　　　（　　）月份配种报表

日期	配种头数	其　　中								返情头数	难配头数	本月流产头数	本月早产头数	备注
		一胎	二胎	三胎	四胎	五胎	六胎	七胎	八胎					

（8）母猪繁殖卡片

耳号：　　　品种：　　　来源：　　　父系：　　　母系：　　　出生日期：

初配日龄：　　　初配体重：　　　忌配公猪：

胎次	配种日期	公号	预产日期	分娩日期	产仔数	活仔数		窝重	断奶日龄	断奶窝重	防疫时间							备注
						♀	♂				HC	FMDV	PRRS	PR	JE	PPC	腹泻	

（9）种母猪档案表

耳号：　　　品种：　　　来源：　　　父系：　　　母系：　　　出生日期：

初配日龄：　　　初配体重：　　　忌配公猪：

第一胎			第二胎			第三胎			第四胎			第五胎			第六胎			第七胎			第八胎		
配种时间	分娩时间	窝仔数	配种时间	分娩时间	窝仔数	配种时间	分娩时间	窝仔数	配种时间	分娩时间	窝仔数	配种时间	分娩时间	窝仔数	配种时间	分娩时间	窝仔数	配种时间	分娩时间	窝仔数	配种时间	分娩时间	窝仔数
		雄 雌			雄 雌			雄 雌			雄 雌			雄 雌			雄 雌			雄 雌			雄 雌

（10）　　　　　　公猪使用记录表

耳号：　来源：　父号：　母号：　初生重：　同窝数：　雌　雄

初配日龄：　　　初配体重：

使用日期	交配方式		授配母号	采精量（mL）	密度（高中低）	活力（高中低）	畸形子（高中低）	防疫记录					备注
	自交	人工						时间	名称	剂量	方法	注射人	

（11）　　　　　　配种记录表

序号	日期	母猪号	品种	胎次	交配方式	公猪号	预产期	分娩期	返情时间	流产时间	上次分娩时间	上次断奶时间	何时淘汰	备注

（12）　　　饲养员领料记录表（三联单）

日　期	饲养员	饲料名称	饲料数量	备　　注

（13）　　　　　　产仔记录表

序号	日期	母猪号	品种	胎次	公猪号	预产日期	分娩日期	产仔数	产活数	窝重	平均重头	仔号	断奶		备注
													日期	重/头	

（14）　　　每日饲料仓库进出记录表　　　　（单位：吨、元）

日期	购　进				购　出				目前库存	备注
	货物名称	数量	单价	金额	货物名称	数量	单价	金额		

（15）　　　　　　　　疾病诊治用药记录表

| 日期 | 圈舍号 | 饲养员 | 头　数 | | | | | 病因 | 药物名称 | 用量 | 合计（元） | 当事人签字 |
			公猪	母猪	大猪	中猪	仔猪					

（16）　　　　　　　淘汰、死亡鉴定处理登记表

分类	耳号	时间	重量	原因	头数	正常	非正常	备注
种公猪								
种母猪								
乳　猪								
仔　猪								
中　猪								
大　猪								
合　计								

饲养员签字说明：

处理方式：　　　　　　　　　　　日期：

兽医签字说明：

处理方式：　　　　　　　　　　　日期：

生产厂长签字说明：

处理方式：　　　　　　　　　　　日期：

（17）　　　　　　　　每日药品变化记录表

| 日期 | 购　进 | | | | | | | 领　出 | | | | | | 备注 |
	药品名称	生产厂名	有效日期	规格	数量	单价	金额	经手人	药品名称	规格	数量	单价	金额	经手人	

（18）　　　　　　　隔 离 记 录 表

日期	转入头数	免疫情况			用药情况				转出头数	存栏数	合计（元）	当事人签字
		免疫项目	头数	圈号	药名	剂量	方法	头数				

（19）　　　　　　（　　）月份配种情况分析表

本月断奶头数	本月已配头数	在以下断奶天数内配种头数				流产头数	难配种		处理方式	备注
		4～7天	8～10天	11～14天	15～20天		头数	原因		

（20）　　　　　　　出 入 登 记 表

日期	来访人员					外出人员				
	时间		姓名	人数	来访理由	备注	时间		姓名	人数	外出原因	备注
	进入	离开					离开	进入				

（21）　　　　　　每日猪群变化记录表

日期	饲养员	圈舍号	增　加							减　少							备注
			乳猪头数	保育头数	中猪头数	大猪头数	种公头数	种母头数	原因	乳猪头数	保育头数	中猪头数	大猪头数	种公头数	种母头数	原因	

（22）　　　　　　采 购 单

日期	采购用途	类别	数量	单价	合计	备注

领导签字：　　　　供货单位：　　　　经手人：

（23）　　　　　生产一览汇表

月份	后备公猪	生产公猪	后备母猪	经产母猪	本月产胎	本月产仔	本月产活	产仔率	产活率	产房库存数	保育库存数	肥育库存数	上市数	死亡数	配种数	返情数	流产数	早产胎数	死胎窝数	淘汰数		备注
																				种猪	肉猪	

（24）　　　　　养殖场经济状况记录表

收入（元）		开支（元）		备　注
种　猪		引种费		
商品猪		饲料费		
仔　猪		劳务费		
死　猪		燃料费		
淘汰猪		水　费		
粪　便		电　费		
饲料袋		医药费		
其他收入		基建费		
		维修费		
		管理费		
		折旧费		
		其　他		

(25) 报 修 单

日期		报修人	

报修原因：

更换物件名称	数量	单价	计款	其他	当事人签字

三、人才的培养

21世纪的竞争最终是人才的竞争。猪场用人不多，但分工很细，干同一工种的人数有限，饲养工作确是技术性相对较强的工作，而一旦某一环节人员断档、人员流动频繁、员工的积极性低，将会给生产造成很大损失，所以留住人才、培养人才应是猪场始终坚持的方针。企业文化是企业核心竞争力，企业需要品牌、文化，小企业更需要文化。

海尔首席执行官张瑞敏先生曾说过："中国不缺乏人才，缺乏的是出人才的机制。"君子惜才，留之有道，企业要留住人才，必须记住：钱留身，情留心，梦留人。

经理用人之道决定着职工敬业素质的高低。通过看员工做事，琢磨他们的心，发现每一个人的长处，让他们干适合于自己的工作，让他们在自己的平台上发挥、开拓。在他们顺利的时候，应提出更高的要求，在不顺利时应给以精神上的鼓励和行动上的指导，让他们多学习、多培训。用制度管人而不要用人管人。尊重员工、了解员工，让猪场成为员工实现理想的场所。

1. 创造以人为本的工作环境

猪场与一般意义上的工厂确有不同之处，它处于相对封闭的状态，面对的是活生生的动物，在管理上有其明显的特殊性，因此，要善待每一个工人。尽可能地提高他们的福利待遇，丰富他们的各种生活,让他们长期静心地在此生活和工作。

2. 不断加强企业内部培训

当你走访一些大型养猪场时常常会听到这种声音:"帮我介绍人才行吗?"这里的人才多半指的是场长和高级技术人员。这说明企业开始重视人才,同时也说明真正人才的缺乏。谈到人才,养猪行业与其他行业没有太大差别,需要企业自身从内部选拔和培养优秀人才。

3. 培养后备人才

现代养猪业,需要管理人员、技术人员队伍能长期稳定,而一旦人员变动,就会出现前后衔接不上的窘境。据了解,一个万头猪场,如果更换场长,新场长到位需一个月时间方能进入角色,技术人员理清头绪也需要很长时间。在这期间,生产水平降低是显而易见的;此时如果本场内有后备力量接替,缓冲一下新老人员交替,就可大大减少这方面的损失。所以,培养后备人才是猪场必不可少的程序,加大人才的培养力度是每一个组织或企业永恒的行之有效的措施。十年树木,百年树人。

4. 培养新式人才

时代在前进,猪场管理也应提高,新的经营理念、管理模式,将代替陈旧的一套。如果我们的管理人员、技术人员还满足于现状,不思进取,肯定落后。把新理念、新思维引入猪场,培养出适于现代管理的人才,是保证猪场不断发展壮大所必需的。

5. 培养多面手

每一个猪场都应有几名多面手,他们不必要在各环节都精通,但却可适应各种工作。因为猪场职工经常会出现事假、病假、辞职等现象,多面手会在任何岗位人员断档时及时补上,稳定场内生产。这部分人需要重点培养,他们将可能是场内生产管理的中坚力量。

第五章　猪的生物学特性与行为

　　猪为杂食性动物,体肥肢短,性温驯,适应力强,易饲养,繁殖快,被毛有黑、白、酱红或黑白花等色。猪出生后 5～12 个月可以配种,妊娠期约为 4 个月。猪的平均寿命为 20 年。

　　据考古研究发现,狗和猪是最早驯化的家畜,接着是羊和牛,以后才是马、驴、骆驼和家禽。猪在进化过程中,形成了许多生物学特性。不同的品种或品系间,既有共性,也有各自的特点。在生产实践中,不断认识和掌握这些特性、特点并加以充分利用和改造,便可以获得较好的饲养效果。

一、猪的生物学特性

　　1. 猪繁殖力高,世代间隔短

　　猪一般 4～5 月龄性成熟,6～8 月龄就可以配种,发情周期 18～21 天,发情期 2～3 天,妊娠期 113～114 天(随着品种改良等的实施,妊娠期延长 1～2 天),每年产 2.0～2.5 胎,每胎 14 头左右,全年可供仔猪 30 头左右。

　　2. 生长期短,周转快

　　猪的适应性很强,分布广泛;猪与马、牛、羊相比,胚胎期和生后生长期都最短,大约 150 日龄、体重达 100 千克以上便可上市。

　　3. 食性广,饲料转化率高

　　猪为杂食动物,能利用各种动植物饲料和矿物质饲料,对精料中有机物的消化率一般都在 70% 以上,也能消化青粗饲料,但对中粗纤维的消化力远不及反刍家畜,所以,配料时应注意日粮的消化性和全面性,更要注意营养平衡。

4. 嗅觉和听觉灵敏，视觉不发达

仔猪出生几个小时便能鉴别气味。发达而完善的听觉器官，更提高了群体间信息相互传递，也利于调教、使唤。猪不靠近物体就看不见东西，认识事物首先靠嗅觉和听觉，第二步用吻突拱和牙咬。

5. 仔猪怕冷，大猪怕热

猪体没有汗腺，只能靠呼吸和皮肤来散热。仔猪抗应激能力差，也不像大猪脂肪多，毛稀，皮薄，所以最容易受凉而发病，故仔猪较大猪难养。大猪适宜温度 10～30℃，环境温度升至 30℃ 以上，采食量下降，增重降低，饲料利用率低；当环境温度达到 40℃ 时，无论湿度多高，大猪均易中暑死亡。

根据多胎、高产、妊娠期短的特性可提高母猪的年生产力；根据生长期短、生长强度大的特性可加快肉猪的生产周转，提高年出栏率；根据猪杂食、消化道长及可利用多种饲料的特性可降低饲料成本，提高饲料的经济效益；根据猪嗅觉和听觉灵敏的特性进行调教，可提高劳动生产率。

二、猪 的 行 为

家畜的行为问题包括危及动物适应性的环境和遗传变化而导致的性的变化。成年动物的行为受遗传和后天获得而成。

1. 沟通行为

猪有自己的语言，更有自己的沟通方式。当它们在吃奶、吃料及被追打时都会发出一种声音，告知伙伴。猪会通过气味进行识别。这些气味是通过尿液、唾液和存在于前腿内的特殊气味腺体传播的。

2. 采食行为

该行为与猪的生长、健康和饲料的适口性密切相关。猪天生爱吃青饲料，似乎喜欢食含糖分多的饲料，对鱼粉、酵母、小麦粉和大豆等也表现出偏爱。另外，还包括拱土觅食的遗传特性，以及选择性和竞争性采食。

3. 排泄行为

猪是家畜中最爱清洁的动物。从不在睡觉区、采食区排泄，哪怕区域十分有限,都会定点排泄。如果猪只躺在它们自己排出的粪尿里打滚,那是因为太热或空间过于狭窄的缘故。

4. 群居行为

同窝仔猪的合群性较好。不同窝仔猪并圈,起初必经过激烈的争斗,待建立起位次序列后才会形成一个较稳定的群居环境,即群居位次环境。若猪群中品种或品系不同,以战斗力大的为首位。一般1～3天才会平静。

猪爱群居,但必须建立在熟悉的前提下。据统计,每圈最多不宜超过80头,否则会增加争斗性。躺卧区通常要求软和。

5. 前戏行为

同窝猪在一块玩耍时,总是先挑逗对方的前部,不同窝的猪相互认识时,先嗅,接着便是攻击对方的头、耳朵或尾巴。公猪在配种时的前戏行为是正常配种的一部分。

6. 攻击行为

初产母猪的典型攻击行为表现,分娩时咬或挤压新产仔猪,有的还不让接触乳房(使用镇静剂可以解除此问题)。

猪的攻击,最喜欢咬耳朵、尾巴,或用鼻拱腹部。如果已经尝到血味,就很难阻止再次咬伤,必须分开饲养。

攻击行为是对入侵者和应激因素的第一反应。应激还能使母猪对自己的仔猪变得具有攻击性。但动物都怕人,可以人为加以制止。

另外,猪同样具有防御、躲避和守势活动等行为。

7. 转向行为

当一头猪要去做一些活动时,无法达到目标时,它就会转向另一个目标,这就是转向行为。猪在宫缩、腹胀、分娩的疼痛,以及受吓和抚仔时,会经常发生。

8. 性行为

性行为是动物的本能,表现于性成熟以后,且在一生中保持相对稳定的高度。如母猪配种期的"静立发呆"等。

9. 母性行为

母性行为指母猪在分娩前后所表现的一系列行为。大多数产完仔的母猪会在人或其他动物进入它们领域的时候，叫着向对方发出警告。另外，还有做窝、哺乳、抚仔等。

10. 探究行为

猪只探索周围环境的通常方式是抬头四处张望或低头去感觉、去闻和尝试，在行走过程中，会经常排粪、排尿以作标记，这些都属于探究行为。

11. 异常行为

通常与饲养管理有关。如在拥挤的条件下有咬尾恶癖发生，限位饲养的母猪会持久地咬嚼饮水器、圈栏等物体。一旦养成，难以消除，故重在平时预防。

12. 刻板行为

受饿时引起或缺乏环境刺激所致。如假性咀嚼、摇头、舔、摩擦、吮吸、打哈欠、反复咀嚼或拱土及过量饮水等。

13. 后效行为

猪的行为有的本来就有，如觅食、母猪哺乳等，猪对吃、喝的记忆力很强，它对饲喂的工具、食槽、水槽及方位等，最易建立起条件反射。猪的后效行为主要是经过调教和训练才具有的，如人工采精时的反应等。

14. 活动与睡眠

猪喜欢运动，一般喜欢白天活动，也有的喜欢在夜间活动。运动消耗能量，少运动更利于积脂、催肥，故民间有"小猪要游，大猪要囚"的说法。

在阳光下睡懒觉是猪的天性之一。就地坪而言，有垫草是猪的最爱。根据猪采食行为的选择性可增加甜味以提高食量，也可饲喂颗粒料或湿料以提高采食量。根据竞争性实行适量群饲，以提高采食速度和量，进而提高增重。喜欢清洁的习性可督促我们调教猪只定点排泄并保持圈舍清洁。群居和争斗行为可指导我们进行分群，防止猪只咬伤。性行为的发情、求偶、交配可指导我们调教公母猪，观察发情，确定配种时间，以便提高繁殖力。母性行为可指导我们确定分娩时间，正确照顾新生仔猪，尤其有助于固定奶头和寄养的成功实施。探究和后效行为可指导和帮助我们调教猪只，使其养成良好习惯,便于管理。异常行为便于饲养者发现猪只疾病,减少损失。

我们要用眼睛刻意地去观察猪。你看到了什么?这种现象为什么会发生?发生这种现象意味着什么?

三、猪的生理指标

猪的生理指标,见表5-1和表5-2。

表5-1　猪的生理指标

指标 动物	体温 (℃)	脉搏 (次/分)	呼吸数 (次/分)	排粪 (次/天)	排尿 (次/天)	红细胞计数 ($\times 10^{12}$个/L)	白细胞计数 ($\times 10^9$个/L)	血红蛋白 (g/L)	尿氮素 (mg/dl)
猪	38～40	60～80	10～20	1～2	2～3 (2～5 L)	6～8	14	90～120	10～30

注:肉食动物尿液呈酸性,草食动物尿液呈碱性,杂食动物尿液既可呈酸性也可呈碱性。

表5-2　猪的妊娠期、排卵类型、血型种类

指标 动物	妊娠期 (天)	发情期 (小时)	发情周期 (天)	排卵类型	血型种类
猪	114	40～60	18～21	自发	14 种

第六章　猪的饲养管理

猪的生长发育是一个十分复杂的过程,从胚胎发育到出栏上市,每一个时期,每一个生长阶段,每一生长部位……都构成了一定的生长模式,其需求、变化千差万别,但又有一定的规律可循。我们应根据其品种、生长阶段及其生理需求,分别给予不同的饲养标准、管理方式和方法等。

近十年来,随着养猪水平的不断提高及遗传育种技术的科学运用,母猪产仔数大约以每 3 年增加 1 头的速度在不断提高,但仔猪的初生重及均匀度略有下降,断奶前死亡率一直保持在 10% 以上,肥育猪 100 kg 出栏天数由 180 日龄降至 165 日龄以下。公猪引进化,母猪地方化,肉猪杂交一代化。

一、种公猪的饲养管理

种猪优秀的遗传基础是高效益养猪生产成功的首要条件。种公猪饲养数量虽很少,但所起的作用甚大。俗话说:"母猪好好一窝,公猪好好一坡。"种公猪的配种能力和精液品质直接关系到母猪的受胎率和产仔数。做好配种工作、养好种公猪是现代养猪场的一个重要生产环节。

(一)饲养的目标、要点和管理运用

1. 目标

① 杂种优势显著。② 繁殖力强。③ 应激(可能与氟甲烷基因有关)小。④ 适应力强。⑤ 体美,蹄健,健康。

2. 要点

① 按《动物防疫法》引种。② 认真挑选(如睾丸匀称,发育正常

等)。③ 保证运输过程安全(密度、温度、损伤),应激小。④ 注意隔离,加强消毒,接种。⑤ 保证饮水的质和量,6～12 kg/(头·天)。⑥ 圈舍环境舒适(宽敞、干燥、通风、保暖、防暑、光照充足等)。⑦ 饲喂专用配合颗粒料[能量(12 552 kJ)、蛋白(15%～16%)、钙0.7%、磷0.6%]。⑧ 适时调训,注意使用频率。⑨ 遵循公猪生活规律。单圈饲养,7～9 m² /头,多运动。先锻炼,后配种,再喂料。⑩ 加强保健。每年驱虫2～3次。⑪ 做好记录。每次使用的各项指标都要认真填写。

3. 管理运用

目前,由于生产技术及其水平等的限制,公猪大都来自外引,引进新猪是迄今为止最重要的危险因素。为有利疫病控制,应提倡自繁自养或单一来源,加强检疫、监测、隔离、消毒、接种等措施,必不可少,经济有效。

(1)引种:在确定引进何种品种后,应了解引种源区的生产、疾病、防疫等系列情况,按《动物防疫法》要求,经认真挑选后,顺利引进。待隔离、消毒、接种、平稳过渡后,方可进入生产区精心饲养、再选育。

(2)培育:培育是一系列的选育过程。种公猪的选育一定要经过仔猪期选育、育成期选育和最终选育,待公猪达性成熟后即可调教。培育的结果直接影响经济效益,建立人与猪"和睦"关系,严禁敲打。良好的开端是成功的一半,自交与采精齐头并进。

(3)精心养护:公猪的营养不需要很高的能量,但需要一定的高蛋白。饲料的形态对公猪很有讲究。中兽医认为,牙齿乃肾之本,每天嚼嚼,强身固体。尽管配合颗粒饲料成本偏高,然而用量相对较少,宜用之。公猪使用前先运动,使用后喂料有好处。其次是吃、拉、睡三点定位。充足的光照、恰当的运动、舒适的环境、卫生的饮食共同组建了公猪"快乐天堂"。

(4)交配:自然交配与人工授精相结合是很值得提倡的。公猪接触到母猪时,首先演示出前戏行为。公猪自然交配所需的时间,一般为5～15分钟。自然交配固然对鉴别发情、提高受胎率很有好处,但公猪利用率低,生产成本高,易传播疾病;人工授精虽然弥补了自然交配中一些不足,省时、省力,且提高了品种的一致性,但受胎率相对比较低,技术含量高,操作繁琐(消毒、干燥、采集、镜检、稀释、贮存、运输、输精),尚需改进。

据报道,加拿大魁北克省 90% 左右的商业性生产猪群是用新鲜精液进行人工授精的,1993~2003 年,肉猪背膘下降 7 mm,出生到 100 kg 上市体重的饲养期减少了 26 天。然而,广泛采用人工授精,无论是公猪还是母猪,其免疫容量均大大下降,母猪对后代的继承免疫也会受到严重的影响。严禁驱虫期、接种期用精。

(5)使用频率:公猪的使用应讲究频率,每日 1 次,连用 2~3 天应休息 1 天;有些公猪性欲很高,使用中分多次射精,若遇配种多,完全可以让该公猪一次来完成为两头母猪的配种(长期使用更有利于保持公猪性欲,多次配种只是将每次射出的精液稀释而已,对受胎率影响不大),但不可一天内分 2 次使用。公猪阴囊包皮外的阴毛应剪去,干净、卫生。

(6)精液检查:精液必须定期检测(活力、密度、畸形精子)。一般镜检度数 100~400 倍。正常情况下,新公猪射精量一般为 150~200 mL,成年公猪射精量一般为 200~300 mL,有的高达 700~800 mL;原精液一般为 1~5 g/mL。密度:2.0~3.0 亿个/mL 为高密度,有的高达 5.0 亿个/mL;1.0~0.6 亿个/mL 为中密度;0.4~0.2 亿个/mL 为低密度;稀释后的密度不低于 0.4 亿个/mL 为较好。

正常精液:颜色为乳白或白色,当密度过高时呈乳白色或黄白色;气味为无味或腥味,当有臭味或氨味出现时禁止使用;pH 为中性或弱碱性,pH 越低精子密度越大。

精子密度测定方法:估测法:在显微镜下用肉眼观察原精液,精子与精子距离小于 1 个精子长度为密;精子与精子距离相当于 1 个精子长度为中;精子与精子距离大于 1 个精子长度为稀。此法通用,但不精确。光电比色法:用 550 nm 的一束光,通过 10 倍稀释精液,据所得数据,查对照表,可得精子密度,误差 10% 左右。此法在生产中很适用。红细胞计数法:量取代表性原精液 100 μL 和 3% 氯化钾溶液 900 μL 混匀后,取少量放入计数板槽中,在高倍显微镜下观察 5 个中方格内精子总数再乘以 50 万,即可得到精子密度。用此法可以校正精子密度,准确,但速度慢。精子活力又称精子活率,是指直线运动的精子占总精子数的百分率,一般分 10 个等级评定。畸形率一般不超过 20%,否则应弃去。精液等级见表 6-1。

表 6-1 精液等级

精液等级	采精量(mL)	活 力	密度(亿个/mL)	畸形率(%)
优秀	250 以上	0.8 以上	3	5 以下
良	150 以上	0.7 以上	2	10 以下
合格	100 以上	0.6 以上	0.8	18 以下。夏天 20 以下
不合格	100 以下	0.6 以下	0.6	18 以上

(7)精液稀释:精液一般现采现用较好,输原精液更是如此。精液稀释的溶剂宜用蒸馏水。稀释顺序,先 1:1,后 1:2。营养剂、保护剂中含有多种非电解质和弱电解质,要注意缓冲。稀释剂液态时 4℃ 保存不超过 48 h。注意:避免刺激性气体熏杀精子。常用精液稀释剂的配方见表 6-2。

表 6-2 常用精液稀释剂配方

名 称	保存 1 天	保存 2~3 天			保存 5 天	适宜温度(℃)
多维葡萄糖	50.0 g	30.0 g	60.0 g	37.0 g	11.5 g	20~25
柠檬酸钠或枸橼酸钠	5.0 g	3.0 g	3.7 g	6 g	11.65 g	20~25
碳酸氢钠			1.25 g	1.25 g	1.75 g	20~25
氯化钾				0.75 g	1.0 g	20~25
分析纯乙二胺四乙酸二钠	1.0 g	1.7 g	3.7 g	1.25 g	1.75 g	20~25
蒸馏水	1 000 mL	1 000 mL	1 000 mL	1 000 mL	1 000 mL	20~25

注:分析纯乙二胺四乙酸二钠(别名:EDTA 二钠)分子式:$C_{10}H_{14}N_2O_8Na_2 \cdot 2H_2O$;多维葡萄糖不宜遇高温。

(8)精液保存:为防止精子沉淀而死亡,对存放的精液包应每 12 小时翻动 1 次。超低温保存精液的生物安全保存能够将突发的传染性疾病和自然灾害(如火灾)所造成的不良影响减至最低程度。

（9）影响受精因素：有品种、年龄、性能、性欲、阴茎形状、睾丸大小、射精行为、使用频率、季节、环境、温度、疾病、应激、营养状况、霉菌、健康状况、打架、管理等。

刚射精的精液是不能进行受精的，首先必须完成获能及渗入卵母细胞前的顶体反应。顶体反应是发生在获能精子上的一种细胞外生理活动，它因精子与卵子透明带结合而被激发，期间精子顶体的外膜在与叠加的卵母细胞质膜处多个点上发生膜融合，释放出顶体的内容物，随后使卵子分子暴露在顶体的内膜上，顶体反应使获能精子穿越透明带，从而与卵母细胞受精。精子获能广义上是指精子进行功能性修饰，使精子具有与卵子发生受精能力，获能后精子极其脆弱，容易产生自发性顶体反应，与此同时出现络氨酸磷蛋白复合体。受病原体污染的精液所产生的影响可能是很大的，尤其是涉及母猪数量较多时（摘自《国外畜牧学》2009 年第 3 期）。

精子产生的周期需要 34 天（由精液细胞减数分裂形成精母细胞到成为精子），而精子在睾丸精细管中成熟成为小蝌蚪状约需 10 天，暑热、紧迫、疾病或疫苗不当而影响精液性状时间约需 15 天。所以要恢复精子活力约需 6 周的时间。公猪在 27℃ 下持续 2 周后，精子活力就会下降，且异常精子数量显著增多，超过 29℃ 后 4～6 周，公猪的精液质量就会下降。猪正常呼吸频率 25～35 次/min，出现热应激可达 75～100 次/min，当呼吸频率达 40～50 次/min 时，注意为公猪降温。补充维生素 A、维生素 D、维生素 E、维生素 K、硒及氨基酸的有机螯合物很有好处。先天性不能勃起（杜洛克较多）、阴茎充血等造成无法交配者，一般均应淘汰。如果阴茎被包皮或韧带结着时，切开即可。隐睾的公猪一般不做种猪用。一般地说，12 月龄内公猪精液量少，18 月龄最佳，两年后慢慢变差。

（10）激素的使用：在公猪数量充裕条件下，一旦某公猪被发现有问题，大都不主张使用激素，淘汰为上策。

（11）记录：档案很重要。记录是历史的真实写照和推断的依据。翻阅详细的记录，可清楚知道成功与失败的原因。

（12）淘汰：公猪的使用寿命是有限的，再好的公猪最终还是要被淘汰，不过是主动与被动、早与迟罢了。因此，保证充足的后备公猪数量是必须的。

（二）公猪无性欲、死精、无精的原因及防治措施

（1）原因：公猪无性欲、死精、无精的原因主要有以下几种。

① 传染病方面的因素：有蓝耳病、伪狂犬病、乙型脑炎、细小病毒病、布鲁氏菌病、衣原体病等。

② 非传染病方面的因素：有先天性；年龄；霉菌毒素；营养不足及不平衡（常见维生素 E、亚硒酸钠、蛋白质、氨基酸缺乏等）；季节变化（高温/寒冷）；任何原因引起的发热；应激；配种过度；阴囊损伤；精子出现冷休克；任何原因引起的运动障碍均可导致性欲低下甚至无性欲等；管理不当等。

（2）防治措施：可尝试采用下列措施。

① 根据临诊资料，结合母猪和其他猪群的症状，在了解免疫效果和野毒感染的状况后，可以作出初步诊断，制定出免疫预防、药物治疗或淘汰的方案。

② 检测饲料中维生素 E、亚硒酸钠、蛋白质的含量及配方，以确定是否需要添加相应的成分。

③ 对任何形式的体温升高必须及时作出处理。

④ 减少对公猪的各种应激，切忌粗暴，尤其是小公猪。

⑤ 有勃起功能障碍以及阳痿、早泄的公猪，在了解病因后，以滋补肝肾、补肾壮阳、生津敛精为主给予治疗，并与个体合适的、发情良好的、性情温顺的母猪交配，以恢复自信心。

⑥ 对阴囊损伤的公猪要及时处理，短期内不要配种或采精。

⑦ 给公猪创造一个凉爽的、舒适的小环境，温度一般在 17～21℃为适宜。

⑧ 人工授精工作人员应规范操作，避免出现精子冷休克或死亡。

⑨ 对由传染性因素引起无性欲、性欲低下、死精、无精、精子减少的公猪要认真检测，无传染病、质量合格且安全的精液方可使用。

⑩ 合理使用激素。

（三）猪人工授精的优点及其要点

1. 人工授精的优点

（1）避免疫病的传播：精液可以携带很多病原，且有些病原体更易通过黏膜感染。人工授精虽不可能完全防止疫病传播，但发病的可能性要比自然交配小得多。

（2）利用杂种优势，充分发挥优秀公猪遗传潜力：猪群遗传改良可通过购买遗传性能优良的公猪或其精液来达到目的。

（3）可大大降低应激水平：在自交过程中，公母猪体重搭配不当会有较大应激，年龄搭配不当更不利于仔猪的生长。采用人工授精技术完全可以避免这些缺陷。

（4）可随时鉴别不育公猪：因为每次采精都要查看，所以人工授精可提前发现公猪精子好与坏（需专用仪器）。从理论上说可提高母猪受胎率，但实际上每次采精后不可能都对受精率进行检查。

（5）保持品种的一致性和保障猪肉生产安全：使用人工授精有封闭作用，尽可能不从外面引种，这样肉质更安全。

（6）经济、省时、省力：饲养 1 头公猪成本 6 500 元；每星期使用 2～3 次，即每年使用 104～156 次；每日喂料 2.5 kg，2.4 元/kg；两年淘汰；每胎人工授精收费 50 元，每胎配两次；每头母猪每年产 2.3 胎。以自交（公：母为 1∶20）为例计算如下。

① 饲养 1 头公猪（2 年）的成本：$6\,500+2.5\times2.4\times365\times2=10\,880$ 元；每周用 2 次，配 1 头母猪（2 次）的成本：$10\,880\div104\times2\times2=104.5$ 元；每周用 3 次，配 1 头母猪（2 次）的成本：$10\,880\div156\times2\times2=69.5$ 元。则每胎需成本：69.5～104.5 元。

② 20 头母猪 2 年所需人工授精费：$20\times2.3\times2\times50=4\,600$ 元；使用人工授精 2 年节省费用：$10\,880-4\,600=6\,280$ 元。

分析①、②结果表明，使用人工授精比自交每胎至少节省 20～30 元。

③ 每年至少少养 10 头公猪，即：
省料：$2.5\times2.4\times365\times10=21\,900$ 元。
省工：300 元（半个人工费）。

计 1 年节省费用 22 200 元(以上均不包含疫苗等其他费用)。

总之,1 头公猪的精液一次可供多头母猪输精(一般 10 头母猪使用)。采用人工授精,公母猪的比例可从 1∶20 增到 1∶(200~400),并且降低饲养公猪所需的圈舍、饲料和劳力。注意,当饲养母猪头数少于 10 头时,购买精液比饲养公猪更经济,可显著降低饲养公猪成本。

2. 要点及注意事项

(1)公猪的挑选:要精挑细选。品种纯,遗传性能和繁殖性能好;睾丸匀称、丰满,蹄健、健康。目前世界上四大优良公猪品种为长白、大约克、杜洛克、皮特兰。

(2)公猪的调训:公猪 5~6 月龄、体重 75 kg 左右便可调训,初训时每日 1 次,每次 30~45 min(2~3 次便可成功)。初配需母猪相助,同时完成采精。首选母猪标准是已达配种高峰期,且体型与之相匹配。第一次成功采精后,可在第二天或第三天重复采精 1 次,后需间隔 10 天,接着每使用 1 次,间隔缩短 1 天,经 2~3 月成熟稳定。

(3)采精时注意事项:

① 安全,卫生。

② 采精舍要远离公猪圈舍,地面粗糙,采精室温度 18~24℃。

③ 采精前避免对公猪刺激(撕咬、敲打、恐吓等)。

④ 采精时间:夏天宜早晨或傍晚,冬天宜中午。

⑤ 操作规范,加强消毒(人、器具、器械等)。

⑥ 采精限每日 1 次,每采 1 次休息 1 日,可持续两日,切忌过频使用公猪。

⑦ 手抓阴茎的力度要适宜且有节奏感。

⑧ 公猪阴茎暴露要尽可能地长。

⑨ 收集精子时应舍去两头精液。

⑩ 每一次采精量都要尽可能多。

⑪ 每次采精后都要过滤(滤去精囊腺液等)镜检。注意原精液贮存不宜超过半小时。

⑫ 无论是原精液还是已稀释精液都要避免刺激、光照。如香

精、烟、强光等。

⑬ 忌公猪长时间不使用,即便不用丢弃也得采精。

(4) 精液的稀释与保存:

① 因缓冲剂化学反应需一定时间,故稀释液配制应提前 1 小时完成,溶剂保存不宜超过 24 小时。

② 稀释精液时,原精液温度与稀释液的温度不宜相差 1℃。

③ 精液的稀释:一般原精稀释 4～8 倍。稀释时,应按 1∶1～4～8,先低后高。

④ 每 1 000 mL 稀释剂中加抗生素:青霉素 0.6 IU、链霉素 1.0 IU,现用现配。

⑤ 精液须稀释后方可贮存,贮藏时间取决于营养粉自身及其正确使用。适宜温度一般为 15～17℃。

⑥ 慎防运输过程中精子死亡。切忌半瓶装(撞死)以及温度过高或过低。

⑦ 使用贮存精液无须升温,即便升温也一定要缓慢、平稳,切忌骤变。但镜检时的镜片必须适当升温。

(5) 授精时注意事项:

① 在母猪排卵高峰时授精,受精率高。

② 授精前用 0.1％～0.2％高锰酸钾溶液清洗母猪外阴部。

③ 根据授精对象决定授精时间,即“老配早、小配晚、不老不小配中间、新老搭序不颠”。

④ 输精时母猪应保持安静,如给母猪背上加压沙袋、人骑在母猪背上等。有公猪在场更佳。

⑤ 使用无菌输精管时忌用手触摸前 2/3 部,可于海绵头上涂抹对精子无害的润滑油。

⑥ 左手分开母猪阴门,右手持输精管插至子宫颈部轻拉不动即锁定为止,深度 40 cm 左右。

⑦ 推广深部输精(输精管的海绵头前加 2～5 cm 软细管)或充气输精。

⑧ 输精量也有讲究,本地猪 20～50 mL;外国种猪 80～100 mL,或每次 20 亿～30 亿个精子。

⑨ 输精时间：5～15 min；输精速度稳中求快。输精完毕，输精管末端折叠放入输精瓶，不要急着拔出输精管，也不要立刻赶走公猪，更不要让母猪躺下（以免精液倒流）。但拔出输精管时应快。

3. 记录

每一次采精、授精都必须评定，建立好档案。

4. 思考

（1）人工授精比自然交配受胎率相对低一些。

（2）使用人工授精需较高的管理水平、配种技术与经验。繁殖性能受配种技术影响显著，育种员的技能差异可影响全过程。

（3）人工授精虽能提高雄性动物的使用效率，但导致动物群的病原谱值（VPS，是一种多维值，非浅性值，不可以进行简单计算）波动更快，所以应提倡"相对固定配偶技术"，不可盲目"滥交"、"乱交"，应提倡"从一而终"。

（4）为追溯疾病发生的原因，须建立配种档案记录制度。

二、后备母猪的饲养管理

后备母猪是经产母猪的基础，后备母猪的生长发育对生产母猪的生产性能及使用年限等有直接影响。对后备母猪要精挑细选，留足后备量。挑选要求：窝仔数多，即遗传性能高；健壮；腹线直，背线略弧，臀肌丰富，瘦肉率相应高些；泌乳性能好，乳头至少 6 对以上，且正常、匀称；应激小；子宫角长；大滤泡多。

为使其正常生长发育，按生长阶段（25～50～80～100 kg）饲养。50～100 kg 期间，日增重小于 700 g。后备后期，自由采食，每头每天采食 2.0～2.5 kg 饲料，每千克饲料含消化能 13.4 kJ。必须使用后备母猪料，严禁用育肥猪料取而代之。此期一般要控制饲喂，每日饲喂量为其体重的 2.5%～3.0%。限制饲养有 50%～85% 的要推迟发情 10～14 天。纯种猪配种年龄不早于 7 月龄，不迟于 12 月龄，体重在 110 kg 左右，背膘厚不低于 12.7 mm，以 16～18 mm 适宜接触公猪和配种。经产母猪背膘 18～23 mm。后备猪饲养后期使用高蛋白饲料可加速性成熟。发情前和发情期间良好的饲料供应可以促进排卵,这是胰岛素作用的结果。血糖水平升高促进了胰岛素的释放。这种效果对第一胎和第二胎母猪最为明显。据统计,配种前20天内高能量水平及多喂胡萝卜可增加排卵数0.7～2.2枚,高锌高铜也可诱导母猪不发情。

新母猪首次配种宜采用自然交配。为提高受胎率和利用率,一般后备母猪到第二次发情后配种较好。发情期的环境(光照、温度)也不容忽视,最好不要有大的波动。

总之,后备母猪在配种前2～3周优饲,妊娠后限饲。饲养过程中,不忘胃肠扩容处理。另外,以200 kg母猪为例,一般体重每增加20 kg,每天采食量增加0.15 kg。前两胎的母猪最好不要进入限位栏饲养,但分娩期可以除外。

限制饲养的母猪行为功能缩小、自由活动空间受限、社交和心理交流减少、免疫功能降低、褥疮和蹄病增多。赶猪时经常发现,猪走过一段距离会表现大喘气,甚至因肺水肿死亡。现在猪群的心肺功能严重下降,饲养管理方面应引起重视。

(一)饲养的目标、要点和管理运用

1. 目标

选育具备遗传性稳定的后备母猪。

2. 要点

① 提倡自繁自养,充分利用当地资源。② 按照国家有关规定安全引种。③ 精挑细选,留足后备猪。④ 搞好环境卫生,保持舍内舒适。⑤ 注意营养,促进发育。⑥ 合理的混养与分群有益健康生长。⑦ 科学保健,适时配种。⑧ 充分发挥杂种优势,避免近亲交配。⑨ 认真填写记录。

3. 管理运用

后备母猪质量决定生产母猪的生产性能。后备母猪的引进要认真、趁早,引种应严格消毒、隔离、检疫,杜绝引种引病。引进小日龄种猪能更好地适应本场环境而提高繁殖性能,但也易形成多弱仔。另外,为保证混养成功,要有足够的留种量。

现代化的科学饲养管理手段已足以让母猪早发情、多产仔、产

仔间隔缩短。然而配种时机的掌握却让人们很烦恼,特别是需采用人工授精方式的引入母猪,仅凭压背、反射现象来鉴定发情和确定配种时机,一般不正确,往往会使不少母猪漏配、误配。以阴门变化、黏液分泌、压背反射为前提,再结合公猪试情效果就比较好。鉴定母猪发情三部曲:一看(变化),二摸(压背),三试情(公猪爬跨)。

猪发情分为发情前期、发情期(发呆,有分泌物)、发情后期、乏情期4个时期。新母猪发情一般持续3～4天,老母猪发情一般持续1～2天。发情期不宜调换栏圈。发情表现:不安,少食或不食,狂叫,翘尾,爬跨,静呆,竖耳,频尿,阴门红肿、发紫、萎缩,有分泌物。分泌物颜色很重要,若分泌物发黄、混浊应停止配种且须清洗子宫治疗,否则淘汰。俗话说,压背发呆,配种受胎,阴门沾草,配种正好。配种时还应注意体重搭配、年龄搭配及自交时误交发生等。另外,晚上配种在白天分娩的可能性较大,便于分娩时护理。重复配种应间隔6～18 h。混血统交配仅限商品猪有益,切不可乱杂交。

(二)配种技术

原始的自然交配,公猪利用率非常低下,后采用先进的人工授精技术,公猪的利用率大大提高。传统输精方法,输精量约80 mL,回流损失至少三分之一,后对输精技术进行改进,输精管由单管衍生出双管,输精管的前头应是一个有左旋螺旋状的软性管头,可深入子宫角内输精,提高精子利用率,提升母猪受胎率,但有风险(当软管进入子宫角时,如掌握不好,会损伤子宫壁造成出血,致使母猪过早被淘汰)。

在人工授精时,由于缺乏公猪效应,多次输精的优势更加明显,深部输精(限两胎后的使用)应推广,对超重、超龄的后备母猪不得已时使用激素,否则淘汰。

三、妊娠母猪的饲养管理

母猪妊娠后,新陈代谢旺盛,饲料利用率高,蛋白质合成增强,食欲旺盛,加上管理到位,对提高受胎率、产仔数、产活仔数、仔猪初生重及产后母猪泌乳性能等有重要作用。

妊娠期分为3个关键期,早期的关键是胚胎存活和附植,中期的关键是增重与身体储备和恢复,后期的关键是胎儿生长(90天攻胎)及乳腺发育。

母猪妊娠期间所增加体重由体组织、胎儿、子宫及其内容物3部分所构成。妊娠母猪能够在体内沉积较多的营养物质,以补充产后泌乳的需要。初产母猪一般妊娠全程增重36~50 kg,而经产母猪只需要27~39 kg,体重150 kg左右的母猪一般妊娠期间可增体重30~40 kg。胎儿的生长发育是不均衡的,一般妊娠开始至妊娠70天主要形成胚胎的组织器官,胎儿本身绝对增重不大,而母猪自身增加体重较多;妊娠70天后至妊娠结束,胎儿增重加快,初生仔猪重量的70%~80%是在妊娠后期完成的,并且胎盘、子宫及其内容物也不断增长。

妊娠期低纤维日粮可促进革兰阴性菌繁殖,增加内毒素,由此抑制催乳素分泌,导致产后无乳。低能量饲料提高孕酮浓度;高能量饲料增加肝脏血液的流动,造成激素不均匀,减少了血清中孕酮的含量,加速了孕酮代谢物的清除,降低了胚胎的存活率,增加胎儿的死亡率;减少乳腺数量。另外,母猪过肥极不利于受精及胎儿的着生,应控料;过瘦营养摄入量低,仔猪出生重低,均匀度差,产仔数少,甚至中途流产,产后无乳。

初生数与妊娠第一个月内的胎儿的营养密切相关,其中胎膜和脐带的质量以及子宫的营养供应都起重要作用。初生重与母猪产前1个月的营养密切相关。妊娠后期,由妊娠料改换为泌乳料的过程是一个风险期。在这个时期,必须保持肠道的饱满,确保饲料中粗纤维来源的一致性,同时确保母猪正常采食和饮水。

给予营养全面的日粮,保证胎儿良好的生长发育。从仔猪出生时的大小顺序(营养高时,先小后大,体重偏轻;营养低时,先大后小,体重偏重)足以让我们清楚地知道营养高低及平衡的重要性,即所谓的"攻头控中保尾"、"前粗后精步步登高"、"低妊娠,高泌乳"。

重胎期、并圈、剧烈运动、高密度饲养、乱用药、重用药、随便敲打等都是不应该的。安胎、保胎、多产仔、产好仔是我们始终追求的目标。加强饲养管理,调解母体生殖激素平衡,接种疫苗,注意抗生素使用,减少应激,少用药,这些是我们必须做到的。

(一) 饲养的目标、要点和管理运用

1. 目标

① 保证胚胎着床、成活、生长发育良好。② 保证母猪有较好的营养储备,减轻分娩困难,降低乳腺炎的发生率。③ 促进乳腺组织的发育,保证泌乳期有充足的泌乳量。④ 增加窝仔数,提高新生仔猪的体重。

2. 要点

① 科学排列,做好复查。检查是否受胎(配后 15 天、30 天、45 天分别查 1 次。方法:改变环境、公猪刺激及测胎仪等)。② 看膘定量,合理饲喂。妊娠前期小群饲养,自由采食,可增加窝仔数 1～2 头。③ 为了便于胚胎的着床与成活,妊娠 70 天内应实施低能量高纤维喂养,具体喂量应根据母猪自身而定,一般每头每日 1.5～2.0 kg,蛋白质 14%～15%。④ 胎儿发育的 3/4 来自产前 1 个月,须增加营养,建议改用哺乳料(注意:增加营养不增加喂量,留足胎猪生长发育空间)。一般每头每日喂料2.5～3.0 kg。⑤ 保胎。建议妊娠后 2 个月且满足二胎次的实施限位栏喂养。腿病严重者慎用,应考虑单栏饲养或淘汰。⑥ 根据季节、妊娠阶段调整配方。⑦ 喂湿拌料和加酸化剂可提高采食量。⑧ 防暑降温(通风、滴水)及保温。⑨ 防便秘。⑩ 避免刺激,谨慎用药,防流产。⑪ 免疫保健,有备无患。

3. 管理运用

① 受胎检查:妊娠检查是一项细致而重要的工作,每一个空怀猪的出现,不仅仅是饲料浪费的问题,同时还会打乱生产计划,如产仔、周转等。如果空怀猪后期返情,还会因发情猪的爬跨造成其他母猪流产。目前判断母猪受胎仍以返情及外观变化为主要手段:a. 一般情况下,配后一个情期(18～21 天)不发情即确认受孕。b. 行为辨别。受孕母猪性情温顺,喜睡,食欲大增。c. 外观辨别。心音增快,腹部增大(妊娠第六周开始明显凸出),站立时肷部、腰部内陷,肚下

沉,尾根紧夹,阴户紧缩,两个月后乳房开始隆起,喜睡,躺卧休息,可视胎动等。有经验的饲养员可在母猪配后 50 天左右就能判断是否怀孕。d. 激素诊断。e. 仪器检测。方法多多,留心观察。

② 营养:妊娠期是母猪饲料利用率最高的时期,限饲是业内人士公认的,但怎样限饲?限到何种程度?众说不一。饲料容积小,猪饿难安静,胃萎缩。在严格限饲前提下,必须考虑母猪的营养需要、受孕时间、体重、体况、胎次、季节等因素,又不影响母仔发育的理想程度,确实得到有意义的省料。欧盟国家的猪场多采用自由采食,多喂甜菜渣、胡萝卜、粗纤维丰富的谷物副产品来调节营养水平,也有的养殖场在饲料中添加左旋肉碱(胚胎发育少不了线粒体,线粒体主要成分是左旋肉碱,线粒体活动离不了脂肪酸),可增加产仔数。规模大的猪场,不可能对每一头猪都制定饲养方案,但至少有一个范围,具体问题具体对待。母猪妊娠前、中期,低蛋白供应是降低成本的途径。但事实上现在养猪场蛋白都偏高。此期如以豆粕为主,则有 12%~13%粗蛋白即可满足,不必太高;头胎母猪日粮中的粗蛋白应高于这个标准(在 14%以上),因为其自身要增重。每当母猪日需营养及能量不足时,便要取自身沉积的营养来促进胎儿生长,久而久之,只能加速新母猪的淘汰。营养平衡非常重要,缺少便是不足,多余就是浪费,甚至引起中毒。妊娠过程中,胎儿营养需要增加依靠两个途径:一是增加胎盘血管和子宫内膜血管密度来完成物质运输,造就高血糖;二是增加胎盘的大小,造就高血糖。使胎儿肌纤维的发育得以改善,从而使仔猪在断奶后期生长速度快。如果此期采食过大及高能量饲料摄入太多必将影响哺乳期采食,二者呈负相关。因此,应适时调整配方,营养适量、均衡很重要。

③ 忌高营养时期:配后 3 天、8~25 天、60~80 天是 3 个严防的高能量时期。高营养摄入将导致受精卵死亡,附植失败和乳腺发育不良。前两段的高营养摄入,使空怀比例升高,产仔数减少,后一段的高营养则使产后乳腺发育不良,泌乳性能下降。

④ 防高温:高温对母猪在配后 3 周和产前 3 周的影响最大。配后 3 周高温会增加受精卵死亡,影响胚胎在子宫的附植;而产前 3 周,由于仔猪生长过快,猪为对抗热应激会减少子宫的血液供应,造成仔猪血

液供应不足、衰弱甚至死亡。其他时期,母猪虽对高温有一定的抵抗能力,但任何时期的长时间高温都不利于妊娠。孕期降温是炎热季节必不可少的,宜使用凉水冲或浇来降温,但不宜用冷水喷雾降温。

⑤ 环境:环境必须安静、舒适、通风、有光照,且卫生。室内有害有毒气体主要来自猪的粪尿及其代谢物,其含量超标足以降低室内氧气浓度、破坏消化道黏膜,导致呼吸道疾病甚至中毒死亡。

⑥ 防止孕期"四怕":一怕营养不衡,量不佳;二怕饲料霉变,药乱加;三怕环境恶劣,乱爬打;四怕主人粗心,产期差。因此,要尽量抓好管理,防止"四怕"的发生。

⑦ 减少死胎、木乃伊:据统计,母猪妊娠期有 40% 左右的胚胎死亡。胚胎初期、器官分化期和胎盘停止生长期均可发生。死胎、木乃伊增多的原因除与遗传(染色体畸变、近亲、配子质量、时间、排卵数与子宫内环境)、营养(维生素、能量、营养成分)、内分泌激素、热应激(主要集中表现在配种前后)有关外,还与母猪因素,如温度、分娩、接产、疾病、毒素、疫苗、中毒等,以及怀孕期间运动不足、体内血流不畅等有关。在生产中,定位栏便于控制饲料,可保持母猪体膘情,减少流产比例,但却易出现死胎、木乃伊及弱仔(比例大),难产率和淘汰率高;而群养不易控料,易造成前期空怀率高,后期流产比例大的弊端。说明提高仔猪的初生重及均匀度更需下工夫。

(二)尽心饲养

对妊娠母猪尽心饲养。要想在尽可能少用料的情况下产出更多的体大健壮的仔猪,必须在上述的各个细节上多下些工夫。以 100 头母猪,每头年产 2.2 胎为例,妊娠期间流产或空怀比例每增加 1%,将使该场造成 2.2 胎的损失;死胎或木乃伊比例每增加 1%,则猪场少产 22 头活仔猪,损失很大。正可谓,以细求存、以精取胜是养猪行业取胜的法宝。

四、泌乳母猪的饲养管理

母乳是乳猪的主要营养,更是乳猪能量的唯一来源。母猪产后

2～3周为泌乳高峰期,而后逐渐下降。为保证母猪在断奶时拥有良好的体况,使其能在断奶后最短时间内发情、排卵,顺利进入下一个繁殖周期。因此,加强泌乳期母猪的饲养管理是非常重要的。

(一)饲养的目标、要点和管理运用

1. 目标

① 防便秘。② 提高泌乳的质和量。③ 有较大的窝重。④ 防止难产。⑤ 避免泌乳期仔猪失重。

2. 要点

① 准确确定分娩时间,做好一切接产准备。② 科学消毒,加强保健。③ 正确处理难产。④ 调节生殖,预防感染。⑤ 加强营养,提高泌乳量。⑥ 提供舒适环境,确保母子平安。⑦ 适时断奶,及早发情。

3. 管理运用

哺乳期饲养靠细心和辛苦。从众多猪场哺乳期仔猪存活率90%～95%,以及3～4周断奶体重7～9 kg来看,这些成绩的取得,不仅来自饲养条件的改善、饲料档次的提高、先进的饲养模式,更来自饲养人员的细心劳作。

俗话说:"奶头炸,不久下;频频尿,产仔到;奶水穿箭栏,产仔定不远。"母猪分娩前后1周是母猪繁殖周期中相当特殊的时期,随着母猪生理特征巨大变化,母猪对营养的需求也很特殊,喂食要少、饲料要易消化,且具有轻泻通便,增强或修复免疫的作用,分娩后能继续保持体况,乳腺畅通,初乳增多。否则会导致母猪过早被淘汰。

哺乳期增料是必需的,应逐步递增,若在母猪分娩后加料过急,会引起消化不良、乳腺炎、仔猪腹泻等。母猪哺乳期如发生厌食、便秘、乳腺炎、子宫内膜炎、低血钙症、低血糖症、拉稀等都会造成奶水不足,使仔猪体重下降、整齐度差、断奶后仔猪掉膘等。

对哺乳期母猪实行高水平饲养,充分满足它在各种应激状态下对各种营养物质的需求,从而获得良好的泌乳性能并保持良好的体况。哺乳期,一般母猪每头日喂量:基数2 kg+0.5 kg×(仔猪头数＋产后天数),第 12 天为高峰,一般每头母猪每天采食5～6 kg 饲料,其中蛋白质含量 15％,饮水 18～24 kg。猪舍相对湿度60％～70％。

母猪一般有 6～9 对乳头,一个乳头拥有一个乳腺,每个乳腺由 2～3 个乳腺团组成,每个乳腺仅有 1 根独立的乳腺管通向乳头,乳腺之间互不相连。只有乳腺充分发育,才有好乳房。乳腺发育主要取决于 3 月龄至初情期、妊娠的后三分之一期(即产前 1 月期)和哺乳期 3 个时期的发育。乳腺发育期,雌激素、催产素及松弛类激素是必需的。后备母猪的发育决定生产母猪的生产性能。因此,后备母猪乳腺发育对仔猪的影响及其使用年限影响很大,其中营养影响甚大。据报道,28～90 日龄雌猪,限喂并不影响乳腺发育,90 日龄后限喂,会显著影响乳腺发育(占 20％～26％),降低粗蛋白对乳腺发育无显著影响;妊娠期,高能量饲喂,对乳腺的发育以及随后的泌乳量会产生不利影响(班夫 养猪论坛,2014)。增加日粮蛋白质、氨基酸不会影响乳腺发育,但可能会提高其后的泌乳量;另,在相同体重下,高能量摄入时,厚背膘的较薄背膘的乳腺发育差。哺乳期,高能量高营养饲喂,极利于产生高泌乳量,更需要多而好的乳腺相配对,在现有有效乳头数目下,尽可能地使母猪的每一个乳头都必须被仔猪吮吸过,否则,乳腺就会发生退化,一般 3 天后退化不可逆。

母猪乳腺的基本结构在两岁前基本发育成熟,但在产前 1 个月及哺乳期会进一步发育成熟。乳腺会遵照"用进废退"准则发生退化,并将严重影响母猪对后续胎次仔猪的哺育能力和效率。哺乳期内被仔猪吮吸过的乳房才能充分发育,才会有后续高泌乳量的潜能,新母猪尤为重要。

猪乳池结构不同于牛、羊,不能贮存乳汁,故不能随时排乳。母猪只有在仔猪拱撞乳房、听到仔猪叫声的刺激下才能放乳。母猪初乳后排乳过程相对复杂,由一套完整的神经——体液调节机制调解泌乳活动,即仔猪吮吸刺激传导神经感受器传入母猪脑垂体叶,进而引起催产素释放增加,使乳腺腺泡周围肌样上皮细胞收缩,从而压迫乳汁通过导管系统排出时乳猪才能吃到奶。排乳过程大约持续 1 分钟,放乳时间仅 10～20 s。

母乳不仅是乳猪营养的主要来源,且富含抵抗疾病的抗体,对提高乳猪健康,增强仔猪免疫功能,保证乳猪快速生长,提升断奶重,减少断奶失重作用甚大。

乳汁的质量决定哺乳仔猪生长速度,泌乳量越大仔猪生长速度越快。母猪泌乳量取决于哺乳开始时乳腺中泌乳细胞的数量。乳腺数量与仔猪生长速度呈正比。母猪的乳汁分为初乳和常乳。泌乳过程大致分4个时间段:初乳期、提高期、稳定期和下降期。初乳期介于分娩至产后1周,初乳期分泌初乳,母猪放乳频率为每10～20 min 1次,母猪产后12～24 h的乳汁质量对新生猪健康很重要,分娩后3 h尤为重要,6 h后母源抗体下降;提高期为产后1～2周,泌乳量大幅度上升,更是泌乳高峰期,而后泌乳的质量逐渐下降;稳定期为产后2～3周,恰是仔猪快速生长期,母乳供应不足,在窝仔数多的情况下问题更加突出;下降期为产后3～4周,母猪奶水明显匮乏,正是提倡早期断奶模型的重要依据。提高期和稳定期、下降期统称母猪的常乳期分泌常乳,常乳期母猪排乳呈现定时性循环放乳的规律,母猪乳腺在受到仔猪吮吸2～5 min摩擦挤压刺激下即可放乳,放乳频率大约每1.5 h 1次,随着母猪分娩后时间延长,泌乳不足,泌乳量下降,放乳间隔时间越来越长直至不放乳。仔猪自然断奶时间为6～7周龄。仔猪断奶后,母猪表现生理性回乳即泌乳量及乳腺DNA含量急剧下降,断奶后首周内非常明显。母猪整个泌乳期约35天,可产奶350 kg左右,长白猪可产奶430 kg。母乳每千克含5.4 MJ代谢能,哺乳仔猪每增重1 kg约需22 MJ代谢能,折合4 kg奶。

$$母猪泌乳量 = \frac{(仔猪断奶重 - 仔猪初生重) \times 4 \times 乳猪头数}{断奶日龄}$$

母猪的初乳是仔猪摄取能量、维持体温和代谢并获得被动免疫的关键。由于猪的胎盘上皮绒毛阻止胎盘抗体的转移,所以仔猪出生第一周,抵抗能力完全依赖于从初乳中摄取的被动免疫(母源抗体)。对母猪免疫后必须有足够的时间使抗原刺激机体初生抗体,并转移至初乳带给初生仔猪。初乳对初生乳猪很重要,一定要早吃、多吃,如需寄养乳猪,在寄养前一定要让其吃到生母的初乳。

初乳的特点:① 含大量乳糖;② 含大量免疫球蛋白(乳汁越多含

球蛋白就越高,相反乳汁少含球蛋白少);③ 含少量镁盐,有缓泻作用,可改变乳猪肠道环境。初乳与常乳主要营养成分对比见表6-3。

表6-3　初乳与常乳主要营养成分对比

| 物　质 | 出生时 | 出生后(h) | | | | 初乳 | 常乳 | 一般乳汁 |
		3	6	12	24			
总固形物(%)						24.8		18.7
蛋白质(%)	18.9	17.5	15.2	9.2	7.3	15.1	5~6	5.5
非蛋白质(%)						0.3		0.3
乳糖(%)	2.5	2.7	2.9	3.4	3.9	3.4	5	5.3
脂肪(%)	7.2	7.3				5.9	7~9	7.6
灰分(%)			7.8	8.2	8.7	0.7		0.9

母猪胎次与泌乳量的关系见表6-4,泌乳量与产仔数的关系见表6-5。

表6-4　胎次与泌乳量的关系

胎　次	1	2	3	4	5	6
泌乳量之相对值	100	126	125	120	103	90

表6-5　泌乳量与产仔数的关系

产　仔　数	4	5	6	7	8	9	10	11	12
泌乳量(kg/日)	4.0	4.8	5.2	5.8	6.6	7.0	7.6	8.2	8.6
仔猪平均1头的量(kg/日)	1.0	1.0	0.9	0.9	0.9	0.9	0.8	0.7	0.7

分娩期母猪一切正常,仔猪在出生后最初的12 h里,每头仔猪应该吃到15次初乳,每次15 mL。初乳中含有能保持仔猪体温的能量。分娩后最初的几个小时里,母猪连续不断地分泌初乳。之后,仔猪每1~1.5 h吃乳一次,仔猪通常吃乳时间为10~15 min。母猪每次高放乳时间为20~30 s,一般母猪每次放乳时间10~15 s。母猪平均每日泌乳量:第一周5~6 kg,第二周6~10 kg,大部分母猪第三周后泌乳量下降,不能满足仔猪需要。所以,早期补料与断奶非常重要。母猪乳房松软、干瘪和站立给仔猪喂奶及躺卧压住乳头不允许仔猪吃奶,都是母猪无乳或缺乳的表现。

在分娩过程中,如果产仔间隔超过 45 min 或者最后一头仔猪身上羊水完全变干了,就应该采取助产。如果母猪在用力又长时间产不出仔猪便属于难产,应立即实施助产。分娩时间过长,表明母猪健康有问题或仔猪胎位不正常。母猪分娩全程为 2~4 h,每头间隔 10~15 min。

母猪顺利分娩是产道、产力和胎儿三个因素共同作用的结果,其中有一个环节出了问题都会引起母猪分娩异常,在生产中主要表现为分娩无力、产程过长。产道狭窄和产道干涩最容易引起产道机械性阻力过大,胎儿不能顺利通过产道,是引起产程过长的主要原因之一。产程主要分为三段:第一段,羊水破到第一头产出时间;第二段,第一头产出到最后一头产出的时间;第三段,最后一头产出到胎衣全部排出的时间。

仔猪的压死是产房工作人员极不负责的重要表现,更是经济损失的重要原因之一。在产房播放轻音乐,使母仔快乐,安详度过每一天。

不难知道,母猪产仔数越多,泌乳期失重可能性越大,失重量也越大。这对 3 胎前母猪,尤其"洋三元"年轻母猪表现更为明显。据报道,每增加 10 kg 泌乳失重,那么,窝仔重减轻 0.5 kg,下一胎次窝仔数减少 0.5 头,断奶至配种间距增加 3 天,需要增补饲料 50 kg。母猪泌乳期失重小于 5 kg 属正常,失重 10~15 kg 稍偏瘦,失重大于 20 kg 属偏瘦。

另外,因产仔多、初生重大、泌乳多,使得乳腺分泌不足,导致黄体不能完全溶解,加之子宫收缩无力,恶露不能完全排出,最终导致母猪迟发情、不发情、不受胎、受胎不产仔现象发生,不容忽视。活血化瘀、修复子宫和完善生殖功能很重要。

(二) 护娩

养猪的全价值有个最核心的起爆点,就是母猪的生产力受遗传、饲养管理(如环境、营养、疾病等)、分娩管理三方面因素影响。护娩师的价值就是启动猪场的全价值。

护娩师不是助产士,助产仅仅是护娩师工作中的一个环节。护娩的定义在于营养管理、健康管理、疾病防控、仔猪护理、母猪饲养和助产,是一项系统的全面的管理性工作。做好产房护娩工作,是创造生产效益、经济效益的重要制高点。

(1)产房准备:用心呵护,安胎保胎。根据配种时间,参照分娩表现,结合本场实际情况,拟定待产时间。提前做好备产工作,如产房、产床的数量,消毒,卫生等。

(2)产前护乳:母猪从配种当天起换用妊娠前期料(低能量、高纤维),接着换用妊娠后期料直至妊娠80日龄,后换用哺乳料(高能高蛋),喂量也是随之渐渐添加。到了母猪产前一周起,应适当降低营养摄入,减少喂量是很好的方法。

此时母猪营养摄入的多少并不造成对胎猪的影响,但营养过高摄入可造成新生猪的拉稀,以头胎母猪多见;母猪分娩当天应少喂,减少胃内容物所占的空间,有利分娩。母猪产仔当天,采食少或不食很正常。

(3)接产准备:俗话说"奶头炸,不久下;频频尿,产仔到;奶水穿圈栏,产仔定不远"。那么此时,接产相配套的工具、药品等都应全部到位了。自然分娩最理想。

一般散养母猪,衔草做窝,约8 h开产;羊水破,约2 h开产。分娩全程2~4 h。

(4)规范操作:母猪开产,接产士应坚守岗位直至安全分娩结束。首先,应给母猪的乳头及外阴消毒,接着弃乳,当仔猪降临后,立刻对其净身、断脐、饱饮初乳;小的排前,大的排后。期间,不断摸揉母猪乳房,催速产仔。

在此过程中,不难见到假死仔猪,表现四肢不动,脐带在颤动,应立刻急救。步骤与方法:① 擦去仔猪身体上的黏液并清理口、鼻腔;② 人工呼吸的方法有倒提后肢并适度拍打、按压心脏、弯曲身躯、用高压气枪向仔猪鼻孔适度充气;③ 药物抢救常用药物如肾上腺素、安钠咖等。

(5)顺利寄养:母猪品种有不同,体质差异也很大,乳头多少不一,产仔数更是有多有少,为充分发挥母猪生产力,寄养至关重要。寄养前提:饱吮初乳满一天,相邻天数不差三。寄养方案:寄大不寄小,寄后不寄前,寄雄不寄雌。继母宜老不宜轻,健壮无病。另外,一旦实施寄养,应让被寄入的仔猪与寄入的猪持有同样的气味,目的是使母猪不宜识别,避免咬死现象发生。对于产仔多、乳头少,又一时找不到合适寄养的情况下,分批饲养是最佳方案。具体方法:大归大小归小,先喂小后喂大,轮换喂奶。为防止乳头固定化,可挤乳汁,收集后人工助服。

(6)助产处理:母猪分娩很难杜绝难产,助产义无反顾。母猪开产后,长时努力努责却不见仔猪产出,或产仔间隔太长或长时不产即为难产,须紧急助产。参见6字诀:输(输水)、推(用手推揉)、踩(用脚踩)、拉(用手牵拉)、掏(手伸进产道,用力外引)、剖(剖腹取仔)。切记:产后护宫,身体复康。无痛分娩,缩短产程。加强母猪生殖管理,反对滥用缩宫素和抗生素。

消毒不严、盲目助产、操作不规范、强行助产和频频助产极易致产道黏膜损伤或撕裂、水肿或血肿,从而引发或加重难产,并导致母猪产道和子宫的防御功能降低,甚至毒血症发生。

(7)产后护理:产后护理包括母猪护理与仔猪护理两部分。母猪护理重在护宫,仔猪护理重在保证所吃乳汁优质与充足。分娩母猪,一般在分娩结束8 h内不急于饲喂,即便饲喂理应量少易消化,否则,引起消化不良、厌食。仔猪怕冷,大猪怕热。病从口入,祸从风起。环境舒适,营养充沛,健康生长安然无恙。

英国一个农场最新研究发现,自由分娩床所设置的保温箱,在保温板一侧如果安装绿色灯光,仔猪被压死的概率会降低50%以上。

仔猪需要早期诱食。奶水质量差或不足,必将影响仔猪健康生长,及早补给益处多多。仔猪教槽料的营养宜低蛋高能。仔猪期,给料方式以水料最佳。

对肉用公猪实施去势是必需的,去势后的公猪不仅肉食风味好,且生长后期长势快;为降低疼痛、减少感染风险、便于保定等,去势宜早不宜迟,一般2~3日龄手术为佳。对肉用母猪来说,去势早了操作不易,去势晚了保定难、刀口大、感染风险大,小母猪35~40日龄手术为佳。也有些母猪性成熟早,若没能及时去势处理,定会影响生长。另外,去势后的母猪比不去势的母猪对氨基酸的需求有降低。

(8)科学接种:接种很重要。防疫讲究程序,接种更需要合理又科学。对母仔猪的预防接种，必须建立在对本场猪群健康指数综合评估的基础上，确定相应的疫苗及注射时间、次数等，严禁胡乱操作。否则，后患无穷。

（9）早期断奶：断奶越晚，仔猪应激越大，疾病传播风险也越大，同时增加母猪非生产天数。但也应看到，母猪使用年限降低，更新率提高；仔猪必须克服强大的断奶应激。

（三）宝贵的脐带血

脐带血已成为造血干细胞的重要来源，特别是无血缘关系造血干细胞的来源。人类医学上，造血干细胞已知可治疗 70 多种疾病，将来会有越来越多的疾病可以被造血干细胞医治。

脐带血很丰富也很宝贵，除含有正常血液的所有成分（红细胞、白细胞、血小板和血浆），还含有可以重建机体造血系统和免疫系统的造血干细胞，可用于造血干细胞移植以及治疗多种疾病。

对脐带血检测可直接确定猪场中垂直传播的病原，利于猪场重要病原净化和疫苗效果评价。

对脐带血的收集（灭菌、烘干、贮藏备用），减少了抽血痛苦、麻烦、感染等。这才是真正意义上重视和健全生物安全。

故此，接产时，一定要把脐带血捋回仔猪体内，并注意止血和消毒。

五、断奶母猪的饲养管理

正常情况下，仔猪断奶后 3～10 天，母猪即可发情配种，也有未断奶就发情的，更有长时间不发情或发情不受胎的，必须查明原因，如疾病、营养、管理等，尽快恢复种用。

（一）饲养的目标、要点和管理运用

1. 目标
① 断奶后快速配上种。② 延长使用年限。
2. 要点
① 合理分群。② 调控营养。③ 科学保健，健康生长。④ 加速

发情、受胎。⑤ 更新、淘汰。

3. 管理运用

早期断奶,既可防止很多疫病的垂直传播,又可提高母猪年产胎数,但早期断奶的仔猪需精心护理。第一胎母猪断奶不宜晚于 28 天。据报道,母猪断奶后 3 天发情,发情持续时间达 61 h,排卵数达 41 个;母猪断奶后 4 天发情,发情持续时间达 53 h,排卵数达 37 个;母猪断奶后 5 天发情,发情持续时间达 49 h,排卵数达 34 个;母猪断奶后 6 天发情,发情持续时间达 38 h,排卵数达 27 个。母猪尽快发情配上种是增加年产胎数的关键。走母留仔可提倡,在满足营养与健康的前提下,使用激素可缩短断奶至发情时间,提高受胎率。假如每头母猪每次缩短发情 1 天,受胎率可提高 5%,则每头母猪年增产胎数 0.02 胎。以 100 头母猪计,年增 13 胎 $[11(2.2 \times 100 \div 114 + 220 \times 5\%) + 2(100 \times 0.2)]$,年产仔猪至少多 $13 \times 10 = 130$ 头,除去每头母猪使用激素的成本,效益是很可观的。但也应考虑坚持长期用激素药物是否使母猪发情产生依赖性? 会衍生其他问题吗? 配种时,严格消毒作用巨大。假如,因消毒不严造成的生殖道炎症比例占 2% 的话(实际还要高),每年一个规模猪场可少产 $100 \times 2\% \times 2.2 = 4.4$ 胎,合 44 头仔猪,经济损失严重。

据研究,母猪在发情后 11~14 天,接触到外源雌激素或其他类似物,可引起没有配上种的出现假妊娠而导致着床胚胎数量显著下降,进而引起产仔数低。

每胎驱虫一次,必不可少。对久不发情和久配不受者,集中管理或坚决淘汰。

(二) 全进全出

母猪断奶后,营养应满足生殖、免疫需求。应根据胎次、大小、膘情等相同的同栏饲养,既减少了疫病的垂直传播,也避免了弱者(瘦弱母猪多为产仔多、带仔多、奶水好)因受伤或营养不良致过早淘汰。此法对前三胎的使用效果尤其明显。另外,每日检查乳房 2~3 次,挤出残留乳汁。如发现乳房变硬挤不出乳汁时,一是用温湿布按摩乳房并排挤乳;二是将原窝仔猪放回母猪身边吃乳,使乳房变软,可有效预防乳腺炎的发生。

六、正确做好产房工作

目前我国规模化猪场普遍存在母猪便秘、产程长、胎衣变薄而透明、断奶发情难、返情率高、疾病多(如子宫炎、子宫内膜炎等)问题,直接导致配种率低、分娩率低、非生产天数增加、使用年限短、淘汰率升高。亟待解决。期间,做好产房工作非常重要,具体包括以下内容。

(1)守时:母猪分娩宜在产房完成。参照本场实际情况,根据母猪配种的时间,安排母猪进入产房待产,时间一般不少于1周。

(2)把关:不合格的猪不准入舍;不合格的原料不准入场;谢绝参观。

(3)温床:产床含保温箱要像人睡觉的床一样干净、卫生、舒适。

(4)清洗:进产房母猪,必须洗澡、消毒,猪身不含脏污。为安全分娩做铺垫。

(5)干爽:产房必须保持干燥、舒适。寒冷、潮湿、卫生差是乳猪腹泻发生的主要原因。一般相对湿度在65%左右为佳。

(6)温度:仔猪怕冷,大猪怕热。护娩师必须确保产房环境舒适。观察仔猪温度是否合适,不能单纯信赖温度计,而要看小猪躺卧姿势,热时喘气急促,冷时扎堆,适宜时均匀散开、平躺。当产房温度达到25℃,母猪采食量开始减少,再增高1℃,母猪每日采食将降低0.2 kg,甚至出现喘气现象。所以,给仔猪提温时,绝不能提高整个猪舍的温度,产房温度保持在20~22℃,对母猪健康及产奶很有好处。另外,仔猪断奶时,切记给仔猪所在圈舍提升温度,是有百利而无一害。新环境尤为重要。

(7)滋补:其一,补铁、料,一定要及早且加强;其二,合理保健母猪,如活血化瘀,修复子宫,完善生殖功能;降低产仔综合征的发生率。

据研究表明,通常每窝产仔数增加1头,仔猪平均体重则减轻30~40 g;初生重增加100 g,则其初乳采食量增加30 g左右;又据研究表明:母猪哺乳期采食4 kg/日将失重30~40 kg;7 kg/日无失重最佳;脂肪损失 30％与蛋白质损失 15％一样严重。泌乳期失重应小于 10％,有利于胰岛素、促卵泡激素和排卵数增加。

(8)寄养:寄养工作的好坏直接影响断奶仔猪的体重、整齐度和成活率等。分娩师必须根据每头母猪的泌乳和采食等情况做好寄养工作。

(9)更换:换料是必须的,但应尽量降低换料应激。换料时应注意有过渡期且营养落差要小,否则,轻者少饲,重者不饲,甚至脱水、中毒、死亡,危害严重。

(10)落差:温差和营养落差是引发疾病的最重要因素。平稳过渡,减少应激。

(11)全进全出:规模化猪场应做到的良好的生产方式之一就是要全进全出,更是猪舍搞好净化的最佳途径。

(12)早期断奶:应大力推广。

七、母猪配种时阴道流血甚至死亡的原因

母猪配种流血现象多表现于新母猪首次交配,经产母猪较少见。造成流血甚至死亡的原因主要有以下两种。

(1)新母猪性发育未完全成熟或生殖系统障碍。

(2)误交。因精液中含大量前列腺素,被吸收至回肠、空肠,使肠痉挛、收缩,时间一长,肠系黏膜大量充血、出血;因胶体蛋白阻塞,使肾血液循环系统不畅,致高血压、肾毛细血管破裂、右肾脂肪囊血肿;因精液阻塞输尿管,尿液不能再吸收,腹腔内大量产生酮臭气,因而继发尿毒症致死。

八、第二胎母猪难配种的原因

随着生活水平的提高,人们对瘦肉的需求越来越高,高瘦肉品种的猪也就孕育而生了,经过大量的饲养实践发现,这类品种母猪的第二胎的配种相比而言较难。

作为饲养者,都希望自己所养的母猪配种早、易配、年产胎数高、窝仔数多、泌乳力高、采食量小、使用年限长等。事实上,很多事情都事与愿违。其实,瘦肉率高的品种:性成熟体重偏大(90～120～150 kg),初配晚(8～10月龄),背膘薄,子宫角长,大滤泡多,发情不明显,营养及管理水平要求更高,如配种过早或过晚、断奶过晚、断奶后失重大等,都必将引起第二胎配种延迟或配种难,这正是"应激因子"敏感、"连带"效应强的表现。加之,某些疾病的干扰及饲养管理上经验缺乏与不足,致配上种的难度增大,也是理所当然。

因此,我们应根据猪的品种及其所兼有的特点,实施相应的营养水平和管理模式。

九、影响母猪断奶至发情间期的因素

影响母猪断奶至发情间的主要原因有内因也有外因。

1. 内因

(1) 泌乳期太长:泌乳期缩短1周,断奶至发情间期增加1天。

(2) 胎次:第一胎母猪的断奶至发情间期(平均13天)比3胎后的母猪(平均6.4天)时间长。第二胎母猪的断奶至发情间期居中,平均7.8天(Vesseur,1997)。

(3) 营养:第三胎母猪泌乳期体重下降并不影响断奶至发情间期(Vesseur,1997)。

(4) 炎热季节。

(5) 不同的品种。

(6) 长期接触公猪。

(7) 环境(设施结构)。

(8) 失重。

(9) 疾病。

(10) 饲料霉变。

(11) 应激等。

2. 外因

有遗传改进、杂种优势增加、管理的改变（饲养、圈舍、设备、福利）、激素等。

母猪断奶至发情间期小于 10 天，多半在有规律的间期后重新发情；母猪断奶至发情间期大于 15 天，往往无规律。再发情率减少10%，意味着每头母猪每年可多产 0.3 头活仔猪。相反，再发情率增加 10%，意味着每头母猪每年可少产 0.3 头活仔猪。

十、母猪便秘的原因及危害

便秘是一种病症并非是一种疾病，但如果不及时处理，就会进入病理状态。在便秘时，由于粪团在大肠内移动缓慢，水分被过度吸收，造成严重的排粪困难甚至不能排粪，粪便干硬会压迫子宫，使子宫变形、毛细血管扩张、静脉曲张后严重影响血液回流，可引起血管破裂，也因粪团的形成使得在大肠内移动缓慢，同时过度吸收水分，造成排粪困难甚至不能排粪，损伤黏膜，以至孕期胚胎死亡、流产，继而引起一系列疾病。便秘并不是单一因素造成的，往往是多种因素共同作用或综合作用的结果，其中应激是便秘发生的重要原因。当母猪受热应激时更容易发生便秘。

1. 母猪便秘的原因

生理性的如胎儿增大，肠蠕动慢，缺乏运动；营养性的如粗纤维不足，青饲料缺乏，营养不平衡；疾病性的如细菌病、病毒病；添加剂问题如益生素含量不足、不合格、使用违禁药物；管理性的如饲料颗粒过细、饮水器数量不足、高低不合适、水流速度不够，尤其在夏天高温天气，热应激更易发生。

2. 母猪便秘的危害表现

（1）发热，情绪烦躁，饮水减少，产后症候群。

（2）食欲不振，采食量减少，营养失衡，排卵数少，泌乳量下降。

（3）消化道发酵产生的毒素进入血液使母猪体质下降。

（4）产仔数减少，产死胎率升高。

（5）分娩时间长，死胎增加。

（6）产乳量减少,仔猪育成率低。

（7）产后缺乳,仔猪饿死。

（8）乳汁酸败,仔猪腹泻。

（9）乳汁品质低劣,仔猪营养不良,移行抗体不足,免疫力弱。

（10）母猪患乳腺炎、子宫炎、缺乳症,仔猪虚弱,母猪不孕或配种困难。

（11）虚脱,母猪不孕或配种困难,淘汰率高。

（12）发情迟滞,母猪生产指数下降。

（13）易患微生物性繁殖障碍。

3. 防治方法

（1）下泄。

（2）补充维生素 C、小苏打。

（3）减少应激。

（4）提供舒适的环境。

（5）饲喂营养平衡的饲料。

（6）增加运动。

（7）加强免疫。

十一、提高母猪繁殖率的措施

母猪的繁殖率是母猪于正常使用年限内所产生的综合效益指标,包括有效胎数、窝数、仔猪出生重、仔猪存活率、泌乳力等内容。

随着养猪生产的发展与人民生活水平的提高,人们一味追求获取高瘦肉率的胴体,给种母猪的生产增加了压力,不同胎次的"连带"效应更强……迫使我们应提高饲养管理水平,以达到更佳的经济效益。

我们知道,影响母猪繁殖率的因素除疾病外,还与品种、繁殖力、环境、营养、管理等因素有关。现就影响母猪繁殖率的因素及提高繁殖率的措施简介如下。

1. 品种

不同品种的繁殖力不同,同一品种的不同个体间也有差异。我国的地方猪种性成熟早、发情明显、产仔多、耐粗饲、抗逆性能强、肉质好、生长期长、易饲养等，育种时常被选做母本。

就品种而言，国外猪种一般发情不明显，尤其第二胎次（生长快、失重大）的发情、配种难度更大，必要时可强行配种。就个体而言，初产母猪都较胆小，配种期间应避免应激过大。对有子宫炎、子宫内膜炎的母猪至少在配种前半小时用 0.02% 的高锰酸钾溶液、青霉素溶液或洁尔阴外用液等冲洗，此时结合激素治疗效果更好，且最好推迟一期配种。然而，无论何种品种猪配种时，经产的稳定性多好于初产的。

2. 公猪

"母猪好一窝，公猪好一坡"，公猪比母猪更重要。要千方百计提高公猪利用率。

3. 环境

养猪场的环境包含社会环境、养殖场环境、圈舍环境 3 种。环境空气的质量与卫生必须关注，很多猪舍存在有空气不流通、地面潮湿、光照不足、有害有毒气体（如 NH_3、H_2S、CO、CO_2、不纯吲哚等）严重超标等问题。

就 NH_3 而言，蛋白质代谢是 NH_3 产生的主要来源，其次是肠道微生物代谢包括氨基酸发酵降解及尿素（粪便）被酶水解都是 NH_3 产生的重要来源。乳猪阶段 NH_3 的产生量更大。NH_3 与血红蛋白的亲和力远大于氧气，当 NH_3 的浓度过高时猪易狂躁不安，继发疾病，中毒甚至死亡。在潮湿的猪舍内，NH_3 与 H_2O 结合生成铵碱沉于地面上 20～40 cm 处，正是猪站时口腔及卧下时肛门离地面的高度，黏膜极易遭受破坏，发病率增高，尤其呼吸道疾病严重，又 NH_4^+ 和 OH^- 都具有极强的腐蚀性，故 NH_3 浓度超标时危害十分严重。据实验，CO 与血红蛋白的亲和力较氧气高 240 倍。

就光照而言，充足的光照能滞留更多的能量和蛋白，能快速修复肠壁。就温度而言，仔猪怕冷，大猪怕热。改善生态环境，降低发病率，保护生物安全迫在眉睫。

4. 营养

饲料是动物营养的主要来源，喂量要适宜，添减要适中。饲料中的粗粮可提高母猪繁殖性能,但决不能使用发霉变质的原料做饲料。植物蛋白不如动物蛋白易消化吸收,且易引起仔猪拉稀。营养配制需要高而平衡。繁多的添加剂的功能也越来越被人们看好,但配制饲料必须以农业部发布的《无公害食品·生猪饲料准则》为标准。遵循全面、平衡、高效、安全4个基本原则。

5. 保健

疾病是影响养殖业经济效益的重要因素之一,是危害养猪业生产的主要杀手。控制疫病最主要且最经济的手段是隔离、消毒、防疫和保健,加强饲养管理,健康肠道,增强猪只机体免疫力。以养代防,以防代治。

6. 非生产天数

非生产天数是指母猪未用于生产的天数＝365 天/年－年产胎数×(断奶日龄＋妊娠天数)。以 28 天断奶、年产 2.3 胎为例,非生产天数＝365－2.3×(28＋114)＝39 天/年。根据国外经验,非生产天数增加 3 天就等于母猪年产仔猪少 0.5 头。降低返情率、减少流产数、提高受胎率、延长使用年限(一般使用 8 胎)、避免过早或不必要的淘汰都是提高母猪繁殖率的重要途径和方法。

7. 管理

提高饲养管理水平是提高母猪繁殖率最经济且有效的措施。"养、防、检、治"是养猪业最基本的工作,减少应激,及时补充与淘汰也是提高母猪繁殖率的重要手段。用心观察,勤于思考,与猪为友,以猪为乐,精细每一次简单的劳动,积极创造效益于每一个环节。

十二、母猪不孕症的原因及防治措施

母猪不孕症是指母猪达到配种年龄但不能配种或多次配种而不能受孕;母猪分娩后长时间不能配种或多次配种不能受孕。分暂时性或永久性不能繁殖两种。

1. 原因

(1)患子宫炎或子宫内膜炎:根据炎症性质,子宫内膜炎常见有隐性的、黏液性的、黏液脓性的、脓性的 4 种。隐性的无器质性病变;后 3 种黏膜变厚并变软,有些黏膜表面形成溃疡及糜烂,黏膜下结缔组织增生,子宫壁增厚,弹性减弱。化脓时黏膜肿胀严重,并有充血或淤血现象,有时出现肉芽组织或瘢痕。病因是光照不足,多细菌感染,如母猪助产时消毒不严格。治疗原则是消除炎性分泌物,促进局部血液循环,清除病原微生物。治疗目的是消除炎症,恢复繁殖功能。治疗方法:冲洗子宫,子宫注入,肌注甲硝唑,全身用药等。

(2)卵巢功能障碍:病因是卵巢萎缩、静止、功能不全、发育异常、囊肿,持久黄体,黄体囊肿,脑垂体分泌 HL(促黄体素)不足。治疗:激素疗法,激素有促性腺激素、促性腺释放激素、雌激素、前列腺素;黄体酮疗法;中药催情(催情散:当归、香附、淫阳藿、阳起石、益母草各 100 g,粉碎喂,再结合用激素更好);激光疗法等。母猪产后注射抗生素、冲洗子宫。

(3)病毒亚临诊感染:通常见繁殖障碍病。

(4)饲养管理不当:不根据品种要求适时配种,饲料能量不足、营养不平衡及缺乏,管理水平低,气候环境变化等。

(5)霉菌感染。

(6)公猪精液差。

(7)人工授精技术差。

2. 防治

因地制宜,综合防治,对症治疗。否则,坚决淘汰。

十三、合理使用生殖激素

激素是一种高效能生物调节物质,由内分泌腺细胞和某些神经分泌细胞合成,释放到血液或淋巴液中,通过体液循环传送到远距离的特定靶器官,引起特异的生物反应。通常把与生殖过程有密切关系的激素称为生殖激素。猪场常用的如下。

1. 促性腺激素释放激素(GnRH)

或称促黄体素释放激素(LHRH)。是下丘脑释放激素的一种,产生于脑丘下部特定的神经细胞,属于神经激素。通过下丘脑—垂体门脉系统释放,运送到垂体前叶。GnRH 是由 10 个氨基酸残基构成的多肽。临诊上常用于治疗母猪卵泡囊肿(GnRH 及其类似物可使囊肿的卵泡黄体化),促使母猪排卵和排卵集中;促使公猪性欲提高。

在实际生产中,尽管使用高效价排释放激素,但不论是用于母猪配种或输精还是用于促进公猪性欲上其结果并不理想。

母猪出现卵泡囊肿的概率很低;母猪有较多受精卵,并不是必然产出较多的仔猪。

2. 催产素

催产素是一种蛋白质,为含 1 个二硫键的 9 肽化合物。除含激素和运载蛋白外,还含蛋白分解酶,于神经内分泌颗粒在轴突中流动并释放至血液。临诊上常用于强烈刺激子宫平滑肌收缩;刺激乳腺导管上皮组织细胞收缩,引起排乳。催产素又称为缩宫素,不论使用于催产(易于产出第一头仔猪后)、催排恶露、催乳、止血,还是在母猪接受输精时注射或在精液中添加以刺激子宫收缩、防精液倒流,切不可一次大剂量。

3. 促性腺激素

垂体分泌的促卵泡素和促黄体素、胎盘分泌的孕马血清促性腺激素(PMSG)和人绒膜促性腺激素(HCG)都属于促性腺激素。其化学特性为糖蛋白。

(1) 促卵泡素:① 对母猪,刺激卵巢增长,进而增加卵巢重量。促进卵泡发育,使卵泡颗粒细胞增生,卵泡液分泌增多。促卵泡与促黄体素协同作用,可促使卵泡内膜细胞分泌雌激素。② 对公猪,促进睾丸生精上皮发育和精子形成。

(2) 促黄体素:① 对母猪,在促卵泡素作用的基础上,促使卵泡发育成熟并排卵。在正常生理条件下,促进黄体形成,并维持黄体功能;促进孕酮分泌。② 对公猪,促进睾丸间质细胞分泌雄激素(睾酮)。

(3) 孕马血清促性腺激素(PMSG):这是来源于马属动物胎盘的物质,可在妊娠 30 天检测到,70 天左右含量最多,以后逐渐减少,至 180 天消失。PMSG 生理功能与促卵泡素功能相似,还具有一定促排卵和黄体形成的功能。PMSG 的半衰期较长。

(4) 人绒膜促性腺激素(HCG):这是人和灵长类动物分泌的一

种胎盘激素,具有类似促黄体素的功能,可促进卵泡成熟并排卵,同时也有促卵泡素的一些作用。

以上 4 种促性腺激素目前尚不能人工合成,只能从动物相关组织提取,量少且成本高,临诊使用效果也不是很好。但对于正常发情效果很好。注意:限于后备母猪的超重、超龄和经产母猪断奶后 20 天还未发情的使用,母猪假孕严重。

4. 性腺激素

性腺激素包括雄激素(睾酮、脱氢表雄酮)、雌激素(雌二醇、雌三醇、雌酮)、孕激素(孕酮、孕烯醇酮)。此三类激素的基本结构为"环戊烷多氢菲",类固醇激素不在分泌细胞中贮存,边合成边释放,经降解后由粪便排出体外。

(1)雄激素:治标不治本,可导致公猪生殖功能的迅速衰退。不主张用。

(2)雌激素:母猪在配种后 2～3 周接触到雌激素或类似物,不仅会引起母猪的假妊娠,而且导致着床胚胎数量显著下降,进而引起母猪产仔数显著减少(5 头以下)。母猪应远离雌激素及其类似物。

(3)孕激素:常见类似物有炔诺酮、氯地孕酮等。保胎、避孕,猪场不用。

5. 前列腺素(PG)

前列腺素是一种具有强烈生物活性的物质。它不是由专一的内分泌腺所产生,属于组织激素。$PGF_{2\alpha}$ 是其中一种类型,与动物生殖功能有密切关系,子宫内膜是其主要产地。临诊上常用 $PGF_{2\alpha}$ 的类似物有氯前列烯醇和律胎素等。对临产母猪定时分娩很有好处。

十四、种猪淘汰的原因

淘汰种猪是养猪场生产发展的重要途径之一。淘汰分正常淘汰和非正常淘汰两种。

1. 影响公猪淘汰的原因

(1)生殖器官发育不正常或疾病。

(2)后备公猪超过 10 月龄仍无法使用。

（3）发生过普通病，经治疗性功能严重受损或丧失。

（4）连续两个月精液检查不合格。

（5）发生过严重传染病。

（6）由其他原因致种功能丧失。

2. 影响母猪淘汰的原因

（1）纯种母猪淘汰的平均胎次和年龄小于杂种母猪，纯种母猪因运动障碍和繁殖障碍而淘汰的高于杂种母猪。杂种母猪与大长杂种母猪淘汰率相近，比纯种大白猪略高。母猪前三胎淘汰的占总淘汰率的40%～50%。

前三胎的小母猪体重与繁殖力没有多大关系，与初配日龄（160、170、180日龄）也没有多大关系。初情期早是繁殖力好的表现，但不一定配得早利用年限就长，母猪群养二次发情间隔时间不如个体笼养的发情间隔有规则，新母猪复配率高于多胎次母猪。

（2）营养不平衡（如钙磷比例不合理）可影响母猪利用年限。另外，断奶日龄长短、光照、温度、卫生、通风、季节等都可影响母猪的更新率。

（3）其他原因：① 胎次高，满8胎应淘汰。② 患过传染病的阳性者。③ 繁殖力下降。④ 久病不愈。⑤ 肢体缺陷。⑥ 久不发情。⑦ 连续3次返情。⑧ 连续产仔过低。⑨ 异常分娩。⑩ 母性不佳。⑪ 产后无奶。⑫ 产仔过小，多死胎者。

3. 淘汰计划

经产母猪年淘汰率20%～40%，生产公猪年淘汰率40%～50%，具体视情况而定。

有淘汰必有更新，引进理所当然，合格率值得关注，自繁自养应属前提。一般新场较老场引进后备种猪数量大。

十五、浅谈"洋三元"猪种的育种管理要点

为了适应市场经济形式及消费者的需求，近几年来全国各地纷纷加大力度引进瘦肉型猪种，开展"洋三元"配套体系的建设。所谓的"洋三元"通常指"长白、大约克、杜洛克"3个国外猪种的杂交体

系。"洋三元"猪种以其较高的瘦肉率和良好的生产性能深受饲养者、经营者和消费者的青睐。但与以前的"二元"杂交猪及"二洋一土"杂交猪相比,"洋三元"猪种存在营养水平要求高、配种繁殖难度大、抗病力差和肉质较次等缺陷,还有后备母猪发情不明显,稍一忽视便会错失受孕时机,给育种工作带来一定困难。那么如何才能搞好"洋三元"猪种的育种工作,笔者以自己的工作实践作如下简要介绍。

1. 加强饲养管理

由于"洋三元"猪种杂种优势明显,生长快,日增重高,因此营养物质的消耗量也大,当其中任何一种营养物质水平得不到满足时,生产潜力就受到抑制,生产性能受到影响,因此饲料配方一定要合理、科学,饲养管理要精心。

2. 加强免疫接种工作

按照上海不少规模化猪场的经验,母猪配种前必须保质保量完成猪瘟、细小病毒病、乙型脑炎、病毒性腹泻二联苗、大肠杆菌基因工程苗等免疫注射,同时根据猪场及邻近地区的疫情状况,选择免疫猪链球菌病、伪狂犬病和蓝耳病等疫苗。只有按照免疫程序科学免疫,才能提高"洋三元"猪种的抗病力,维护生产母猪及其仔猪的健康状态。

3. 公猪诱情和适时配种

由于"洋三元"猪种的母猪发情不明显,所以育种员应有高度的责任心,与饲养员密切配合,经常驱赶公猪到适龄母猪圈边窜动,这样不但可以诱发、鉴别母猪的发情,而且更易了解母猪发情的高峰期,以便安排最适配种时机。"洋三元"猪种的后备母猪最佳配种时间为 7～8 月龄,最适体重 85 kg 左右。

4. 采取自然交配与人工授精相结合的模式

初产母猪自然交配后再以人工授精方式重复配种 2 次为好,间隔时间 6～12 h;经产母猪采取 2 次人工授精方式,间隔时间 12～24 h。对于那些超日龄、体重偏大、久不发情的母猪应采取集中管理、多点饲养的方法,调整饲料配方,增加维生素的供应,必要时可注射雌激素诱导发情。而对于屡配仍返情的母猪,应用 0.2% 高锰酸钾水溶液清洗子宫 1～2 次,配种前再以内含 160 万 U 的青霉素液 400 mL 冲洗子宫,治疗效果良好。如果再有不受胎者则坚决予以淘汰。

十六、母猪子宫炎的症状、预防和治疗

母猪子宫炎是兽医临诊上经常遇到的一种产科疾病,主要是由葡萄球菌、链球菌、大肠杆菌等感染所引起,母猪轻则表现食欲减退、泌乳不足,重则导致受胎率低下,屡配不孕,甚至发生死亡。本病常规采用肌肉或静脉注射抗生素进行治疗,但疗程长,见效慢,费用高。笔者通过多年的反复实践,摸索出子宫内药物冲洗法,效果良好。现简介于下。

1. 症状

母猪体质虚弱、子宫收缩无力或发生难产,导致胎死腹中、胎衣不下、恶露不尽,葡萄球菌等致病菌大量繁殖而产生大量毒素,子宫内膜受损发炎。食欲减退或废绝,精神沉郁,四肢无力,体温升高(39.5～41℃)。阴门有黄白色黏稠状恶臭液体流出,有的夹带血丝和脓液。产后2～3天母猪泌乳量显著减少,导致仔猪逐渐消瘦甚至死亡。母猪发情不正常,假发情或屡配不孕。

2. 预防

母猪产后10～18 h用毛巾蘸取1∶1 000稀释的高锰酸钾溶液清洗外阴部,用干净毛巾擦干,然后在30℃左右的0.3%利凡诺溶液500 mL中加入400万U的青霉素,通过经消毒的导管将药液推送入子宫,从而防腐、杀菌,一般只需要1次即可。

3. 治疗

按上述方法清洗母猪外阴部,再将1∶1 000稀释的高锰酸钾温水溶液200～500 mL通过消毒的导管推送入子宫内,4～5 h后再取400万U青霉素温水溶液用同样的方法推送入子宫,母猪症状轻的只需1次,重者2次即可痊愈。此法疗程短,见效快,简单易行,成本低廉。

十七、仔猪的饲养管理

养好仔猪必须了解仔猪的生理特点。仔猪的生理特点:生长发育迅速,新陈代谢旺盛;胃肠功能差,消化功能不完善,对植物蛋白过敏;缺乏先天免疫力,抵抗疾病能力差;调节体温功能不完善,体内能源贮备有限;对温度敏感;母乳中含铁很少等。因此,要精心饲养,提高出生重和存活率,增加断奶重,减少应激,增强免疫力,快速、平稳、低成本的生长是当务之急。

(一)饲养的目标、要点和管理运用

1. 目标

保证仔猪的生长发育良好,生长速度快,少生病,抗应激能力强。

2. 要点

① 创造适宜仔猪舍。初生温度需 34℃,以后每增加 1 周龄,温度可降低 1℃,适宜温度 28～30℃。② 新生仔猪待净身后便可断脐(留 3～5 cm)、编剪耳号。注意必须彻底消毒,止血。③ 超前免疫。限用于已发病或重发病猪场,接种时注意温度及稀释时间。无须做超免时应加强保健,如吃奶前投喂链霉素、多维葡萄糖混合液等,增强抗病力。④ 尽早吃初乳,固定乳头。⑤ 假死急救。假死表现:呼吸停止,但脐带仍在跳动。急救方法:倒提后腿敲拍,向猪鼻孔吹气等。⑥ 调整窝仔数,顺利寄养,禁止病猪交叉感染,强制淘汰弱小仔猪。⑦ 及时补铁。⑧ 适时阉割。2～3 日龄实施,发病时严禁阉割。⑨ 极早诱补食。一般 5～7 日龄开始。⑩ 饲料能量不低于14 226 kJ,蛋白19％～22％,含丰富的母乳化及糜化脂肪球。⑪ 料粒直径一般为0.4 mm。⑫ 更换饲料要平稳,忌暴食,防拉稀。⑬ 勤添多餐,浪费少。⑭ 减少应激,平稳早断奶,适时转群,防控感染。⑮ 注意驱虫(1 月龄左右),结合洗胃、健胃效果更佳。⑯ 舒适的环境,健康保育。

3. 管理运用

近年来,断奶仔猪饲养成了一些规模猪场十分头疼的事,各种疾病接连不断光顾,死亡率居高不下,损失相当惨重。但通过对一些猪场的调查了解,每个猪场在饲养管理上都存在明显的漏洞,正是这些漏洞给了疾病乘虚而入的机会,而这些漏洞都是平时生产细节没有注意到所造成的,如营养低,环境差,免疫程序不合理,更没能按照仔猪的生理特点精心饲养。

(1)分娩监护,合理护理:目前,每头仔猪一出生的直接成本

200～300元,因此提高成活率非常重要。养殖场少不了寄养,对于产仔多又无法寄养时,一定要分批哺乳、饲喂。

新生仔猪死亡原因主要有冻死(冬季多发生于2:00～4:00,春季多发生于1:00～3:00)、压死、奶不足和缺糖衰竭死亡,以及拉稀脱水死亡等。拯救弱仔猪,人工控制出窝次数,给缺奶猪补奶,给拉稀猪补液,淘汰病弱仔,给体弱猪用心护理,可明显降低仔猪死亡率。出生定乾坤,断奶定胜负。

(2)温度:新生仔猪以28～35℃温度较适宜,以后每增加1周龄温度下降1℃。昼夜温差应控制在±2℃,否则影响机体代谢。特别提醒:产房不可以"明火"来提高温度。木柴火和不带烟囱的煤火等一类明火,对仔猪的最大危害并不是造成想象中的煤气中毒,而是消耗了舍内氧气,尤其是这类明火会散发出大量肉眼看不见的有害有毒气体及粉尘微粒。仔猪出生后呼吸道黏膜相当洁净和脆弱,如长期处于这种刺激性气味和粉尘微粒的包围中,呼吸道黏膜就会长期处于轻微发炎状态而不断增厚。仔猪哺乳时因有母体免疫球蛋白保护而可能不表现任何临诊症状,但一旦断奶,在断奶强烈应激下,抵抗力迅速下降,这时全群仔猪就会因为呼吸道黏膜慢性发炎而表现顽固性咳嗽。

(3)吃好初乳:刚出生的仔猪肠道通透性较高,免疫细胞可自由通过而进入血液循环,免疫球蛋白不经过消化就能有效吸收。所以,仔猪出生后2 h内必须让其吃足初乳,尤其寄养前一定要吃到母亲的初乳,方可顺利寄养。1日龄后,尽管初乳中仍含大量免疫球蛋白(大分子物质),但仔猪因为肠道封闭而吸收率大幅度降低。另外,利用站位原理,给未吃乳的新生仔猪开始就灌服有益菌,能有效控制大肠杆菌等有害菌的侵袭与干扰。

(4)编剪耳号:便于追踪。仔猪出生后都应剪耳缺。如个、十、百、千法。这种方法(对面看)右耳下缘为"个位",右耳上缘为"十位",左耳上缘为"百位",左耳下缘为"千位",右耳面圆孔或右耳尖缺口代表"万位",左耳面圆孔或左耳尖缺口代表"十万位";耳缘上没有缺口代表零,耳尖至耳缘中点有1～2个缺口,每一个缺口代表1,耳缘中点至耳根有1～3个缺口,每一个缺口代表3,累计相加不进位。概而言之,左大右小,由下到上,里3外1。公单母双。具体见图6-1。

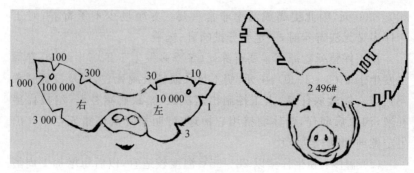

图6-1 猪耳缺示意

（5）免疫接种：接种疫苗也可以产生球蛋白（抗体），接种是在抗体不足情况下实施的，注意疫苗所产生的免疫球蛋白是特异性的，你防的是什么病，那么该免疫球蛋白只对那种病有效。实施超前免疫是否产生免疫麻痹、自身相互干扰等还不清楚，盲目地超前免疫使仔猪获得了仅仅是某一种病的高抵抗力，而丧失了获得初期免疫球蛋白的最佳机会。

实施超前免疫对具体的操作要求较高，如极易因为外界温度较高或母猪产仔时间过长而造成免疫失败。另外，接种后2 h内仔猪坚决不可吃初乳。过早的免疫危害及免疫应答与母源抗体干扰都应该慎重考虑。因此，超前免疫作为理论上优秀的免疫方式，在实践中的确需要慎重考虑而为之。

（6）及早补料：具有非常积极的意义。具体表现为：① 训练咀嚼固体饲料及适应气味；② 刺激消化道中各淀粉酶和蛋白酶活性；③ 减少断奶应激；④ 弥补母乳供应不足所出现的营养缺乏；⑤ 利于早断奶，母猪早发情。

乳猪5～7日龄是补料的最佳时机。① 7日龄时开始长牙，牙龈痒而产生咀嚼硬东西的欲望，应提供适量优质颗粒料。② 自然界进化形成一种本能，母猪在哺乳的第20天后产奶量和奶的质量将大幅度下降。而此时仔猪体格正在长大，生长速度也在加快，需要大量的营养物质供其生长。于是产生了一对矛盾，如不早期补料，势必在仔猪20日龄后出现营养短缺的空当，那时所摄入的乳汁的营养仅够满足其维持需要。如果7日龄开始诱食，12日龄左右部分仔猪将适应咀嚼颗粒料,15 日龄后所有仔猪学会采食,那么在母乳产量和质量下降时,仔猪就能从饲料中获得生长所需要的营养。③ 诱食饲料的顺序:先水料,后颗粒料;④ 破碎料比颗粒料或粉状料更适用(营养分布平衡、颗粒大小适中、抛撒浪费少)。⑤ 哺乳仔猪消化道内本身就缺酸少酶,加上消化乳汁的消化酶是以凝乳酶、乳糖酶为代表的消化酶,而消化饲料是以淀粉酶、蛋白酶、脂肪酶等为代表的消化酶,两者根本不属于同一个消化酶系统。仔猪能很好消化乳汁并不代表它能很好消化饲料。所以,必须给仔猪早期补料,让饲料刺激仔猪消化道,更多地产生消化饲料的消化酶,杜绝仔猪断奶后马上掉膘及增加一点点饲料量就发生腹泻的饲养难题。7 日龄仔猪补料不吃是正常的,如果大量吃进去就不正常了。因为 7 日龄时仔猪不需要饲料中的营养,而且此时消化道内消化饲料的消化酶含量微乎其微,如果大量吃进去饲料势必导致拉稀。

(7)提倡早期断奶、适时断奶:目前,养猪生产中有以下 3 种方法确定断奶时间。

一按日龄:28 日龄断奶?错误!规模化猪场大多采用 4 周龄断奶,是因为一方面仔猪断奶后生活小环境比较优越;另一方面规模化猪场大多采用周转群制度,部分仔猪断奶时实际大于 28 日龄。但最早不宜早于 18 日龄。

二按体重:8.5 kg 断奶?错误!有些仔猪所占的乳头产奶量较丰富,形成水膘,断奶后极易掉膘,进而严重影响育肥后期生长速度。但断奶体重最小不低于 5.5 kg。

三按采食量:只要小猪每日采食达到 200~250 g 断奶就能成功。

正确的断奶时间是按总采食量结合日龄与体重来决定的。断奶成功的前提是仔猪健康、无病。一次断奶、逐步断奶、分批断奶均可实施。断奶应选择风和日丽的天气在夜晚进行。

如果仔猪停止采食,就会有更高的导致体温低、肠道水肿和脑膜脑炎型链球菌的风险。保证饲料有效消化,减少料僵猪的出现。

(8)适时转群,全进全出:所谓全进全出,并非一同进去一道出来,而是根据品种、性别、年龄、体重、胎次等合理分群管理。头胎及较高胎次的仔猪,不论是在出生重、死亡率、断奶后的生长速度方面都不看好。分性别饲养不仅可提高饲料利用率,而且可提高上市猪的均匀度,同时还可推迟母猪上市时间,可大幅度提高养猪生产的效能,但整群的免疫力可能会降低。

(9)减少应激:仔猪 14～35 日龄被动免疫下降,主动免疫已经上升但未达到保护期,所以此时最易因发病而致高死亡率,应平稳过渡,减少应激。任何一个大的应激——阉割、断奶、环境改变等都将导致抗病能力的降低。

阉割又称去势。去势对猪育肥有很大影响。研究表明,不阉的小母猪与阉公猪相比,小母猪生长较慢,采食量较小,但增重与饲料利用率较好,且同样体重时胴体瘦肉率较高。母猪较公猪对赖氨酸需求多 10%。去势的公猪比未去势的公猪日增重提高 12%,胴体瘦肉率提高 2%,每千克增重节约饲料 7%。有资料显示,小母猪在消耗较少饲料的同时,其赖氨酸需要量与同样体重的阉公猪相同。不去势因性欲关系及性器官内有内分泌激素刺激,影响生长,肉质气味不良、口感不佳;而去势后失去性欲,同化过程加强,异化过程降低,脂肪沉积增加,育肥快,肉质得以改善。

公猪会分泌雄性激素(雄烯酮和间甲基苘氮等激素),一旦性成熟就会出现爬跨,影响其他猪生长,难闻的膻气影响肉质,通常阉割后育肥。生产中大多在 3～5 日龄去势,因体重小易保定,手术流血少,伤口恢复快。母猪 35 日龄左右实施阉割。操作步骤:左踩腿,右踩颈,稠三稀二对百合;或,右手拿刀左手掐,三叉骨是老家,刀一扎冒清水,不在这儿能在哪(图 6-2、图 6-3、图 6-4)。另外,也可注射甲普合剂(甲醛与普鲁卡因)进行化学阉割,10～15 kg 每头注射 0.5～2.0 mL。

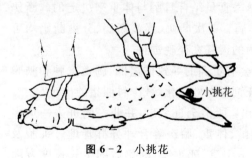

图 6-2　小挑花

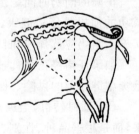

图 6-3　大挑花位置

断奶是不可避免的。但在断奶时不改变其他条件，应激也并不是太大，几天后仔猪就会适应，这也就是断奶后在原圈多养1周的道理。断奶后的并圈转群要尽可能保持原状。转群时若能由原饲养员操作，也会有效降低因陌生人造成的应激。断奶

图6-4 睾丸结构图

后也不能突然换料，否则易造成猪的消化不良等现象发生。

环境改变是所有应激中最大的一种，也最容易被忽视或误解。其最主要的是温度的变化。周围环境影响体温。仔猪在产仔舍的生活环境有保温箱、垫板、红外线加热灯，在舍内温度20℃左右仍生长正常，而到了保育舍仍以20℃给仔猪则不行了，有无保温箱、垫板、红外线加热灯为仔猪提供的温度是不同的，如暴露在网上给25℃温度，可能不如散在木板上给23℃的温度更适宜。另外，产房温度过高，必定导致母猪的采食量的下降。建议：在避免环境应激方面，仍保持产房的各种条件，如保温箱、垫板、红外线加热灯，随日龄的增加，逐步撤走，如1周后先撤走红外线加热灯，2周后撤保温箱，3周后撤垫板，5周后室温降到20℃左右，以适应转出后的低温环境。此法已在一些养猪场试用，得到十分满意的效果。断奶后温度降低是一种误解，仔猪断奶后各种因素造成抗病能力降低，特别是能量供应不足，需要较断奶前更高一些的温度。在应激较集中的时期，要尽可能地减少注射疫苗次数或不注疫苗。注射疫苗本身就是一种应激，同时应激大时免疫力下降，定会影响注苗效果。

（10）定期药物预防：在饲料或饮水中加少量抗生素，可有效阻止病原在猪体内的孳生、繁殖，使其不能达到致病状态，用药时应注意广谱、禁忌及针对性。使用抗生素减少了疾病的发生，但也产生了阻碍生长、产生耐药性等负面效应。建议：仔猪应恢复拱土行为，保证获取铁元素；使用益生素、溶菌酶等以菌治菌，效果良好。

（11）免疫抑制：免疫抑制是断奶后多系统消耗性综合征的一个主要特征。蓝耳病和圆环病毒病是两大破坏免疫系统的主要疫病。免疫程序不合理危害很大。

（12）时刻注意疫病动态,将疫病消灭在萌芽状态:猪的任何一种疫病都有一个从轻到重的过程且有不同的征兆:① 所有传染病发生都会使采食量减少。② 患病并不马上显示出典型特征。③ 病猪发热时,精神委顿,无精打采,眼睛半睁半闭,活动减少,喜扎堆,个别猪独特睡势也是患病征兆,应引起注意。④ 疫病的暴发,首先都是从部分开始的。⑤ 重症隔离,轻症就地治疗,全群用药,1周后猪群将恢复正常。

（二）饲养仔猪七字歌

养好仔猪并不难,精心护理是关键。哺乳仔猪闯四关,断奶之后抓六环。
固定奶头第一关,大的放后小排前。消毒弃奶饱初乳,温度寄养不马虎。
饲料配方第二关,料熟营养平衡全。血浆成分就是好,提高免疫有贡献。
早期断奶第三关,生后七天就锻炼。早期诱食炼肠道,干净卫生勤少添。
预防腹泻第四关,环境舒适不虚谈。防重于治是方针,对症早治不拖延。
精心饲养第一环,早吃好料记心间。清洁饮水豆粕少,坚持保健理念先。
加强锻炼第二环,定时定量五六遍。吃饱睡好少生病,勤观细察又实干。
抓好断奶第三环,合理分批渐实现。平稳过渡应激小,全进全出需记牢。
防病防癫第四环,精神食欲仔细看。有无打蔫咳嗽喘,定期消灭疥与癣。
减少应激第五环,免疫接种应当先。圈舍饲具常消毒,疫病早治别拖延。
严格管理第六环,防疫保健是重点。科学管理损失少,隔离淘汰永超前。
饲养管理科学化,仔猪快长人人夸。家家养猪收入高,畜牧事业大旺发。

（三）初生仔猪应补铁

铁是机体内血红蛋白的重要组成成分之一,一个血红蛋白含4个铁原子,铁对氧的运输与贮存、二氧化碳的运输与释放有着其他元素不可取代的作用;是辅酶A等多种酶的必要成分,直接影响酶的活性,从而间接影响猪的正常生长发育。缺铁会使淋巴细胞生成受到影响、抗体受到抑制。因缺铁淋巴细胞就失去了对特异抗原的敏感性,导致猪免疫功能紊乱,从而降低免疫力。

初生仔猪体内储备的铁元素仅有 30～50 mg,而仔猪每天生长发育需求 7～8 mg,仅从乳汁中获取不过 1 mg,显得严重不足,故仔猪出生后在第2～3天就需补铁。

铁被猪吸收后发布于全身,以血液、肝、脾、居多,其次是肾、心、骨骼肌与脑,其中肝脏中铁的含量最高。然而猪排泄铁的能力很有限,随胆汁和黏膜上皮细胞脱落是铁内源性损失的主要途径,由粪便和尿液排出的铁很少。因此,补铁过量易导致仔猪发生铁过敏;也与补铁剂中铁含量高、铁分子量太大、杂质含量太多,以及仔猪缺乏维生素E、遗传因素等有关。其次,注射量、注射部位也是不容忽视的。

根据生化原理,铁进入体内常以$+2$价铁离子被吸收,再氧化为$+3$价铁离子形式后被运输。当$+3$价铁离子浓度超过运输铁蛋白的结合力时,表现氢氧化铁沉淀释放出定量氢离子而发生代谢性酸过敏。$+3$价铁离子复合物蓄积于肝脏后能抑制葡萄糖-6-磷酸酶和琥珀酸脱氢酶的活性,降低肝功能并引起肝细胞损伤,继而发生肝脂肪变性、肝细胞坏死甚至门静脉性肝硬化而致死。

另外,补铁时应注意剂量与注射部位。

(四)降低仔猪早期死亡率的措施

仔猪早期死亡应包括胚胎死亡、围产期胎儿死亡和乳猪死亡。现在养猪界普遍将仔猪断奶前的死亡率误认为断奶前死亡仔猪数与出生后仔猪数的比,但出生后的仔猪本应包括死胎、分娩时仍处于存活状态的仔猪以及死亡的胚胎数,故实际死亡率远低于计算死亡率。

母猪排卵数量会随胎次的增加而增加,到第4～5胎最为理想,到第8胎时,产活仔数会降低,而死胎数增加。消瘦的母猪排卵数减少,尤其初产母猪消瘦排卵数减少表现更为突出。

母猪一般排卵20个甚至更多,受精率高达92%～98%,着床约14个,产胎儿约12头,产活仔数11.5头,断奶数10.5头。

胚胎死亡主要表现在附植初期、器官分化期、胎盘停止生长期3个时期。附植初期即配种后9～13天,是胚胎死亡关键期,易受各种因素死亡,死亡率占22%;器官分化期即配种后20天左右,器官形成阶段,强存弱亡,死亡率占21.4%～52.4%;附植初期和器官分化期胚胎死亡数占合子数的30%～40%。胎盘停止生长期约在妊娠后60～70天,胎儿生长迅速,胎盘循环暂时失常影响营养供给,以及胎儿间相互排挤,死亡率占 5％～10％。

胚胎很容易死亡并随即被子宫壁吸收。如果残留的胚胎数不超过 5 个,妊娠就会终止,母猪会重新发情。50 天以后死亡的胚胎无法被重新吸收,它们变成木乃伊或者流产。

围产期胎儿死亡是指产出过程中及其产后不久(产后不超过 1 小时)所发生的死亡。以死仔、死胎、木乃伊为常见。围产期胎儿死亡率约占猪场死亡率的 20％。

乳猪死亡是指出生到哺乳期结束死亡的猪。乳猪死亡有三个高发期:① 7 日龄内,死亡数占 60％～70％。② 20 日龄左右。③ 断奶前后。目前,国内哺乳期仔猪的死亡率占猪场猪只总死亡率的 40％～60％,是最大的死亡杀手。

1. 死亡原因

仔猪早期死亡的主要原因是应激、营养、管理、疾病等,大致可归纳为非传染性和传染性两大方面。

(1)非传染性因素:不规范的生产管理;环境的剧烈变化;不健康的种猪体况;内分泌激素;年龄,如第一胎受初配情形(月龄、体重、背膘、初情次数等)和 7 胎以后生产性能下降密切相关;某些营养物质严重缺乏和过剩;营养不平衡;药物使用不当;中毒;霉菌毒素;疫苗接种;遗传,近亲繁殖导致怪胎、死胎;妊娠期延长,使胎儿在子宫内拥挤扯断脐带而死亡;产期过长,接产、难产操作不当;外伤、应激等。

(2)传染性因素:主要指传染性疾病,包括细菌性、病毒性、繁殖障碍、寄生虫病等。

2. 降低死亡率的方法

(1)减少产前死亡:母猪排出的正常卵子有 30％以上死于胚胎期(即妊娠期 30 天内),有 20％的死于围产期,它们是仔猪最大的潜在损失。因此,科学饲养、谨慎管理、减少应激,是应花大力气解决的问题。

(2)降低乳猪死亡:受挤压、寒冷、饥饿和被咬死、体虚弱和疾病等因素的单独或综合作用是造成断奶前仔猪死亡的主要原因。

① 加强母猪护理。通过改善生存环境,结合科学的饲料配方并提高饲养管理水平,可以降低乳猪死亡率。具体地说,科学饲喂,以保持母猪体状良好;妊娠母猪日粮的纤维含量处于合适的水平,哺乳

母猪营养优良与平衡;保证足够的饮水,舒适的产房;增加哺乳期母猪的采食量,提高泌乳力,减少疾病发生,定位分娩,这些都是减少乳猪死亡的重要措施。

② 加强新生猪管理。隔离消毒、科学接产、缩短分娩时间、避免假死现象、尽早吸吮足够的初乳、正确寄养、早期诱食、补铁、驱虫、提供舒适的保温箱、执行科学的防疫程序等,也是减少新生仔猪死亡的重要措施。

③ 提高仔猪的初生重、活力及免疫力,更是减少乳猪死亡的必不可少的重要措施。

（五）小体重仔猪的管理

出生轻的猪无论使用何种措施,如寄养、多吃初乳、增喂牛奶等,肯定断奶小或晚出栏,出生轻 50 g,断奶少 0.5 kg,上市轻 5 kg 或推迟半月出栏已是公理。

小体重仔猪的改善措施:

（1）从营养着手:必须喂液态代乳料。

（2）使用科学的采食器:最好的饲喂系统是杯式给食器。

（3）合理淘汰:如将新出生的弱小乳猪直接加工成烤猪。其好处:留足饲养空间;提高猪舍周转率;降低疫病传播风险;避免抗生素残留;无须提供特殊服务及其相应的连带;避免了剩余猪混群。

（六）早期断奶

仔猪早起断奶技术,是集约化养猪生产中普遍关注的先进技术,应大力推广。

1. 早期断奶的好处

其好处主要为:① 提高母猪的繁殖率;② 增加母猪年产仔窝数;③ 减少母猪向仔猪传播疾病;④ 提高仔猪增长速度;⑤ 提高商品猪的胴体品质;⑥ 改善生产性能;⑦ 降低生产成本。另外,还应考虑以下两因素。

（1）母猪因素:实践证明,母猪产后 3 周,其子宫恢复基本完毕。产后 2～3 周为泌乳高峰,3 周后开始下降,4～5 周几近无奶,3 周后从母乳里几乎得不到助免疫功能。母猪产后 3～4 周断奶最佳,其后,断奶增加 1 周,发情时间就推迟 1～2 天。早期断奶疾病减少,但 2 周内断奶后转入干净环境的仔猪不一定安全(不考虑饲养结果),因为蓝耳病、圆环病毒病等可垂直传播,也有些疫病通过产道感染。断奶日龄与健康状况的关系见表 6-6。

表 6-6　断奶日龄与健康状况的关系

断奶日龄	链球菌病	副猪嗜血杆菌病	支原体肺炎	萎缩性鼻炎	猪肺疫	放线杆菌胸膜肺炎	病毒病
2 周内	+	+	—	—	—	—	—
2～3 周	+	+	—	※	※	※	—
3 周后	+	+	+	+	+	+	—

说明:① 在断奶时用抗生素控制;② 能否分离出病毒取决于怀孕母猪的免疫和发病情况;③ ※表示可由一些猪只分出少量病原,在一次作大量猪只断奶或猪只应激时很重要;④ 2 周龄内断奶,可使仔猪仅带有种猪群的链球菌和副猪嗜血杆菌,但断奶后仍需要使用抗生素预防在保育阶段的发病;⑤ 断奶时仔猪可能已感染了种群多种疾病,但并不意味要发病,但若发生强烈应激反应则可能出现临诊症状;⑥ 减少应激;⑦ 提倡全进全出。

一般母猪自然利用年限为 12～15 年。早期断奶,母猪繁殖年限降低,更新率提高。

(2)仔猪因素:事实说明,要想仔猪顺利健康生长,新生仔猪必须吃好初乳,及早补料,结合日龄、体重及采食量适时断奶,这些都是促进其后期生长和生产的重要环节,但是早期断奶必须克服断奶应激。

早期断奶的仔猪因诸多因素和机体内的不相适应,往往会导致腹泻、断奶应激综合征等的发生,死亡率增加、生长停滞。仔猪断奶后,消化酶的活性持续降低,在 1 周内降到断奶前的三分之一,恢复需要 2 周以上时间。而且由于断奶前后的营养截然不同,所需要的消化酶差异很大,急需的淀粉酶、胃蛋白酶等在仔猪断奶后都表现不足。此外,哺乳期仔猪主要以采食易消化的母乳为主,其肠壁绒毛长而且吸收率较高,能充分发挥消化吸收功能。断奶后由于各种营养应激,肠绒毛明显萎缩脱落,隐窝深度明显变大,总吸收表面积显著下降,导致营养物质吸收不良,并发生腹泻。

2. 实施早期断奶管理体制的必要条件

① 监控母源抗体,确定断奶时间或辅助疫苗时间及投药最佳时间。

② 仔猪需要在抗体免疫保护仍然存在时断奶。

③ 增强仔猪免疫功能。

④ 仔猪断奶最佳时间及其有关指标监测。

⑤ 分移场要清洁、远离,杜绝与母猪接触。

⑥ 全进全出也是保证早期断奶成功的关键。

⑦ 饲养标准化、圈舍卫生、饲养管理平稳,以保证生长速度。

⑧ 育肥期是再次打断疫病传播途径的重要环节。

3. 早期断奶仔猪产生应激的原因

(1) 消化道功能不健全:这是早期断奶仔猪产生应激的主要原因。

① 胃酸分泌不足(6周龄前差)。胃酸既能软化饲料中的蛋白质,又能参与胃蛋白酶原的激活。胃蛋白酶消化的最佳 pH 为 2.0~3.5。断奶仔猪胃酸分泌不足,胃内 pH 升高,因而胃蛋白酶消化能力下降。此外,胃酸还能抑制上消化道的细菌。由于仔猪内源胃酸分泌不足,因此仔猪饲料中一定要加外源酸制剂,且应具有过胃、时间长、酸化效果好等特点。管理要点主要为:增加采食,促进生长,维持肠道正常功能,解决腹泻,减少氨臭味。

研究发现,短链脂肪酸(SCFA)能够为结肠提供能量,是肠细胞偏爱的能量源,且在肠腔内极易吸收。其中丁酸为结肠膜上皮细胞的主要能量来源,约占 SCFA 耗氧所产能量的 70%,为动物提供了高达 30%的维持能。在断奶仔猪饲料中添加丁酸钠既能促进小肠杯状细胞增殖、改善小肠黏膜上皮细胞的形态结构、维持小肠黏膜结构完整性、维护小肠黏膜发挥正常屏障作用,又能提高空肠绒毛高度、降低隐窝深度,有助于小肠消化吸收,同时还可以增加胃肠道有益菌数量,抑制或减少有害菌的数量,维持肠道微生物菌群的稳定。此外,丁酸钠具有特殊的奶酪酸败样气味,对仔猪也具有一定的诱食效应。

② 酶系统不正常(8周龄基本达到正常)。

③ 高蛋白饲料不易消化。

④ 对植物蛋白过敏。

（2）失去乳源因子，免疫力下降：新生仔猪没有免疫能力，主要靠从初乳中吸收免疫球蛋白 IgG。在哺乳阶段免疫球蛋白 IgG 的分泌迅速逐渐下降，而另一种免疫球蛋白 IgA 却可以相对平稳、长时间维持在一个较高水平，这些免疫球蛋白在乳猪健康生长中起着重要作用。在 3 周龄以前，乳猪主要以这种方式抵抗疾病，而乳猪自身的免疫力在 3 周龄后才能缓慢发育。断奶后 10～18 天，免疫力正好处于最低阶段，此时仔猪对病原的抵抗能力差。因此，应给断奶仔猪提供舒适的环境，在饲料中添加多种维生素、免疫增强剂、健康肠道保护剂等，减少应激，提高机体免疫力，减少病原微生物危害。

（3）对低温敏感：每日±2℃影响生长，易患消化不良、腹泻、感冒等。

4. 克服早期断奶应激的措施

① 使用酶制剂效果明显。复合酶优于单一酶。

② 选择一定的酸化剂，以复合酸化剂为宜（盐酸、柠檬酸无效）。

③ 使用乳糖、乳清粉，并添加适量优质鱼粉及血浆蛋白。

④ 补充合成氨基酸，降低蛋白水平。

⑤ 使用果寡糖、甘露寡糖及益生素。注意益生素用量及稳定性。

⑥ 补充乳源因子（谷氨酰胺、表皮生长因子 EGF）。

⑦ 合理使用高铜、锌及抗生素。

⑧ 饲料原料适度膨化或发酵。

⑨ 温度适宜（初生时大于 30℃，以后每周下降 1℃）。

⑩ 不换料，不换圈，不换人，不去势，不喂驱虫药，不打防疫针。

⑪ 注意饲养密度（仔猪前期，$0.2～0.3 \, m^2/$头）。

⑫ 在晴天夜间断奶。

（七）关于乳猪剪牙、断尾、去势、早期断奶的思考

实施剪牙、断尾、打耳缺、去势都可引起猪短期疼痛、过敏反应、心率改变、增重减少、免疫力和生活力降低，而且影响内分泌和行为。

（1）剪牙：由于当时对国外引进的母猪品种在营养与饲料上研究欠缺而且管理上比较粗放，致使多数猪场哺乳母猪的泌乳能力不

高,仔猪常常为了争抢乳头吃奶而发生咬伤母猪乳头的现象,于是剪牙被当作"宝贵经验"而传播开来。

母猪不像奶牛有乳池,母猪放(泌)乳只能通过仔猪吻突与乳房的拱摩及乳猪的嗷嗷待哺的叫声,并在促乳素的作用下来实现,平均放乳时间 8～15 s。初乳对新生仔猪很重要,吮食初乳越多越好,准确地说新生仔猪 18 h 没能吮食到足够初乳,就可能因免疫功能低下导致僵弱甚至死亡。

虽然剪牙对母猪和仔猪的损害是很小的,但猪只生长速度并未得到改善,况且操作不规范极易暴发链球菌病,即便要剪也应在出生后 20～48 h 内进行,生产中是否"剪牙"应视情况而定。

(2)断尾:可以说纯粹是工厂化养猪造成的对仔猪的又一打击。当应激强度过大时,才易发生攻击行为,本性赋予先咬颈、尾,一旦发生血腥,继而群起而攻之直至死亡才停止。

断尾可减少咬尾的发生次数,但不能消除咬尾现象,况且咬尾原因尚不清楚,需考虑。

事实上,猪只这种互残行为是一种无奈的呐喊或控诉,它告诉我们,这里居住环境太糟糕了,福利水平太低,是到了改善的时候了。

(3)去势:去势比不去势的小公猪易发猪副嗜血杆菌病、链球菌病和猪鼻支原体感染,致使多用抗生素。

(4)早期断奶:采用早期断奶实则延长幼小动物微生物区系的建立时间,造成更多微生物的敏感。另外,过早断奶免疫力严重不足,会导致发病。

初生仔猪体内没有抗体,存在于母猪血清中的免疫球蛋白不能通过母猪血管与胎儿脐带传递给仔猪。这主要受偶蹄动物胎盘构造复杂的限制。

仔猪营养充足能消除很多不利影响,但不能代替机体免疫力的主动建立。

减少母猪的使用年限,可增强母猪抵抗力。

对母源抗体保护的错误认识会导致制定错误的免疫程序。

研究发现,血液中母源抗体低的动物是不易成活的,抗体保护下自然感染而建立的免疫是长久而牢固的,让母子渐进性接触建立稳固免疫力远比母子分开更为重要。

（八）仔猪喂药应忌口

（1）仔猪无论服用什么药物都要忌用绿豆或含绿豆的饲料，因其可降低药效。

（2）仔猪中毒或便秘用泻药时忌用高粱，因高粱含较多鞣酸，有收敛止泻作用。

（3）因麸皮为高磷低钙饲料原料，在治疗佝偻病、骨软病、尿结石、贫血时应停用。

（4）血粉蛋白质含量高，与何首乌、熟地、半夏、生地、补骨脂等中草药同食易增加副作用。

（5）骨粉含较多矿物质，可降低土霉素、四环素类的疗效。另外，在使用两种以上抗生素治疗感染性急性病时须停用骨粉。

（6）在使用链霉素、溴化物制剂或治疗肾炎期间喂食盐会降低疗效，且易产生毒副作用。

（7）健胃药在饲喂前半小时内给予，效果较好。

（8）对胃、肠有刺激作用的药物，要求在饲喂后 1 h 给予。

（九）仔猪腹泻临诊歌

仔猪腹泻有多因，首先考虑是细菌。其次病毒寄生虫，管理营养及霉菌。
大肠杆菌黄白痢，出生日龄表清晰。黄痢发于七日间，白痢见于三周龄。
黄痢粪黄乳块凝，黏膜炎症卡他性。白痢粪便白糊状，系膜淋巴肿度轻。
魏氏梭菌为红痢，一三日龄应注意。系膜淋巴红肿有，黏膜坏死便红稀。
副氏伤寒沙门菌，月龄二四给提醒。突然发病体温高，先秘后痢皮紫青。
急性剖检败血症，麸皮肠壁厚度增。淋巴可见坏死灶，黄白小点似刺针。
密螺厌氧菌致痢，多发一周三月里。病初粪便灰黄色，发热紧随不相离。
后期粪水带血粘，更有胶冻would粪便。日渐消瘦采食少，脱水死亡临床见。
耶尔森氏菌拉稀，多发夏冬两节季。病发初期体温高，水样粪便黏膜寄。
后期体温会下降，皮肤发绀脱水样。孤立淋巴滤泡肿，结肠直肠生溃疡。
冠状病毒胃肠炎，出现拉稀是必然。喷射灰黄是重点，关键病原亦同前。
轮状病毒腹泻急，易发六十日龄里。粪便灰黄且稀薄，定有呕吐排第一。

腹泻多发寒冷季,混合感染多存疑。病毒早于细菌发,病理剖诊互助益。
寄生虫病致拉稀,一二周龄逞凶期。虫卵幼虫易检测,球虫粪便混血依。
营养缺乏致拉稀,周龄一三高发期。断奶拉稀总相伴,应激频繁害无底。
营养过剩致腹泻,粪便流淌粘毛扯。采食不误皮肤好,修正配方问题解。
霉菌致泻频率高,呕吐消瘦毛粗糙。体温稍低近正常,生长缓慢亚健康。
霉菌毒素具协同,种猪仔猪危害重。脏腑受损免疫差,杜绝毒素益无穷。
以上腹泻皆可控,日常管理敲警钟。细菌易治病毒难,重防轻治拖时崩。
菌泻疾病抗生素,酸肽精油有帮助。灌服饮水是首选,给药最差数肌注。
病毒疾病惹人厌,增强免疫是关键。排毒解毒净化佳,倡导保健理念先。
寄生虫病讨人烦,精心管理莫虚谈。动物福利需提倡,甭忘环保及安全。
养猪挣钱在防疫,更多赚钱在管理。科学养猪人人喜,养猪事业定雄起。

（十）仔猪腹泻鉴别表

仔猪腹泻鉴别见表6-7。

表6-7 仔猪腹泻鉴别表

区 别	仔猪黄痢	仔猪白痢	仔猪猪瘟	仔猪伪狂犬病	轮状病毒病	球虫病
猪龄	1~7日龄	7~21日龄	出生～断奶	出生～断奶	15日龄～断奶	7~20日龄
体温	正常	正常	发热	发热	正常	正常
传播	以窝为单位（散发）	以窝为单位（散发）	流行	流行	以窝为单位	以窝为单位
病情	严重	中度	严重	严重	较严重	中度
粪便	水样碱性	粥样碱性	水样酸性	水样酸性	水样酸性	奶酪样碱性
发病率	不高	无	有	有	无	无
死亡率	高	不高	高	高	不高	不高
腿麻痹	无	无	有	有	无	无
体端表面发绀出血	无	无	有	少见	无	无
呕吐	无	无	有	有,吐白沫	有	无
肾脏出血	无	无	有	有	无	无
抗菌疗效	有、差	有	差	差	差	差,抗球虫有效
控制方案	预防投药、免疫	预防投药	免疫	免疫	—	预防投药

十八、肥育猪的饲养管理

肥育猪一般是指 30 kg 后的猪。该阶段的猪生长速度最快,死亡率相对较低,饲料消耗占全程的 67% 左右。在众多养殖场的饲养员眼里,育肥猪最好养,不需多高技术,只是按时饲喂、清粪、治疗就行了。其实不然。育肥猪之所以好养是承接其前期科学的饲养管理,加之育肥猪本身发育基本成熟,免疫力高、易过渡等缘故,以致后期相应较粗放而已。

(一)饲养的目标、要点和管理运用

1. 目标

① 生长快,性价比合理。② 瘦肉多,屠宰率高。③ 肉鲜,味美,系水力强。

2. 要点

① 提倡自繁自养。② 外购猪要认真挑选、检验、检疫。③ 安全运输。④ 加强消毒、隔离。⑤ 防疫接种。⑥ 舒适的环境。⑦ "吃、拉、睡"三点定位。⑧ 合理、科学的配方。⑨ 合理的投喂方式。⑩ 减少饲料浪费。⑪ 合理、科学的保健程序。⑫ 全进全出。

3. 管理运用

小猪长骨,中猪长肉,大猪长膘。根据猪只生长阶段,结合其生理特点,分别给予不同的饲养管理,力求得到最大的经济效益。

(1)引种:由于受市场经济限制,猪价很难预测,加之疾病的侵袭,应提倡自繁自养。确需外引的,应注意品种、检疫、精挑、消毒、隔离、安全运输及减少应激等。具体地说,确定要购进的猪,引进的当天一般不予喂料,即便要喂,要尽可能喂原用饲料且减少喂量,但必须保证饮水,并且不要忘记在饮水中添加电解多维及少量的抗生素;运输过程中切记小心谨慎,一旦引进平稳便立刻实施接种疫苗。

(2)每日工作流程:首先要对猪群的健康状况进行全面检查,每次查看,都应由圈外到舍内。接着是扫舍,投料,清粪,最后打针,搞卫生。入棚要警示,避免猪受惊吓。

（3）环境：环境条件舒适,猪的遗传和营养优势才能得以正常发挥。如适宜的太阳光照,对猪舍的杀菌、消毒、提高猪群的免疫力和抗病力及预防佝偻病确有好处。勤换圈对肉猪和空怀母猪很有益,但不宜混入新猪(久不发情的母猪除外)。

（4）密度：饲养密度是影响养殖效益的重要因素之一。高密度饲养是节省了些圈舍,但圈舍中空气质量下降,猪只生长缓慢,打架现象增多,发病率升高等。生产中不可能达到理想的境界,但适宜的饲养密度还是要坚持的。冬天应比夏天的饲养密度高些,以利于保温。

（5）漏孔地板：漏孔便于粪尿的清除,但对饲料的浪费、运动的舒适等不见功劳。饲料中的蛋白质不可能被猪完全消化,通过消化道排除的粪便易生成氨气(溶于水生成氨水),活跃在地面上 $40 \sim 70$ cm 的空间。氨水腐蚀性很强,极易破坏猪的黏膜、呼吸道,所以漏孔地板离地面高度不能低于 40 cm。切不可完全漏孔,以三分之一漏孔较合理。

（6）温度：温度过高与过低都不利于猪的生长及饲料的利用。如夏季靠近门口圈内的猪生长速度、饲料利用率都比其他圈的高;冬季则相反。

（7）营养：适口性好、营养平衡、价格便宜又利于猪的生长的饲料就是好饲料。赖氨酸为猪的第一限制性氨基酸,对猪的日增重、饲料利用率及酮体瘦肉率的提高具有重要作用,当赖氨酸占粗蛋白 $6 \% \sim 8 \%$ 时,其蛋白质的生物学价值最高;日粮中不可缺少粗粮,"过精"易导致猪的消化功能障碍、便秘、脂肪沉积快等。粗粮使用得当,能调节营养平衡,降低饲料成本,刺激胃肠蠕动,控制脂肪沉积,促进健康。此期营养要求：蛋白质 $13 \% \sim 15 \%$,能量 13 388 kJ。采食量一定要准确称量,不能估计。

（8）料型：不同生长阶段的猪应使用不同料型,仔猪前期宜用水料与颗粒料,肥育猪和种母猪宜用湿料,种公猪最好用颗粒料。湿料可减少饲料浪费,提高饲料利用率,预防呼吸道疾病,但增加了工作量。湿料不同于水料,水料中的水所占比例大,如加入沸石粉因比重大而下沉,利用率低、浪费大又污染环境。使用水料要现配现用,千万不可长时间放置,以防酸败发酵。颗粒料不宜过大,颗粒直径0.6~0.8 mm为宜,过粗易引起消化不良,长期使用过细的颗粒料可能引起胃溃疡。

(9)掌控适当的采食量:增强食欲、掌握适当采食量是提高生猪生产性能的重要措施。自由采食固然省力,而且可减少饲料浪费,但对饲养水平不高的猪场来说并不是最佳选择,其主要原因是不能及时发现猪生病。另外,夜间喂料很重要,应引起重视。

(10)保健:所谓的保健并不是指在日粮中添加药物或大剂量的抗生素,而是通过科学的饲养管理与合理的防疫,从而达到增强猪只免疫功能、促进生长和确保猪肉绿色健康的目的。中草药副作用小,标本兼治,因此中西兽医结合的保健方法备受欢迎。

(11)免疫程序:每个养殖场都有自己的免疫程序,决不可照搬、照抄。免疫程序的制定应符合本场及当地的实际情况,一旦制定必须执行,不要轻易修改。疫苗的好坏,免疫程序的合理与否,其结果显而易见。如某些养殖场为贪图便宜,使用假冒伪劣疫苗,结果损失惨重;由于误导或认识不足,一个养殖场打同一种疫苗的不同种毒株并不少见;还有的随意组合疫苗胡乱注射,如猪瘟与伪狂犬病或蓝耳病疫苗同时或连续注射,更可怕的是把它们混合注射。是否接种某种疫苗,必须根据本场猪只抗体水平、健康指数检测的结果决定。

(12)疾病:猪场不可能没有猪死亡,死亡并不可怕,可怕的是不清楚死亡的原因。由于管理上的不警惕,猪只生理上的差异,加之各种应激的不断侵袭,小猪较大猪更容易患病,且死亡率也高;育肥期间病少,能致猪死亡的病更少。有些人忽视这些问题,只是在病重时才重视,以不死猪为原则,猪群中有咳嗽猪不去管,生长慢的也不去管,却不知这些猪正在影响整群的利润。大家知道,一头猪的利润是有限的,当发病严重时才治疗,你能保证治好吗?即使能治好,康复后生长缓慢,效益低;如果治不好,不但花去了利润,而且在治疗过程中排出的细菌病毒还会传播、蔓延,真是得不偿失。

(13)全栏出售:猪只生长过程少不了并棚,原则是并多不并少,并健不并弱,夜并昼不并,饥并饱不并。到上市时,一圈猪中总有个别大的和个别小的现象,可以先售最大的几头,余下的继续饲养,万不可留下最小的混入他群继续饲养,最好全圈一起出售。上市体重以100 kg为限。据研究,猪超100 kg后生长缓慢,料肉比增大,因为0.5 kg肥肉相当2.5 kg瘦肉耗能。笔者建议猪只上市体重依照市场需求、性价比来决定。

(14)肉质评定:根据肉类科学和消费者最关心的肉食品质决定。具有的重要经济指标有:肌肉的pH、颜色、系水力、滴水损失、肌肉大理石纹、熟肉率及肌肉嫩度和香味。

(二)建立无特定病原猪群

关于建立无特定病原(SPF)猪群,目前正处于研究阶段。

十九、新购猪饲养管理要点

购猪是每个养殖场或养殖户都要经历的一个重要的生产环节,毋庸置疑。关注猪的质量是首位,但新购猪的饲养管理是务必要做到精细与加强。

一般来说,卖猪方不会把不好的猪外售,买猪方也不会购进不好的猪,即便很便宜。进而言之,所售猪是健康的,可是转移到新环境后,一般快则3天,慢则7天会出现患病,甚至发生死亡,乃至疫情暴发。因此,做好新购猪饲养管理十分必要。如何饲养新购猪的要点如下。

1. 了解、考证

买方在购猪前,必须向卖猪方进行了解资质、生产条件、饲养设施、生产能力、营养、养殖水平、防疫程序等,以便所引顺利地适应新的养殖场。引种更为重要。

2. 检验、检疫

健康不等于无病。购猪前,单对售猪方做些了解是不够的,提高认知度是必需的。首先,买方需对所购批次猪有健康指数评估,这样双方皆放心,同时也会避免买卖双方间的相互扯皮。

3. 安全运输

确定了购猪,应根据季节、气候情况做好相对应的运输措施,如夏季宜早晚运输,冬季宜中午运输。运输时应注意做好防滑,如多垫些稻草、木屑、黄沙等;还应做好保暖防寒,如加盖雨布等。装运密度要适宜,密度过高猪易中暑,密度过低猪易撞伤、患风寒等。恶劣天气不宜运输。

装卸操作要恰当,车辆必须停靠在指定的位置,装、卸坡度不应大于 20 度,否则会导致猪肩部、臀部受伤。

4. 消毒、隔离

加强消毒是控制疾病传播的重要途径,做好隔离是最经济有效地控制疾病传播的好方法。凡新购猪和运输器械及押运人须经严格消毒,后将猪卸入指定的隔离区饲养,待群体稳定后方可进入生产区。种猪隔离饲养一般需要 1~2 个月。

5. 环境舒适

猪运抵,经严格消毒后尽快地进入指定圈舍。一般进入圈舍的温度应比原圈舍的温度高出 1~2℃,至少接近为宜。升温的方式方法因实际情况而定,如加热、关闭门窗、加铺垫料等。

6. 营养平衡

猪转运到了新的环境,首先,以饮 5％的糖盐水或 0.9％生理盐水与电解多维混合液为宜,饲料以原来的为主(可在购猪时一同带来)。购进的头两天以水料饲喂为宜,在饲料中增添适量的阿莫西林 1~3 天更佳,后需换料,须在猪群健康状况稳定下完成。一般过渡需要 5~7 天。

7. 合理接种

猪到了新的环境,大约 1 周不出现异常算是平稳过渡了,一旦群体稳定,后应根据本场实际情况,结合已接种情况,立刻做好预防接种工作。

8. 其他

以养代防,防重于治。挣不挣钱看防疫,赚多赚少在管理。

二十、正确驱赶和装卸猪只

目前,各养殖场、屠宰场由驱赶和装卸猪只强大应激造成的经济损失较大,不容忽视。为使驱赶和装载猪群的应激降到最低,首先要了解,猪的行为受其基本感觉器官所接收到的环境信息所驱使。猪拥有大约 310°的周边视觉,对外部世界能获得全面视图仅 310°,其中只有大约 12°为最佳视觉,其正后方为其视野盲点,只有在适度距离内才有判断力;猪的听觉系统的可感觉频率介于 40~40 000 Hz,这比人的稍宽一点,即讨厌高分贝;猪的嗅觉灵敏,同样其行为表现受大量的嗅觉反应影响;触觉通过皮肤和皮下组织的神经末梢来获得。猪还可通过蹄底部感知地面纹理变化,并会对不熟悉的地面产生迟疑感。另外,猪是社会性动物,喜欢群体生活,隔离会极度焦虑不安,甚至因产生应激而导致发病、死亡等,均是很有害的。

在所有的生产方式中,猪在其一生中总是会受到内部和外部应激源的持续攻击,应激强度超过应付能力时,猪的健康才会受到影响。每受一次强的或新的应激源的攻击,猪整体性能和肉质就要受到影响。如果没有时间恢复,相反应激加强(称"加性应激源"),最终会导致猪死亡。

由此可见,操作过程就需要时刻保持警惕,并经常性地对驱赶和装卸系统作出评估。主要评估是否对猪只福利产生有害影响和破坏,以及对养猪业利润的直接和间接影响,以确定需要改进的地方。操作人员的态度很重要,驱赶的工具更有讲究,只可使用板、大布、塑料制品等,禁止暴力;其次,路况、猪群密度、装卸高度都是应激源,应充分考虑。另外,新贩养的猪需要的是平稳过渡,故应饲喂添加抗应激保健品的饲料(以上参考《国外畜牧学——猪与禽》)。

二十一、猪场疑难病例发生的
原因与预防

(1)给新生乳猪补铁时,针头未消毒或消毒不彻底,极易造成绿脓杆菌感染,使 3~5 日龄仔猪颈、腿紫肿,体温正常,发生整窝死亡,死亡率高达 90%~100%。剖检:病变处流出淡绿色胶冻样液体,其他器官正常。治疗:首选庆大霉素或丁卡霉素与多黏菌素、氨苄青霉素、氧哌嗪青霉素联用。

（2）给新生仔猪剪牙、断尾消毒不严，极易暴发链球菌病。另外，牙齿剪得不整齐更易伤母猪乳头；剪得太深伤及仔猪牙龈，影响采食、阻碍生长；剪得太浅又不起作用。应彻底消毒，规范操作。

（3）怀孕母猪后期的错误保健，极易引起新生仔猪逐渐消瘦，体温正常或偏低，7日龄内死亡率达30%～50%。剖检：内脏无明显变化，仅见肾乳头有黄色结晶。原因：母猪怀孕后期采食量增加，日粮摄取磺胺量增大致新生猪慢性中毒死亡。怀孕母猪应减少用药量。

（4）阉割、接种、断奶不宜同时进行。公猪阉割宜在出生后3天内完成，因那时仔猪神经系统尚未成熟，疼痛小；另外还有刀口小、愈合快、感染概率小等优点。母猪应根据品种的不同而选择阉割时间，商品猪也可不阉割，但阉割的总比不阉割的后期生长速度快。除接种国家规定必须接种的疫苗之外，应根据本场实际情况尽可能少接种或不接种，每次的接种间隔不应少于7天。除多效价苗外，万不可多种类苗同时注射，更不可在阉割时进行。提倡早期断奶，尽早阻止母源菌干扰，断奶宜在晚间完成，全进全出。阉割、接种、断奶都有较大应激，会引起生长缓慢、感染疾病甚至疾病暴发等。

（5）新引入猪只发病率高。说实在的，不好的猪你会购进来吗？既然是好的猪又为什么多发病呢？其主要原因为应激和猪只亚健康。预防措施：整个购入过程应激极其强大，导致猪只发病无可非议，所以应减少应激，增加抗应激能力；其次，应关注提高免疫、增强免疫、修复免疫。

（6）突然换料。应激过大，极易导致猪不食，消化不良，肠炎、胃肠炎、胃溃疡，生长缓慢，拉稀，脱水，死亡等现象发生。更换饲料需1周以上时间过渡，猪的日喂量应根据品种、体重、年龄、性别等来设定。小猪喂大猪料消化不了，生长慢，大猪喂小猪料营养浪费。

（7）哺乳母猪产后瘫痪。食欲差，体温正常，阿散酸中毒；体温正常，有食欲仅站立不起，大多为缺钙；有体温或不高，食欲差，站立不起，大多为产后综合征或感染某些传染病。

（8）母猪失明。尤其多见于疾病，如氨苯酸中毒、食盐中毒、铅或汞中毒、肉毒素中毒、霉菌中毒、附红细胞体病、蓝耳病、伪狂犬病（2～4周龄多见）、血凝性脑炎、猪链球菌病及维生素 A 严重缺乏症。

（9）乱洗子宫。母猪分娩结束后产道一般多会流脏物，大剂量使用消毒药或广谱抗生素冲洗会破坏子宫及产道内微生物平衡，造成病原菌大量繁殖，流脓更严重。正确洗宫时间应在分娩结束后恶露不止时或配种前发子宫炎、子宫内膜炎时，首选药物利凡诺、高锰酸钾、普鲁卡因青霉素。对初产母猪用超高浓度的碘制剂冲洗子宫极易引起碘中毒，导致母猪突然死亡。注意：溶剂宜使用高温消毒后的冷开水，浓度适宜，器具消毒，操作规范。

（10）对饲料的错误认识。很多养殖户及部分养殖场把嗅出香、饲后猪皮发红、粪黑、爱睡的饲料当作好饲料。猪对奶味、鲜味、微酸味感兴趣，真正起作用的是调味剂，嗅出的香大都是人工合成的香料。粪便黑并不代表饲料消化得好，有可能是高铜起的作用。高铜用于小猪防拉稀、促生长及屠宰肉系水率确有好处，但大剂量必将导致浪费、中毒、污染环境，生物安全何在？皮发红并不代表猪养得好，大都是因为饲料中添加了违禁药。猪不喜欢运动、爱睡难道不是发病了吗？总之，饲料的好坏可通过猪粪便的稀释无玉米粒，即完全消化就是好，表现于猪肯吃、生长速度快、料肉比小、高效益、猪肉安全。饲料中的添加物必须执行国家标准。

（11）驱虫不彻底。寄生虫按寄生部位有内外之分，发病时很易与皮炎肾炎综合征、皮炎、湿疹、痢疾相混淆，增加诊断困难。所以，驱虫时一定要内外兼治、同治。正确的驱虫方法：每次分 2 时段，每段间隔 10～15 天。公猪每年 2～3 次；母猪每胎 1 次；仔猪分别于断奶前后及 70～80 kg 时各驱虫 1 次。常用外驱药：敌百虫、通灭等；内驱药：多拉菌素、伊维菌素、左旋咪唑、酚苯达唑等。

（12）见病用药（致病有因，只重视致病因素，忽视提高机体防御能力或抗损伤能力，这是远不够的），见病抗菌，见热就退，见泻就止，见效停药。这些均使猪病程延长、病因紊乱、病情加重。如治疗链球菌病不宜使用安乃近；用药方法也很有讲究，如治疗消化道疾病的最好方法是口服、静脉注射或腹腔注射。

（13）免疫程序不合理。根据国家规定，除必须接种的之外，各养殖场应根据本场实际情况制定,尽可能少用疫苗或不用疫苗。防疫越早越好,次数越多越好,剂量越大越好,"多价苗"比"单价苗"好,血清比疫苗好的观点都是错误的;对公猪普防也是错误的,在防疫期间的精液是禁止使用的。免疫间隔至少 7 天以上。严禁随意组合,更不可多种疫苗在同一头猪上同时注射。母猪接种猪瘟疫苗宜选单苗且于空怀时完成。猪瘟疫苗不宜与蓝耳病苗、伪狂犬病苗注射时间太近,更不宜同时注射。初生仔猪不宜过早接种。使用干扰素后 96 h 内不宜接种弱毒活苗等。禁止使用一种苗多厂家多种类于同一场。注射过程中常发现技术员向空气中排毒是错误的。其次,在防疫前后用药及过早对仔猪使用使免疫力下降的药物都是不应该的。

(14) 乱用抗应激药物。为减少应激盲目乱用、滥用、重用维生素和电解质,其结果影响猪的食欲,甚至造成中毒,尤其酸性的电解质危害更大。

(15) 关于组织苗、自家苗的思考。俗话说:挣不挣钱看防疫。提倡消毒代替防疫,防疫代替治疗。在尚未有高效先进的疫苗时,面对某些疾病有可能考虑做自家苗,但我们都清楚地看到自家苗注射部位易生脓肿,应注何处?灭活不彻底等于制造病毒更不安全,其次是含量、剂量无法定量,目前尚无杀灭自家苗的药物。然而,自家苗虽不完美,但也有现代疫苗无法替代的特点,即快廉,它们的功绩也不能完全否定。总而言之,防疫的策略是不固定的。

(16) 老母猪的高免血清是天然的绿色的、用之不尽的防疫资源。在 20 世纪 50 年代,母猪的高免血清是生物药厂的主要产品,常用来防治炭疽、猪瘟、牛瘟、出败、丹毒这些疫病,后来有了好的疫苗和抗菌药,才慢慢退出舞台。从现代生物学水平评论是落后了,然而目前很多疾病无好的疫苗、抗生素,隔离、消毒最重要,救猪一命还是该提倡的。

(17) 滥用缩宫素。激素是机体正常分泌的一种活性物质,如果人为注射,必然干扰本身的激素分泌,导致内分泌紊乱。

缩宫素主要适用于单胎动物,如马和牛是可以使用的,但严禁使用在猪上。否则会出现下列问题。

① 死胎增多。产出的死胎是白仔。因为胎儿的脐带在子宫里就发生断裂,无法供氧。若过多使用催产素,很有可能还造成难产,

用后手摸产道狭窄。

② 产程长。使用缩宫素后，一次性把所有羊膜挤破，把羊水一次挤出来。所以先快后慢，子宫内极易停留胎儿和胎衣。

③ 感染风险加大。阴户红肿出血，死胎及胎衣的滞留，子宫内环境更加恶化，极易患子宫炎、子宫内膜炎。

④ 增加母猪疼痛。常见分娩母猪使用催产素后，立刻全身发抖，就是增加疼痛，这对母猪以后的身体恢复加大难度。

⑤ 丢失初乳。使用催产素导致初乳从第一奶头流出暨影响初乳的质与量，也就是降低了仔猪的免疫力，同时增加了黄、白痢的发生。

⑥ 母猪过早被淘汰。要避免母猪发生难产，首先是增加子宫的收缩；使羊水充足、产道润滑。前提是母猪一定要有一个健康的体况。

二十二、猪只健康必须先健康肠道

猪的营养消化吸收完全依靠其胃和肠。胃是消化道较前部分的最重要的消化吸收场所。猪的肠分为大肠和小肠。大肠包括盲肠、结肠和直肠，全长 5～7.4 m；小肠从前至后为十二指肠、空肠和回肠，小肠管较细，全长 16～19 m，为体长的 15 倍。小肠分泌肠液，并含有胰腺分泌的胰酶和胆囊排出的胆汁，所以肠道健康极为重要。

1. 免疫功能

仔猪出生后，肠道便逐步建立起一个重要功能——屏障与免疫保护。肠道一方面逐步形成保护（物理、化学和生物）屏障，抵抗微生物的入侵，另一方面可以介导肠道微生物以及其他抗原物质对免疫系统的影响。

仔猪的免疫系统由中枢和外周免疫器官组成。中枢免疫器官包括骨髓和胸腺，外周免疫器官包括脾脏、淋巴结和黏膜免疫系统。胃肠道是体内最大的免疫器官，机体约 70% 免疫细胞和 25% 淋巴细胞位于肠黏膜中，其既是病原体入侵机体的主要门户，又是阻止肠道微生物感染的第一屏障。

正常的肠道屏障包括完整的肠上皮细胞及其细胞间连接构成的肠黏膜屏障、肠道正常菌群构成的生物屏障和胃肠相关淋巴样组织及其主要分泌型抗体所构成的免疫屏障。

（1）肠黏膜屏障：肠黏膜屏障（图6-5）包括肠黏液层屏障和肠细胞屏障。肠道黏液层主要由肠道杯状细胞及肠上皮细胞分泌的黏蛋白构成，同时也包含分泌型免疫球蛋白（SIgA）。黏蛋白含大量水分，呈凝胶样铺垫在肠腔内。黏液屏障是肠道屏障的重要组成部分，主要功能包括：① 维持肠道内横向的pH梯度；② 阻止酸和蛋白酶对肠黏膜的侵蚀；③ 起润滑作用，使肠道黏膜免受机械损伤；④ 阻止肠道微生物对肠道黏膜的直接侵蚀（物理障碍、内含高浓度的SIgA和微生物受体）；⑤ 为正常菌群提供适应的生存环境（程学慧，2001）。肠细胞屏障指肠绒毛上的肠细胞形成一层紧密连接的单层，它可阻止一些大分子物质进入。肠细胞每3～6天就会更新一次，进一步减少了潜在的病原微生物在肠道内的定居。而初生仔猪肠上皮细胞之间的连续并不紧密，肠黏膜通透性大，所以病原菌极易侵害仔猪。

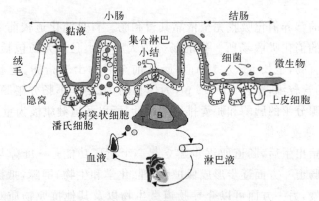

图6-5　黏膜免疫系统

（2）生物屏障：正常的肠道微生态群系是以肠道专性厌氧菌（如乳酸杆菌、双歧杆菌等）为优势菌的肠道菌群，它对外来菌入侵起屏障作用，并能协助动物产生免疫反应（王静华，2003）。动物对致病菌或潜在的致病菌定植和繁殖的抵抗力受宿主和肠道微生态群系的双重影响，尤以正常菌群的影响最为重要。正常菌群是动物的自然生物屏障,是阻断病原微生物定植和感染动物的关键步骤。

(3)特异性免疫抑制:肠道免疫系统接受抗原刺激后,可在肠道局部和全身血液循环中产生特异性免疫,通过细胞免疫和体液免疫,一方面对病原微生物起抗感染作用,另一方面对食物抗原进行免疫排除,并阻止异种有毒物质进入机体(王重庆,1997)。特异性免疫通过复杂的免疫应答过程进行双重机制的保护作用。肠道体液免疫应答在肠道特异性免疫中较重要,研究也最多。虽然黏膜固有层中有多种免疫球蛋白,但只有 SIgA 和多聚 IgM 能透过上皮细胞进入分泌液。肠道淋巴细胞产生和分泌 IgA(SIgA)的黏膜免疫功能最重要。SIgA 的主要生物学功能:① 中和病毒,防止病毒穿透肠上皮细胞;② 凝聚细菌,如大肠杆菌、沙门菌等;③ 中和肠毒素。发生在肠道的黏膜免疫反应,是由肠黏膜表面附着的抗原引发(张玉华,李树友,2002)。肠道黏膜中的淋巴滤泡集结将抗原物质转移到淋巴滤泡集结的巨噬细胞,巨噬细胞对抗原进行加工,并将抗原转给辅助性 T淋巴细胞,辅助性 T 淋巴细胞激活 B 淋巴细胞,B 淋巴细胞分化、增殖产生大量的分泌型 IgA(SIgA),SIgA 接着被转运到肠腔中,发挥其生理功效。有些 B 淋巴细胞要游走到呼吸道、乳腺等其他组织器官的黏膜表面,激活整个机体的黏膜免疫系统形成共拥黏膜免疫系统,同时使机体整个免疫系统被激活,抵抗病原微生物的入侵,维持机体的健康状况(徐永平等,2000)。肠道黏膜免疫系统是断奶仔猪整个机体免疫系统的重要组成部分,营养调控是维持其正常结构和生理功能的重要手段之一。

2. 促进胃肠道健康的方法

(1)减少应激:应激是疾病发生的重要原因,也是规模化猪场的隐性杀手。凡应激必致机体热平衡系统调节产热、散热。减轻应激反应,可促进采食,及提高内源性生长素水平。仔猪热应激能力远不如成年猪。

(2)合理而科学的免疫程序:根据动物健康指数的测定,结合周围的实际情况,制定一套适合本场的防疫程序,切忌胡编乱写、生搬硬套。

(3)合理使用抗生素:禁止滥用抗生素,采取以菌治菌和健康肠道的措施势在必行。

（4）拒绝使用霉变饲料：霉菌毒素是由霉菌产生的有毒的低分子化合物，稳定、耐高温，且具有广泛的中毒效应。饲料霉变不仅仅是营养的改变，更主要的是为害，有些霉菌毒素还有协同作用。易与衣原体、布鲁氏菌、附红细胞体、钩端螺旋体、弓形虫以及子宫内膜炎、乳腺炎、产褥热的多种细菌共同作用产生更强大的危害。另外，霉菌毒素在导致胎儿畸形、癌变、皮肤毒素和细胞毒素方面的危害也已被人们所证实。

（5）加强保健：加强日常饲养管理，对待疫病要始终贯彻预防为主，防重于治的原则。

第七章　猪的饲料与营养

　　饲料是指对动物具有营养又能满足生理需要且无毒害作用的物质。猪为维持生存、生长和繁殖需要蛋白质、碳水化合物、脂肪、矿物质、维生素和水六大类营养物质,除了水可直接供给外,其他五类物质只能通过饲料供给。但必须以农业部发布的《无公害食品,生猪饲养饲料使用准则》为标准。

　　另外,饲养过程中的环境很重要,尤其是饲养区域内的水、氧气供应的质与量最值得关注。然而,空气质量最容易被忽视。

一、饲料的营养成分

　　按国际饲料分类法可分成青干草和粗饲料、青饲料、青贮饲料、能量饲料、蛋白质饲料、矿物质饲料、维生素饲料、饲料添加剂八大类。但其营养成分主要是水、蛋白质、碳水化合物、脂肪、维生素、矿物质等几部分。

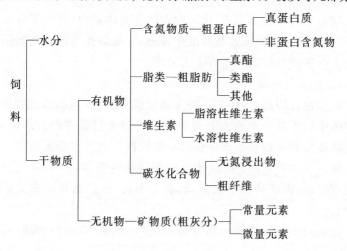

1. 水

水是动物最重要的营养素,动物生命活动必不可缺少的物质。动物脱水 5%,则食欲减退;脱水 10%,则生理失常;脱水 20%,可导致死亡。成年猪体内的 50%、仔猪体内的 80% 左右都是由水组成的,随着动物日龄的增大,其体内的水分含量下降,且与体内脂肪含量成反比。

2. 蛋白质

蛋白质是一切生命的物质基础。通常以粗蛋白来计算,饲料粗蛋白是饲料中含氮化合物的总称,它包括真蛋白和非蛋白含氮物。在实际测定中,粗蛋白＝总含氮量(TN％)×6.25。蛋白质营养实质上是氨基酸营养,蛋白质是由 20 多种氨基酸组成的,其中赖氨酸、色氨酸、苏氨酸、异亮氨酸、苯丙氨酸、缬氨酸、精氨酸等 10 种氨基酸是猪自身不能合成或合成不能满足需要的,必须由饲料提供,称必需氨基酸(EAA),其中胱氨酸、酪氨酸称为半必需氨基酸。若它们供给不足,不仅严重阻碍猪体各器官生长,还危及其生命。

饲料蛋白质的营养价值主要由饲料中必需氨基酸的组成和含量所决定,饲料被猪采食后,其中的蛋白质在胃肠道被消化成氨基酸,经肠壁吸收入血液运输到身体各器官及组织细胞中合成体蛋白,构成猪的一切组织;同时也是动物赖以正常代谢和各种生命活动的各种酶的基本成分。

饲料中的蛋白质只有 40% 左右转化为体蛋白,其余部分从粪便中排出,少量以各种形式从尿液中排出,大部分作为能量被利用。过量的蛋白质供给对动物是有害无益的。

3. 碳水化合物

碳水化合物由 C、H、O 3 种元素组成,是植物体的结构物质。在植物体中约占其干重的 3/4,是植物性饲料含量最多的营养成分,是动物体能量的来源和形成体脂的主要原料。主要包括无氮浸出物和粗纤维。其主要功能:形成体组织提供猪所需要的 80% 的能量,维持体温恒定,保证猪的生命活动;有多余时,则以糖原的形式贮存于体内。

无氮浸出物又称为可溶性糖类,包括单糖、双糖和多糖(淀粉),

消化利用率很高,是猪所需要能量的主要来源。粗纤维由纤维素、半纤维素、木质素等组成,是饲料中最难利用的一种营养物质,猪只能靠盲肠和结肠里的微生物的发酵作用使之变为挥发性脂肪酸被利用。

不同类别猪对粗纤维的利用率不同:公猪、泌乳猪≤7%,空怀、怀孕≤12%,育肥(20～50 kg)≤5%、(50～100 kg)≤8%。

4. 脂肪

脂肪是构成猪体组织的重要成分,是猪体内主要的能量贮存形式。饲料中乙醚浸出物(即溶于乙醚的物质)统称粗脂肪,猪食后,其消化分解为脂肪酸和甘油,经肠壁吸收进入血液运输到各组织器官发挥其生理作用。脂肪的产热量比碳水化合物高 2.25 倍。脂肪又是脂溶性维生素的溶剂,并且为猪提供亚油酸、亚麻油酸、花生四烯酸等必需脂肪酸,若日粮缺乏这些必需脂肪酸将会出现繁殖力下降、产奶量减少、幼猪生长停滞等现象。仔、中猪添加 2%～4%脂肪,可提高日增重 15%～20%,利用率提高 10%～15%;妊娠期、哺乳期添加 8%脂肪,可提高仔猪存活率和母猪繁殖性能。试验证明,猪对脂肪的需要量很低(0.12%),故一般情况下无须补脂肪,在实际生产中添加油脂主要是为了提高日粮的浓度。

5. 矿物质

目前认为,动物所必需的矿物元素有 27 种。通常分为常量元素与微量元素两大类。在猪体内一般只占 3%～4%。它是构成骨骼的主要成分,也是构成多种酶和辅酶的主要组成成分。

占动物体重 0.01%的常量元素有钙、磷、镁、钾、钠、氯和硫 7 种;占动物体重 0.01%以下的微量元素有铁、铜、锌、钴、碘等 14 种。常量元素占机体矿物质总量的 99.5%;微量元素占机体矿物质总量的0.05%。饲料中常量元素单位常以%表示,而微量元素则以 mg/kg表示。矿物质缺乏,使猪的生产力下降;过量则引起中毒。猪的日粮中钙的含量为 0.8%～0.9%,常加石粉、骨粉、磷酸氢钙。磷的用量0.6%～0.7%(有效磷),且钙磷比例一般要求(1.5～2.0):1。具体添加量按国家有关规定执行。

(1)铜:参与造血功能。此外还与骨骼发育、中枢神经系统的正常代谢有关,也是猪体内某些酶的组成物与活化剂。铜缺乏会造成贫血、骨骼发育缓慢、四肢较弱等。

(2) 锌:Raulin 于 1868 年发现锌与动物生长有关。1934 年 Todd 等用大鼠试验,首次证明锌是动物营养必需元素。锌对控制拉稀、促生长、抗应激很有好处,也是影响维生素 A 代谢的重要金属离子。乳猪宜用氧化锌,仔、中大猪宜用硫酸锌。

高锌高铜会破坏肠道内菌群平衡、损伤胃肠黏膜、导致维生素缺乏及其后遗症、污染环境等。

(3) 铁:是形成血红蛋白、肌红蛋白的必需元素。一旦缺乏,会导致贫血。过多无机铁有利于细菌繁殖。

(4) 锰:是精氨酸酶和脯氨酸酶的组成成分,又是肠肽酶、羧化酶、ATP 酶等的激活剂,参与蛋白质、碳水化合物、脂肪及核酸代谢;与繁殖、造血、维持大脑的功能密切相关。锰缺乏时,采食量下降;生长受阻;骨骼畸形,关节肿大,骨质疏松。母猪不发情或性周期失常,不易受孕,妊娠初期流产或产弱胎、死胎、畸形胎。胚胎期缺锰时,新生仔猪麻痹。锰过量或缺乏都会抑制抗体的产生。糠麸类、青绿饲料含锰较丰富。

(5) 硒:具有抗氧化作用,与动物的生长、发育、繁殖密切相关。硒在机体内有降低汞、镉、砷等元素毒性的作用,并可减轻维生素 D 中毒引起的病变。硒缺乏时,猪多发生肝细胞大量坏死而突然死亡。仔猪缺硒则可患"白肌病";青年公猪精子数减少,精子活力差。

(6) 碘:是甲状腺素的组成成分,几乎参与机体所有的物质代谢过程,与基础代谢密切相关。碘缺乏症多见于仔猪和生长猪,表现生长缓慢、骨架小。

(7) 钴:是维生素 B_{12} 的组成成分,是磷酸葡萄糖变位酶和精氨酸等的激活剂,与蛋白质和碳水化合物代谢有关。钴缺乏时,机体中抗体减少,降低了细胞反应。

(8) 钠和氯:对维持机体内渗透压、调节体内酸碱平衡和水的代谢有着重要作用。氯还能参与胃酸的合成。

(9) 钾、镁、硫:虽也是必需元素,但一般饲料中含量较多,基本能满足需要,只在特殊情况下补充。含镁最丰富的饲料是麸皮、油饼、油粕、向日葵、甜菜与干草。镁对猪肉肉色很有好处。母猪缺镁导致不发情或发情无规律。预防下泻用氯化钾,每吨 1 kg;用于治疗选硫酸镁,每吨 2 kg。另外,铬在种猪的日粮中也是必不可少的。

6. 维生素

维生素分为脂溶性和水溶性两大类。是维持正常生理功能和生命活动所需要的微量低分子有机化合物。以辅酶和催化剂的形式广泛参与体代谢的各种化学反应,从而保证猪体内组织器官的细胞结构和功能的正常。大多维生素都不能在猪体内合成,必须从饲料中补充,一旦缺乏会引起代谢紊乱,生产力、繁殖力下降。

环境条件影响:阳光照射可使维生素 D 的需要量降低,遇寒冷、酷热,则维生素 B_2 的需要量增加;某些疾病或长期高热,使各种维生素需要量均上升。水溶性维生素不能与胆碱直接同时使用,碱性极易损坏维生素。因此,各类猪维生素的需要量在应用时应根据实际情况加以调整。

二、维生素的生物学作用

维生素是动物或人体不能合成的一种复合型态的有机物质,但却是维持生命,促进生长、生殖以及调节蛋白质、脂肪及碳水化合物等营养素新陈代谢所必需的物质。

动物需要维生素量虽甚微,只占饲量的万分之四左右,但生物体内一日不可缺乏,缺乏任何一种都会造成动物生长缓慢,生产力下降,抗病力减弱,甚至死亡。

每一种维生素的化学结构、性质极不相同,并具有特殊且不能替代的生化代谢作用。维生素的营养与免疫功能是复合的、相互关联的,如果有一种维生素缺乏,许多的代谢途径就被打断,从而影响许多其他维生素的功能。

添加维生素可促进猪生长发育,但成本也在增加。维生素推荐量一直在不断修正,以 B 族维生素为例,在猪生长阶段的添加量远远高出 NRC 推荐标准,为 $200\% \sim 300\%$。养殖业中日益增多的挑战促使人们重新思考饲料中维生素适宜添加标准,以期达到健康多产和盈利的养殖目标。我们力求找出最佳效益的成本比。

目前,维生素营养研究已发展到分子生物学水平,近年来新发现添加剂效应已远远超出防治维生素缺乏症的传统范畴。

下面以常用维生素为例加以说明。

1. 维生素的功能

(1)维生素 A:又称抗干眼症维生素、视黄素。是最早被发现的脂溶性维生素。不溶于水,溶于有机溶剂,容易被氧化,在食物中主要以脂类形式存在。维持上皮细胞,增强对传染病的抵抗力,促进视紫质形成,维持正常视力,防止夜盲症,促使生长发育。

(2)维生素 C:又称抗坏血酸。体内的强还原剂。对胶原合成有关的结缔组织、软骨和牙龈起重要作用,与激素合成有关。可防止应激的发生及提高抗病力。

(3)维生素 D:自然界中有数种类型的维生素 D 固醇类存在,其中以维生素 D_3 及维生素 D_2 为重要。参与钙磷代谢调节,增加钙磷吸收,促进骨骼和牙齿正常生长发育。

(4)维生素 E 即生育酚,又名生育醇。具有维持正常生殖功能、防止肌肉萎缩、抗氧化等作用,与硒有协同作用。

(5)维生素 H:即生物素。化学性质稳定,不易受酸、碱及光线破坏,但高温和氧化剂可使其丧失活性。是活化 CO_2 和脱羧作用的辅酶,能防止皮炎、蹄裂、生殖紊乱和肾病综合征发生。

(6)维生素 K:即抗出血维生素。主要包括维生素 K_1、维生素 K_2 和维生素 K_3 3 个系列。可促进凝血酶原的形成,维持正常的凝血时间。

(7)维生素 B_1:又称硫胺素。属水溶性。对热相当稳定,若与水共同加热或是在碱性环境下,则易加速其破坏。调节碳水化合物代谢,维持神经组织和心脏的正常功能、肠道的正常蠕动、消化道内脂肪吸收以及酶的活性。提高食欲,防止神经系统疾病发生。

(8)维生素 B_2:又称核黄素。是参与碳水化合物及蛋白质代谢中某些酶系统的组成成分。

(9)维生素 B_6:吡哆醇、吡哆醛、吡哆胺的总称。为蛋白质代谢辅酶,与红细胞形成有关。

（10）维生素 B_{12}：即氰钴胺素。为几种酶系统的辅酶，促进胆碱、核酸合成，促进红细胞成熟，防止恶性贫血，促进幼畜生长。

（11）叶酸：具有防止贫血、繁殖率降低，以及降低胚胎死亡率等作用。

（12）烟酸：又称维生素 PP。是参与碳水化合物、脂肪和蛋白质代谢过程中几种辅酶的组成成分。对维护皮肤及神经的健康、促进消化系统功能和调节免疫功能具有重要作用，但长期使用可引起贫血。

（13）泛酸：是辅酶 A 的辅基，参与酰基转化。可防止皮肤和黏膜的病变、生殖系统紊乱及降低胚胎死亡率。

（14）胆碱：属有机碱。磷脂的成分，甲基的提供者，参与脂肪代谢，在神经传导中起重要作用。

（15）肌醇：又称生物活素。是酵母的生长因子。有甜味。在自然界中以多种形态存在。是磷脂的主要结构成分，可防止胆固醇的过度积累，并参与维持正常的脂肪代谢。

2. 维生素营养和猪病的相互作用

猪病及其防治是动态的，因而很难预测所有各种条件下的营养需要量。尤其是在知道疫病暴发、流行原因的条件下，针对性地使用某些维生素是非常有益的。

（1）感染：不论是细菌还是病毒感染，都会引起应激反应，导致代谢增强。B 族维生素和维生素 C 则为一些特殊功能和免疫应答所需要。

（2）腹泻：腹泻使食物快速通过消化道，缩短了机体吸收维生素所需时间。这时需要补充维生素。

（3）肝炎：发生肝炎时，肝功能受损。肝脏是某些维生素贮存及合成酶的场所。有些维生素需要在酶的作用下才能激活。

（4）脂肪酸败：饲料少不了脂肪，抗氧化剂缺少与不足很快发生酸败，使生物素灭活、破坏维生素 A、维生素 D 的吸收。

（5）丧失食欲：采食量减少，维生素当然摄入不足。需查明原因，时间要短。

（6）寄生虫病：破坏肠道上皮，减少维生素吸收。另与宿主竞争养分,增加维生素总需要量。

(7) 大肠杆菌病:是混合感染的结果,并且往往会变成慢性。加之疫苗注射的不良影响导致代谢活动增强,从而增加对 B 族维生素的需要量。

(8) 药物的相互作用:药物是外来的,主要用于治疗和预防疾病,其中含硫药物会增加维生素 K、叶酸、生物素的需要量,氨丙啉会增加硫胺素的需要量。

3. 影响维生素需求与转化吸收利用的因素

(1) 新品种的选育。

(2) 应激。

(3) 市场对产品质量要求也制约维生素的供给量。

(4) 不同饲料中维生素的有效度、生物合成。

(5) 吸收的干扰。

(6) 特殊的反新陈代谢。

(7) 激素(甲状腺素会影响维生素 D 的需要量,肾上腺素会影响维生素 C、维生素 A、B 族维生素等的需要量)。

(8) 疾病的影响。

(9) 饲料制粒高温的影响。

(10) 环境因素。

(11) 左旋维生素更容易消化吸收。

三、常用饲料

1. 简单日粮和复合日粮

(1) 简单日粮:基本不含动物性饲料,而是以植物性饲料为主的日粮。

(2) 复合日粮:除含有玉米、豆粕等植物性饲料外,还含有鱼粉、乳清粉或奶粉等动物性饲料的日粮。

2. 配合饲料的种类

(1) 按最终产品物理形态分:粉料、颗粒料、膨化料、湿拌料。

(2) 按饲喂对象分:仔猪料、肥育料、妊娠料、泌乳料、公猪料。

（3）按营养成分和用途分：添加剂预混料、浓缩料、配合料。

3. 配合料的组成

所谓配合料，是指由能量饲料、蛋白饲料、青饲料、青干草、青贮饲料、粗饲料、矿物饲料、饲料添加剂等原料按一定比例组合而成的全价料。

猪的配合料主要是由能量饲料（占70％～80％）和浓缩饲料（占20％～30％）组成。而浓缩饲料（或料精）是由蛋白质饲料、常量矿物质饲料和复合添加剂预混料组成。

（1）能量饲料：包括禾谷类（玉米、高粱、大麦、燕麦、小麦、稻谷、小米等）、麸糠类（小麦麸、米糠）、淀粉类（根块、块茎类）、油脂类等。它们含粗纤维＜18％、粗蛋白＜20％及丰富的淀粉。其中大麦可以预防猪胃溃疡。

（2）蛋白质饲料：包括豆科籽实类（黄豆、黑豆、蚕豆、豌豆等）、饼（粕）类（豆粕、花生粕、棉籽粕、菜籽粕）、糟渣类（粉渣、酒糟、豆腐渣、酱油渣）、动物性蛋白质类（鱼粉、肉骨粉、血粉）、单细胞蛋白质类（通过微生物发酵的酵母、真菌、藻类）等。它们含粗纤维＜18％、粗蛋白＞20％。另外，发酵豆粕含粗蛋白＞50％，且含丰富的益生菌及氨基酸。

（3）矿物质饲料：包括食盐、含钙矿物质、含磷矿物质、沸石、麦饭石（2％以上）、膨润土（1％～2％）等。

（4）复合添加剂预混料：包括微量元素预混剂、维生素预混剂、氨基酸预混剂，以及抗生素、调味剂、增香剂、诱食剂、促生长剂、防霉剂、酶制剂、酸制剂、微生态制剂等。

（5）饲料添加剂：分营养性（氨基酸添加剂、维生素添加剂、微量元素添加剂）和非营养性（酶制剂、酸化剂、药物饲料添加剂）两种。

（6）青饲料：包括牧草、蔬菜、作物茎叶、水生植物等。

（7）青贮饲料：经厌氧而保存后的青绿饲料。适口性更好，营养更丰富。

（8）青干草：天然草地青草或栽培牧草，收割后经天然或人工干燥而成。

（9）粗饲料：凡干物质中粗纤维含量在18％以上的均属粗饲料，包括秸秆、秕壳、干草等。

4. 植物蛋白与动物蛋白的差异

（1）植物蛋白通常含多种抗营养因子，其中某些抗营养因子在加工过程中不易被热处理破坏，因而仔猪对其消化、吸收和利用都受到限制和影响。如大豆饼中含抗胰蛋白酶因子、红细胞凝血素等抗营养因子等；菜籽粕中含硫代葡萄糖苷类及单宁、芥子碱等抗营养因子。

（2）植物蛋白的消化和利用还受仔猪消化生理的制约，因仔猪消化器官发育不健全，蛋白酶、胃酸分泌不足。

（3）植物蛋白的质量次于动物性蛋白，仔猪对其利用率降低。

（4）植物蛋白（如大豆蛋白）含较高可引起仔猪过敏反应的大豆球蛋白和β－大豆聚球蛋白抗营养因子；氨基酸利用率较动物性蛋白低等，不利于仔猪消化吸收。

（5）仔猪消化吸收率较高的蛋白源大多为动物性蛋白，如喷雾干燥血浆蛋白粉、血细胞、血粉；处理过的大豆蛋白（分离蛋白和浓缩蛋白）；小麦谷蛋白；乳清粉；奶粉（价格高，应用受限制）等。

四、饲料杂识

1. 原料质量

（1）玉米：含水分14％和20％的玉米，加工出的饲料不可能一样，需要改变配方。新玉米水分大，成熟不均匀，抗性淀粉（指在小肠中不被消化，但在大肠中可被大肠菌发酵利用的淀粉。直链高于支链）含量高。烘干后，新玉米由于淀粉变性，直链淀粉增多，反而影响消化率。有人把发霉玉米用水洗后晾干出售，你能否发现是优是劣呢？其次是加除霉剂能起多少作用？是否有其他衍生物产生？

（2）鱼粉：为饲料中营养变幅最大的一种，以次充好的现象屡见不鲜。

（3）杂质：收购玉米时，你会把其中的杂质按比例剔除，但配合饲料时是否也把杂质考虑进去呢？另外，灰分过高也影响适口性。

（4）预混料、浓缩料：预混料、浓缩料中的部分营养，随时间延长在不断损失，你在使用快到失效期的料时，是否考虑到这些成分不足而加以补充呢？

（5）食盐：现在人用食盐都加碘，同样地区，对人缺乏的是否也对猪缺乏呢？有几家饲料厂给猪使用含碘食盐呢？

（6）磷、钙：石粉等用作饲料是有相关标准的，现很少看见石粉包装有明确的厂址及联系方式、成分含量。

（7）豆粕：豆粕蛋白含量变动幅度大，再加上掺假变化更大，又有几个养猪场对每次的进货进行化验分析呢？

2. 可添加物质

（1）客户生产乳猪料，可在已选用厂家的预混料或浓缩料中外加 0.5％ 的柠檬酸和 2％ 奶粉，以提高适口性和饲料利用率。

（2）若客户加油脂方便，可在仔猪、哺乳母猪、公猪饲料中，外加 1％～2％ 的植物油或鱼肝油，以提高能量及改善皮毛亮滑度。

（3）预混料的载体一般都为特殊处理过的膨润土（膨润土中含多种常量、微量元素）。玉米芯是很好的载体，细稻壳粉也可以。

（4）霉菌吸附剂可吸附饲料中的霉菌及其毒素，使由霉菌毒素污染造成的免疫抑制降到最低。

（5）乳糖是仔猪阶段饲料中必不可少的物质，仔猪前期添加 10％～15％，后期添加 7％～3％。还有乳化剂等。

优质的乳清粉口味好，流动性好，易溶于温水，不留残渣，似奶油的黄白色，褐色表明加热过度，降低使用价值且影响适口性。能提高日粮的适口性和蛋白质的消化率，其成分为干物质 96.4％、乳糖 72.9％、粗蛋白 12.6％。在简单日粮中添加高达 30％，可使猪生长性能提高 50％，甜乳清粉比酸乳清粉提高 10％，喷雾干燥乳清粉可抑制致病性大肠杆菌在肠道黏膜表面附着，从而可预防感染。但乳清粉有不稳定性。因来源不同、加工生产不同，需注意的是 S 和 Na 是乳清粉成分中不利因子，二者均可引起仔猪发生分泌型腹泻。仔猪全价日粮中硫酸盐的安全水平应控制在 0.25％（以饲喂时状态为基础)以下。

（6）日粮配制实际还要额外添加赖氨酸 0.1％～0.15％,蛋氨酸 0.05％～0.08％。

（7）鱼粉蛋白含量一般 63％左右,豆粕蛋白含量一般 42％左右,鱼粉必需氨基酸含量比豆粕全面,消化率高,富含维生素、矿物质。假鱼粉中掺有羽毛粉、皮革粉、无机氮等,一般检查不出来;目前鱼粉资源短缺,成本越来越高,研究表明,除未断奶仔猪外,其他猪群均可不用鱼粉,以豆粕或发酵豆粕替代,又可节约成本。

（8）骨肉粉粗蛋白 40％～60％,粗脂肪 8％～10％,矿物质 10％～25％,并富含维生素 B_{12},配方中可适当考虑。

（9）羽毛粉粗蛋白 80％左右,胱氨酸丰富,赖氨酸缺乏,因加工方法不同,导致粗蛋白消化率也不一样,所以其在日粮中一般比例小于 5％。

（10）夏天在哺乳母猪料中添加 3％～5％的脂肪,可减少因热应激导致采食量下降而引起的能量供应不足;增加乳汁分泌,提高仔猪断奶重,减少母猪失重,缩短发情间隔。

（11）麸皮的矿物质、蛋白质含量较高,赖氨酸较丰富,适口性好,其粗蛋白品质优于玉米,含磷多钙少,磷为钙 4 倍以上,B 族维生素丰富,维生素 A、维生素 D 缺乏,不用于仔猪前期。其主要作用：① 填充作用;② 防便秘作用;③ 内含丰富的植酸酶等。麸皮以大片的较好。

（12）次粉的蛋白含量约为 13％,主要用于仔猪期料,次粉易掺假(如化石粉等)且不易检测出来。

（13）妊娠末期母猪获得的能量最好来自油脂,优先选择顺序：可可油＞大豆油＞菜籽油＞玉米油＞鱼油＞牛油＞牛油＋卵磷脂。生产中常用大豆油。油脂可使胰岛素保持较低水平,同时可获得高水平(1.5％)的亚油酸,对提高仔猪初生重很重要,并可刺激类固醇和前列腺素的分泌。这两种激素负责黄体的退化,导致开始分娩。

（14）妊娠后期料中额外添加的维生素,特别是维生素 E(添加 42～46 IU/kg 饲料,母猪通过胎盘供给仔猪),可提高仔猪活力并能很好预防仔猪"八"字腿发生。

（15）饲料添加剂有机物好于无机的，有机螯合的更好。有机硒、铬对种猪和断奶前仔猪作用更明显。

（16）纳米技术应该运用到饲料加工中。

（17）发酵豆粕是豆粕在特定环境下，经过多种益生菌发酵处理的产物。通过发酵产生大量的多肽、小肽、寡糖、维生素、氨基酸等代谢产物，可被直接吸收，具有清除非热敏性的大豆抗原功能，提高豆粕营养成分及其消化吸收率，增加免疫，产生消胀因子，减少拉稀，减轻臭味及水污染，恢复种猪体能作用。

3. 添加量及其要求

（1）能量饲料（玉米、高粱、大麦、麸皮等）粗蛋白含量比较低，即10%左右，氨基酸种类不齐全，一般缺乏赖氨酸；主要成分是无氮浸出物，占干物质70%～80%；粗纤维小于5%；脂肪、矿物质含量少（其中磷多钙少）；B族维生素丰富，维生素 D 缺乏。

（2）怀孕母猪料中添加大豆油 3%左右。

（3）麦类含粗蛋白≥8%，赖氨酸含量较高，蛋氨酸含量少；维生素 A、维生素 D 也较少。

（4）骨粉含钙 30%、磷 20%，一般在饲料中的添加量为 0.1%～1%，主要用于钙、磷补充剂，可防治猪佝偻病、骨软病以及补充妊娠、泌乳母猪的需要。

（5）血粉含粗蛋白 80%左右，赖氨酸含量特别丰富。日粮中所占比例小于 5%，过多会引起腹泻。

（6）高粱含粗蛋白≥8%，赖氨酸、蛋氨酸、脂肪含量少；维生素 A、维生素 D 缺乏。

（7）大豆粕（饼）一般占日粮比例的 10%～20%。

（8）花生饼（粕）含粗蛋白＞40%，与大豆粕（饼）相比，赖氨酸、蛋氨酸含量少，维生素 A、维生素 D 缺乏。

（9）棉籽饼（粕）含粗蛋白仅次于大豆粕（饼）、花生饼（粕）。缺乏赖氨酸、维生素 A、维生素 D 和钙，且其中含游离棉酚毒素。在日粮中游离棉酚毒素超过 0.01%会引起中毒，故棉籽饼在日粮中占 10%以下。

（10）发酵豆粕含粗蛋白＞50％，可添加到猪的任何生长阶段，可替代部分鱼粉。

（11）在所有的磷源中，脱氧磷酸盐的中和能力最强，不论是有机的还是无机的酸类的结合力最低。由强到弱依次是磷酸、延胡索酸、甲酸、苹果酸和枸橼酸。

（12）空怀及配种期不能喂乳粉料，因其能值高可引起乳房过度水肿。

（13）在猪的日粮中，硒的含量应达 1×10^{-6}，维生素 E 的含量应达 2.2 万 IU。

理论配方中各种营养成分含量一定要比实际的高，尤其是维生素（在生产过程中损失很大），见表 7-1。

表 7-1　维生素在生产过程中的损失

性质 \ 条件 \ 维生素名称	70～110℃ 维生素损失率（％）	95～145℃ 维生素损失率（％）	115～165℃ 维生素损失率（％）
脂溶性维生素 维生素 A	15.3	13.1	15.8
维生素 D	8.3	11.1	10.3
维生素 E	9.3	12.1	14.7
维生素 C	30.8	68.1	87.7
水溶性维生素 维生素 B_1	19.8	18.2	18.1
维生素 B_2	17.9	18.9	26.1
维生素 B_6	20.2	15.6	21.5
泛酸	17.9	15.5	20.2
叶酸	18.9	26.0	32.2
生物素	18.9	27.1	29.0
烟酸	16.7	24.2	26.1

（14）教槽料或开口料，一般 32 目（饲料颗粒直径 2.5～3 mm），仔猪后期、肥育期、成年种猪为 16 目（颗粒料直径 5～6 mm）。

原料质量与标准，具体详见《中国饲料成分及营养价值表》《中国饲料数据库》，2008 年第 19 版）。

（15）造粒。饲料成品粒长,一般是阀磨压缩比的 $1.5\sim2.0$ 倍。阀磨压缩比 $1:4$,成品粉状含量小于 4%。

五、饲料的配制与加工

1. 配合饲料的配制

原料配制：将大众原料与添加剂、载体及稀释剂按一定比例和顺序进行配合,配制过程中应注意配伍性及配伍禁忌。

2. 正确设计饲料配方

遵循饲料配方设计原则(科学性与先进性原则,生理性原则,经济性和市场性的原则,安全性和合法性的原则),正确选择畜禽的饲养标准,采用合理的饲料配方、设计方法。设计饲料配方应注意的事项：配方营养水平要适宜,注意营养物质的优先次序,把握饲料原料的营养成分,注意某些原料的限用量,饲料的适口性和消化率,控制粗纤维的含量,调节微生态平衡(饲料的反缓力、抗生素的添加、微生物的添加),考虑饲料中水溶性氯化物的含量。

3. 饲料加工过程对饲料的影响

不同的饲养阶段对粉碎的粒度要求不一,太细的料喂成年猪易致胃溃疡,太粗的料喂仔猪不易消化;饲料搅拌不均匀在许多猪场确有存在,边粉碎边出料的现象并不少见。一般立式搅拌机需搅拌 12 min,卧式搅拌机需搅拌 $6\sim8$ min。对立式搅拌而言,搅拌时间越长混合均匀度越差。其原因是分级沉淀。

真正优秀的饲料加工员,不仅考虑到不同饲料用不同的筛片,而且还考虑到定期更换打锤以保证粉碎效果,更换阀模以保证饲料成品的质量。

4. 饲料生产工艺流程

（1）原料：包括原料采购、堆放、贮存。

（2）粉碎：应注意筛片、粒度、粉碎时间。

（3）搅拌：应注意混合周期、混合时间。

（4）糙粒：应注意温度、时间。

（5）抽检：应注意留样。

（6）干燥和包装：应注意含水量、生产日期、保质期、真空包装、地板、堆放高度、标记。

总之，好饲料取决配制与加工的过程更是"称、匀、调、霉、尝、筛"紧密结合的结果。

5. 饲料原料和全价饲料质量的变异

（1）原因：自然变异，加工变异，掺假、损坏和变质。

（2）检测方法：化学分析，显微镜检测，滴定实验和快速检测方法。

（3）样品制备：筛分法，浮选技术，显微镜观察。

6. 饲料厂家伙同营养专家共研课题

（1）发病率与死亡率。

（2）增长速度与饲料利用率。

（3）人工费与药费。

（4）色素的沉着。

（5）胴体的品质与废弃率。

7. 猪群的三大营养师

猪的营养需要人性化，合理、平衡、安全。首先原料优质是对畜牧业最好的投资，其次还要通过配方设计、饲料混合和科学饲喂达到最佳的效果。

（1）配方设计营养师：原料采购控制，原料贮存控制，营养配方控制。

（2）饲料混合营养师：加工设备工艺流程控制，粉碎细度控制，搅拌均匀度控制，成品贮放控制。

（3）饲料饲喂营养师：不同阶段、不同饲喂方式、不同数量的饲喂等差异化饲喂均应满足营养需求。

8. 科学投喂

猪喜欢吃颗粒料。颗粒与粉料在同等营养条件下，使用颗粒料省力，浪费少，呼吸道疾病发生率低，饲料熟化，霉菌减少，毒素降低，延长饲料在消化道中停留时间，但制粒成本增加，制粒过程的高温会破坏一部分维生素、酶，不容易拌药；粉料能增加消化酶和营养物质的接触面积，易拌药，猪也较喜欢吃，加工成本低，但浪费相应大。颗粒大小对猪的生产性能、消化道发育、功能和营养物质利用率的影响还有待进一步研究证明。

乳猪最喜欢吃奶。奶水中有 19.5% 的干物质,所以喂温水料[水料比(5～6):1]在饲料形态、用水、卫生、消化上都是有益的。喂水料能增长大、小肠,却增大了肚皮;增加了饮水量却减少了干物质的摄入。要想提高饲料营养物质消化率、生长性能,需要增加饲喂次数。

综上所述,笔者主张用湿料,但水不能加得太多,也不能水解过程太长,否则易发酵造成矿物质沉淀浪费及营养损失,应现配现用。

猪一生正确的用料方式:水料、颗粒、湿料;应根据实际情况而定,换料有应激,至少需要 1 周过渡。仔猪、亚健康猪和病猪首选饲喂液体饲料。

六、饲料添加剂

饲料添加剂是眼前乃至将来需花大力气去研究的课题。它是现代饲料中极为重要的核心部分,是饲料工业核心技术的关键,是产品提高科技含量的重要载体,是饲料行业新的经济增长点。高科技含量的饲料添加剂是饲料安全的中心所在更是重要保证,它对提高饲料质量,增加营养成分具有决定作用,进入 21 世纪,以上作用显得更为突出。

总之,饲料添加剂在现代饲料中处于极其重要地位,饲料工业的发展关键在饲料添加剂。

1. 背景

20 世纪 40 年代饲用抗菌添加剂领域的权威——Jukes 博士曾说过:"抗菌药物用于促进动物生长为养殖业带来了巨大的经济效益,这在医药史上是一个史无前例的奇迹。"偶尔发现维生素 B_{12} 对鸡的促生长作用,后来又先后发现金霉素、土霉素、青霉素、链霉素、杆菌肽用于动物饲料都起到了促进动物生长及提高饲料利用率的作用。

抗生素作用方式:直接作用和通过调节肠道微生物的间接作用。通过降低肠道微生物与宿主之间对营养物质的竞争和针对病原微生物的竞争性排斥，可以实现饲用抗生素的直接促生长作用。饲用抗生素的间接促生长作用则归功于降低肠道维持需要，减少免疫系统应激和亚临诊疾病，以及降低抑制生长的机会性病原微生物等。替代分营养性和非营养性。随着我国畜牧业的发展，集约化程度的提高，饲料工业的衍生也随之迅速发展壮大起来，抗生素、化学合成药和类固醇激素，如促长素、驱虫剂、激素、调味剂、改良剂、色素、防腐剂等饲料添加剂也随之普遍使用。

试验证明，长期在饲料中添加抗生素会导致动物胃肠道正常菌群失调，产生耐药性、残留、过敏，严重污染环境和降低畜禽产品品质，以致"三致"出现。如青霉素、链霉素、磺胺类药物易使人产生过敏和变态反应；金霉素易产生过敏反应；氯霉素引起再生障碍性贫血、血小板减少和肝损伤；喹乙醇能使基因诱变致畸；呋喃唑酮诱发组织癌变等。比利时、法国、德国、荷兰都发生过"二噁英"饲料中毒事件，我国大陆供港猪中检出 β-兴奋剂。

20 世纪 70 年代中期，欧共体规定禁止使用青霉素、四环素类抗生素作饲料添加剂；1977 年美国食品和药品管理局（FDA）限制人用抗生素作饲料添加剂，并规定杆菌肽锌为畜禽专用抗菌饲料添加药物；1989 年美国 FDA 规定了 43 种微生物允许作益生素。1986 年瑞典最先禁用抗生素促生长剂，其次是丹麦在 1999 年下禁令，1998 年欧盟开始禁止在饲料中使用杆菌肽锌、泰乐菌素等 4 种饲料抗生素。2006 年 1 月 1 日欧洲下禁令：动物饲料禁止使用抗生素。

我国农业部 1989 年颁发首批 6 种抗菌促生长剂，至 1994 年增至 11 种。到 1996 年，我国农业部又公布可用于饲料微生物添加剂的有 12 种：干酪乳酸菌、植物乳酸菌、粪链球菌、屎链球菌、乳酸片球菌、枯草芽孢杆菌、纳豆芽胞杆菌、嗜酸乳杆菌、乳链球菌、啤酒酵母、产朊假丝酵母、沼泽红假单胞菌。2005 年 12 月 31 日起，我国下令所有的抗生素生长促长剂包括阿维拉霉素、黄霉素、盐霉素和使用于牛的莫能菌素禁用。

抗生素作为饲料的种种弊端逐渐被人们所认识，使得全球饲用抗生素的使用得到一定程度的遏制和更加谨慎。绿色安全动物产品的生产已成为世界性动物食品生产的主题。

2. 发展历程

饲料添加剂已经历了无机、有机、螯合、纳米 4 个阶段。功能性添加剂越来越受欢迎。

3. 种类及性质

添加剂种类繁多,按化学性质分有酸性(有机、无机、复合酸)微生物生态制剂、碱性微生物生态制剂(光合细菌)。按作用不同又分营养、促生长、贮存、黏结、着色、增进食欲添加剂等。

(1)酶:是一种能够使特定化学反应速度加快、催化营养物质分解、促进养分吸收的一种蛋白质,是新兴添加剂。它必须在特定的pH、温度和环境条件下才能发挥最大作用。主要指标是酶活性[在一定温度(通常 25℃)和 pH(7)条件下,1 min 内产生 1 μmol 生成物所需酶量,叫一个国际单位(IU)]。常见的有:多聚糖酶(木聚糖酶、β-葡聚糖酶)、植酸酶、蛋白酶、α-半乳糖酶、淀粉酶、脂肪酶、甘露糖酶、半纤维素酶、果胶酶等。大体分为 4 类:① 用于黏性谷物的酶制剂;② 用于非黏性谷物的酶制剂;③ 用于谷物类酶制剂;④ 微生物(溶菌酶)、植酸酶。

活力比:酶量/g·min。

黏度单位:非淀粉多糖类物质还原物具有很高黏性,因此可用黏度计去测量还原物流量来确定酶活。常用检测方法有 DNS 法、黏度法。酶量与酶黏度二者可以互算。

(2)益生素:由 Lilly 和 Stillwell 首次使用。定义为"由一种微生物刺激另一种微生物生长的物质",源于希腊文(pro 有利于)+(bio 生命)+(tics 制剂)和 antibiotic 相对立,意味在生命活动中起互补作用。Fuller 定义为"一种可通过改变肠道菌群平衡而对生物施加有利影响的活微生物添加剂",我国译为益生素。通常所说的益生素包括乳酸菌、酵母菌和某些芽孢杆菌等有机物及多种酶。当前使用益生菌种类很多。主要是保加利亚乳酸菌、嗜酸乳杆菌、瑞士乳杆菌、干酪乳杆菌、乳酸杆菌、植物乳酸菌、嗜热链球菌、屎肠球菌、粪肠球菌、双歧杆菌和大肠杆菌。除保加利亚乳杆菌和嗜热链球菌外都是肠道菌株,是酸奶首发生物。其他一些益生菌是微观真菌,如酿酒酵母的一些酵母菌。酵母平衡哺乳仔猪断奶时胃肠道菌群组成成分。

益生素中芽孢杆菌属对高热、高压有较高的耐受性,且对畜禽有"平衡稳定"及促生长作用。用芽孢杆菌制剂替代抗生素等作为饲料微生物添加剂,抑制畜禽肠道大肠杆菌和沙门氏菌危害的效果明确,还可避免制粒或贮存过程中微生物活性受到破坏。益生素已被国际公认是无公害的绿色添加剂。

(3)肽:肽是两个或两个以上的氨基酸缩脱水以肽键彼此相连接的化合物,也称小肽或多肽。含2个氨基酸的称2肽,含3个氨基酸的称3肽,依次类推寡肽(含氨基酸10个以内)、多肽(含氨基酸10个以上)。肽是精准的蛋白质片断,是氨基酸,分子最小、蛋白质最大。肽是蛋白质发挥作用的唯一途径,是传递生命信息的信使,细胞吸收营养必须通过肽的活性才能完成。最具活性、最易吸收、生理功能效价高。

研究表明,抗菌肽的作用机理分为膜结构破坏型机制和非膜结构破坏型机制。随着抗菌肽两亲螺旋结构的明确,抗菌肽的广谱高效抗菌活性在治疗细菌病方面有其独特之处,并且其作用机理不同于传统抗生素,不会导致抗药菌株的产生,因此极有希望开发成为一类新型抗生素。

另外,肽既有丰富的营养性作用,又有全面的功能性作用;肽以其独特的机理在挖掘动物生长潜能、防病抗病、改善产品品质、提高经济效益等方面,日益发挥着重要的作用。可以预见,肽制剂成为继维生素、氨基酸后在饲料中又一种必不可少的添加物!

(4)植物精油:关于植物提取物,人类有史以来一直依赖植物和草药用于医学目的,如我们最早最常用的解热镇痛药阿司匹林就取自于柳皮,治疗疟疾的奎宁药物取自蓝桉树皮,吗啡取自罂粟,抗癌药紫杉醇最初取自太平洋紫杉树;很多感冒药、咳嗽药、肌肉放松药含有薄荷,就连最新研制出的埃博拉药物也使用了烟草。直到今天,当代医学领域仍在挖掘植物衍生物。

从植物的花、叶、茎、根或果实中,通过水蒸气蒸馏法、挤压法、冷浸法或溶剂提取法提炼萃取的挥发性芳香物质,统称为植物提取物或植物精油简称精油(EO)。归纳为四大类:萜烯类衍生物、芳香族化合物、脂肪族化合物和含氮含硫类化合物。酚类化合物具有良好的抗菌特性。研究证明,植物提取物在提高畜禽体增重和采食量、调控肠道微生物菌群等方面具有显著的作用效果。目前,发现构成精油的化合物高达22 000多种。在畜牧业应用的精油产品主要包括香芹酚、百里香酚、肉桂醛、4-松油烯醇、辣椒油等。

(5)微生物生态制剂:可提供丰富的B族维生素和小肽及必需氨基酸、螯合微量元素,调节肠道菌群生态,抑制有害菌,提高免疫力,增强抗应激。

(6)植酸酶:在自然界中广泛存在。猪体内有4种来源的植酸酶:小肠黏膜处产生的植酸酶、大肠内微生物产生的植酸酶、植物性原料本身具有的植酸酶(其活性受饲料热处理过程热度影响)和添加的外源性植酸酶。

(7)螯合物:与复合物及有机物概念完全不同。它通常指金属与两个或多个氨基酸通过牢固的化学键(配位键或离子键)形成的杂环(五环或六环)结构,整个分子呈中性,也有人称其为肽螯合,能借助原有的小肽吸收机制被机体吸收,快速、高效、低耗能、不易饱和。在众多的有机矿物质中,二肽螯合物为最理想、最高效、效果最好的有机物。

(8)酸化剂:酸性物质的使用是近年来养猪业中普遍存在的现象。酸化剂对促进动物消化、抗应激及环状病毒的感染很有作用。但由于负反馈的作用,长期添加这些物质,往往破坏了胃的自我产酸能力,同时降低了机体的储碱,导致肾功能受到严重影响。

(9)中草药:含丰富的多糖、寡多糖、绿原酸、双歧因子、总黄酮、生物碱、叶绿素、维生素C和B族维生素等,可萃取促生长因子、抗病因子和降低胆固醇因子等活性物质,能直接作用于微生物,通过调整和修复机体功能,发挥抗菌、保健作用及抗病毒作用。现很多国家都在大力开发和研究天然中草药。发展中草药药物饲料添加剂,利在当代,功载千秋。

4. 要求
安全、有效、方便、适口、可检。

5. 添加剂的剂型
粉状添加剂会被逐渐取代,液态化、微粒化、纳米化的新型复合酶制剂是今后发展的方向。

6. 作用机制

不同的添加剂有着不同的作用机制，尤其是酶。其多见于：① 芽孢萌发，生物夺氧或竞争排斥，减少内源性蛋白质的损失；② 产生溶菌酶，改变肠道组织学结构；③ 免疫调节（IgM＋IgA）；④ 产生有机酸，改变肠道微生物区系；⑤ 产生多种消化酶，补偿幼龄动物内源性酶分泌不足。

7. 作用效果

作用的效果较为显著：① 饲料利用率高；② 生长速度快；③ 增重；④ 发病率降低；⑤ 死亡率降低；⑥ 繁殖性能好；⑦ 增强抗应激；⑧ 经济效益高；⑨ 其他可能的作用效果。

8. 优越性

优越性表现：① 扩展饲料原料的使用；② 改善饲料品质；③ 提高潜在营养价值并促进营养物质消化吸收；④ 改善了中粗纤维的消化与吸收；⑤ 降低胃肠道 pH，提高消化酶活性；⑥ 提高饲料配方的灵活性；⑦ 减少药物通过粉尘的损失；⑧ 不产生耐药性，降低药物污染和残留；⑨ 增强药物的稳定性；⑩ 改善人畜健康和饲养环境；⑪ 减少粪便中氨气、硫化氢等有害有毒气体生成；⑫ 消除营养性腹泻及便秘的发生；⑬ 具有较强的免疫修复、免疫增强、免疫调节作用；⑭ 提高上市均匀度；⑮ 高效、价廉。

9. 添加剂的标识

凡产品都必须有标识，且具备以下要求：

（1）产品说明：批准文号，首批时间、生产批号，生产日期，出厂日期，保质期，专利名称，分类（按主要功能），作用机制，组织成分（定性、定量），物理状态，微粒大小分布，颗粒形状，密度，生产过程，使用的剂量、方法等。

（2）产品性质（以酶制剂为例）：① 说明酶或微生物的来源。② 用DNA重组技术生产的酶，详细叙述受体和供体及基因修饰的性质和目的。③ 投放市场，使用操作条件至少符合法规、商标、包装设计。④ 如果微生物家族中有其他成员能产生毒素或其他有害物，必须在分子水平和细胞水平上证明该生物没有危害。⑤ 酶制剂不能具有人用和兽用抗生素活性。作为活性成分的微生物不能产生与人用和兽用抗生素相关的抗菌物质。⑥ 所用菌株不会扩大现有动物肠道和环境中微生物的抗生素耐受性基因库。所有菌株都要进行对所有人用和兽药抗生素种类中至少一个品种要进行耐药性测试。若有耐药性,则要确定耐药性的遗传基础及耐药性向其他肠道常驻菌遗传的概率。

(3)有效成分的描述:通用名、化学名,结构和分子式,分子量(发酵产品),微生物来源,纯度及相关特性。

(4)添加剂的描述:理化性质,工艺,稳定性,混合物的均质性,防尘和静电特性,于液体的分散性。

(5)检测方法:预混料和饲料中有效成分常规检测的定义和定量方法,动物产品和组织中活性成分残留的测定方法。

另外,还标有使用对象、贮存条件、注意事项等。

10. 使用注意事项

不同酸性和复合酸的具体组成比例;适当剂量;肠道菌群组成;日粮缓冲系数;原料质量及日粮组分;饲用抗生素、剂量、矿物质、抗球虫药和疫苗使用;动物健康状况、免疫激活程度和生长环境;动物日龄。

11. 存在的问题

(1)安全性。

(2)稳定性。与日龄、体重、日粮、蛋白质的来源、饲料结合力、种类及使用量、最佳添加量、作用机制尚不完全清楚、效果不能完全预测、变异性大、引起变异性的原因非常复杂。

(3)药物残留。就抗生素而言,本不过敏的人而致敏;敏感人产生过敏反应。改变人体胃肠道菌群结构、引起抗药细菌的出现,但抗菌剂作为动物高效生长促进剂的地位是不可动摇的。

分析:① 技术角度:a. 专一性;b. 用量低;c. 抗菌谱广;d. 局部作用;e. 饲料加工工艺和使用指南;f. 微粒化抗菌剂;g. 益生素的出现给人们替代抗生素饲料添加剂带来了新的希望。

② 市场信息:a. 药业开发公司的投入;b. 申报专利数目的增加;c. 政府及大学研究基金的投入。

③ 禁用带来的反面教训。

12. 添加剂发展的重点

世界微生态学会主席光岗知足先生说:"肠道微生态失调是万病之源,要想维持健康生长,应从保持微生态平衡做起。"在正常情况下,动物肠道中的微生物区系处于动态的平衡状态,然而在动物遭遇各种应激(如病原菌感染、环境温度变化、饲料改变、免疫接种以及生理状况变化等)以及长期或大剂量使用抗生素时,这种平衡就会被打破,其结果将导致消化功能紊乱、免疫力下降、疾病发生等,使动物生产性能下降,养殖成本增高,经济效益下降。

(1)酶制剂(复合酶、溶菌酶),益生素,小肽(即小分子氨基酸),天然生长促进剂,免疫促进、增强剂,霉菌毒素解毒剂,大肠杆菌和沙门氏菌的抑制剂及螯合有机矿物质的研发应加强。

(2)进一步扩大蛋氨酸和赖氨酸的生产,同时加大苏氨酸和色氨酸等的开发力度。

(3)重视维生素生产。

(4)进一步加强中草药的开发应用,向精细化方向发展。

(5)发展防霉抗氧剂,促进饲料安全和卫生水平的提高。

(6)加大投入,提高科技含量,重视抗生素替代产品的发展。

(7)向规模化、专业化发展。

13. 我国规定的允许添加的饲料添加剂种类

凡是含有药物的饲料添加剂均按兽药进行管理。允许使用的种类:

(1)抗球虫药类:氨丙啉及与乙氧酰胺苯甲酯,北盐酸氯丙啉+乙氧酰胺苯甲酯+磺胺喹恶啉,硝酸二甲硫胺,氯羟吡啶,氯羟吡啶+苄氧喹甲酯,尼卜巴嗪,尼卜巴嗪+乙氧酰胺苯甲酯,氢溴酸常山酮,氯苯胍,二硝托胺,沙拉洛西钠,莫能菌素,盐霉素,马杜拉霉素,海南霉素。

(2)驱虫药类:越霉素 A,潮霉素 B。

(3)抑菌促生长剂类:喹乙醇,杆菌肽锌,硫酸黏杆菌素,杆菌肽锌+硫酸黏杆菌素,北里霉素,恩拉霉素,维吉尼霉素,黄霉素,土霉素钙,氨苯胂酸,磷酸泰乐菌素。

（4）中草药类：苍术，陈皮，杨树花，沙棘，金荞麦，党参，蒲公英，神曲，石膏，玄明粉，滑石牡蛎。

（5）微生态制剂类：又称生菌剂、活菌剂、益生素。包括嗜酸乳杆菌，蜡样芽孢杆菌，枯草杆菌（只限于不产生耐抗生素的菌株），粪链球菌，噬菌蛭弧菌，嗜酸乳杆菌＋粪链球菌＋枯草杆菌＋蜡样芽孢杆菌＋酵母菌＋脆弱拟杆菌。

（6）酶制剂类：胃蛋白酶，胰蛋白酶，菠萝蛋白酶，支链淀粉酶，α、β-淀粉酶，纤维素分解酶，胰酶，乳糖分解酶，β-葡萄糖酶，脂肪酶，植酸梅。

（7）维生素类：维生素 A 乙酸酯，棕榈酸酯 β-胡萝卜素，烟酸盐，硝酸盐，氯化胆碱，饲用酵母，叶酸，烟酸，烟酰胺，D-泛酸钙，DL-泛酸钙，维生素 B_2、维生素 B_6、维生素 B_{12}、维生素 D_2、维生素 D_3、维生素 E、维生素 C、维生素 K、维生素 H（生物素）。

（8）微量元素类：包括硫酸铜，硫酸亚铁，硫酸镁，硫酸锰，硫酸锌，碘化钾，碳酸钙，氯化钴，亚硒酸钠，磷酸氢钙，乳酸铁（以上参考《饲料博览》，1998）。

具体品种及质量按《中国兽药典》、《兽药规范》等有关国家标准和专业标准执行。见表 7-2。

表 7-2　饲料添加剂品种目录（2006）

类　别	通　用　名　称	适用范围
氨基酸	L-赖氨酸盐酸盐、L-赖氨酸硫酸盐＊、DL-蛋氨酸、L-苏氨酸、L-色氨酸	养殖动物
	蛋氨酸羟基类似物、蛋氨酸羟基类似物钙盐	猪、鸡、牛
	N-羟甲基蛋氨酸钙	反刍动物
维生素	维生素 A、维生素 A 乙酸酯、维生素 A 棕榈酸酯、盐酸硫胺（维生素 B_1）、硝酸硫胺（维生素 B_1）、核黄素（维生素 B_2）、盐酸吡哆醇（维生素 B_6）、维生素 B_{12}（氰钴胺）、L-抗坏血酸（维生素 C）、L-抗坏血酸钙、L-抗坏血酸-2-磷酸酯、维生素 D_3、α-生育酚（维生素 E）、α-生育酚乙酸酯、亚硫酸氢钠甲萘醌（维生素 K_3）、二甲基嘧啶醇亚硫酸甲萘醌＊、亚硫酸烟酰胺甲萘醌＊、烟酸、烟酰胺、D-泛酸钙、DL-泛酸钙、叶酸、D-生物素、氯化胆碱、肌醇、L-肉碱盐酸盐	养殖动物

类　别	通　用　名　称	适用范围
矿物元素及其络合物	氯化钠、硫酸钠、磷酸二氢钠、磷酸氢二钠、磷酸二氢钾、磷酸氢二钾、轻质碳酸钙、磷酸氢钙、氯化钙、磷酸二氢钙、磷酸三钙、乳酸钙、七水硫酸镁、一水硫酸镁、氯化镁、六水柠檬酸亚铁、氧化镁、富马酸亚铁、三水乳酸亚铁、七水硫酸亚铁、一水硫酸亚铁、一水硫酸铜、五水硫酸铜、氧化锌、氧化锰、氯化锰、七水硫酸锌、一水硫酸锌、无水硫酸锌、一水硫酸锰、碘化钾、碘酸钾、碘酸钙、六水氯化钴、亚硒酸钠、一水氯化钴、硫酸钴、蛋氨酸铜络合物、甘氨酸铁络合物、蛋氨酸铬络合物、蛋氨酸锌络合物、酵母铜＊、酵母铁＊、酵母锰＊、酵母硒＊	养殖动物
	烟酸铬＃、酵母铬＊、蛋氨酸铬＊、吡啶甲酸铬(甲基吡啶铬)＊#	生长育肥猪
	硫酸钾、三氧化二铁、碳酸钴、氧化铜	反刍动物
	碱式氯化铜＊#	猪和鸡
酶制剂	淀粉酶(产自黑曲霉、解淀粉芽孢杆菌、地衣芽孢杆菌、枯草芽孢杆菌)、脂肪酶(产自黑曲霉)、纤维素酶(产自长柄木霉、李氏木霉)、β-葡聚糖酶(产自黑曲霉、枯草芽孢杆菌、长柄木霉)、葡萄糖氧化酶(产自特异青霉)、麦芽糖酶(产自枯草芽孢杆菌)、甘露聚糖酶(产自迟缓芽孢杆菌)、果胶酶(产自黑曲霉)、木聚糖酶(产自米曲霉、孤独腐质霉、长柄木霉、枯草芽孢杆菌＊、李氏木霉＊)、蛋白酶(产自黑曲霉、米曲霉、枯草芽孢杆菌)、支链淀粉酶(产自酸解支链淀粉芽孢杆菌)、半乳甘露聚糖酶(产自黑曲霉和米曲霉)、植酸酶(产自黑曲霉、米曲霉)	指定的动物和饲料
微生物	地衣芽孢杆菌＊、枯草芽孢杆菌、双歧杆菌＊、粪肠球菌、屎肠球菌、乳酸肠球菌、嗜酸乳杆菌、干酪乳杆菌、乳酸乳杆菌＊、植物乳杆菌、乳酸片球菌、戊糖片球菌＊、产朊假丝酵母、酿酒酵母、沼泽红假单胞菌	指定的动物
	保加利亚乳杆菌＃	猪、鸡
非蛋白氮	尿素、碳酸氢铵、硫酸铵、液氨、磷酸二氢铵、磷酸氢二铵、缩二脲、异丁叉二脲、磷酸脲	反刍动物
抗氧化剂	乙氧基喹啉、丁基羟基茴香醚(BHA)、二丁基羟基甲苯(BHT)、没食子酸丙酯	养殖动物
防腐剂、防霉剂、酸化剂	甲酸、甲酸铵、甲酸钙、乙酸、双乙酸钠、丙酸、丙酸铵、丙酸钠、丙酸钙、丁酸、丁酸钠、乳酸、苯甲酸、苯甲酸钠、山梨酸、山梨酸钠、山梨酸钾、富马酸、柠檬酸、酒石酸、苹果酸、磷酸、氢氧化钠、碳酸氢钠、氯化钾、碳酸钠	养殖动物

类 别	通 用 名 称	适用范围
着色剂	β-胡萝卜素、辣椒红、β-阿朴-8′-胡萝卜素醛、β-阿朴-8′-胡萝卜素酸乙酯、叶黄素*、β-胡萝卜素-4,4-二酮（斑蝥黄）、天然叶黄素（源自万寿菊）	家禽
	虾青素	水产动物
调味剂香料	糖精钠、谷氨酸钠、5′-肌苷酸二钠、5′-鸟苷酸二钠、血根碱、食品用香料	养殖动物
黏结剂、抗结块剂稳定剂	α-淀粉、三氧化二铝、可食脂肪酸钙盐*、硅酸钙、硬脂酸钙、聚氧乙烯20山梨醇酐单油酸酯、甘油脂肪酸酯、聚丙烯酸树脂Ⅱ、丙二醇、二氧化硅、海藻酸钠、羧甲基纤维素钠、聚丙烯酸钠*、山梨醇酐脂肪酸酯、蔗糖脂肪酸酯、焦磷酸二钠*、单硬脂酸甘油酯*	养殖动物
	丙三醇*	猪、鸡和鱼
多糖和寡糖	低聚木糖（木寡糖）#	蛋鸡
	低聚壳聚糖#	猪和鸡
	半乳甘露寡糖#	猪、兔、肉鸡
	果寡糖、甘露寡糖	养殖动物
其他	甜菜碱、甜菜碱盐酸盐、聚乙烯聚吡咯烷酮（PVP）、山梨糖醇、大蒜素、半胱胺盐酸盐#、天然类固醇萨洒皂角苷（源自丝兰）、天然甜菜碱、大豆磷脂、二十二碳六烯酸*	养殖动物
	糖萜素（源自山茶籽饼）、牛至香酚*	猪和家禽
	乙酰氧肟酸	反刍动物

注：*为已经获得进口登记证的饲料添加剂，在中国境内生产带*的饲料添加剂需办理新饲料添加剂证书。#为2000年10月后批准的新饲料添加剂。

七、猪饲料的饲喂

猪的饲料按其性质分为配合料、浓缩料、预混料；按其形态分为颗粒料、粉料及液体料含发酵料。猪最喜欢享用液体料，其次是颗粒料，最不喜欢的是粉料。一般来说，中大猪宜使用潮湿料，其次是颗粒料，小猪宜使用液体料。我们清楚，使用预混料成本最低，配合料成本较高，浓缩料成本最高，发酵料，尽管受菌种的来源、质量的把握、程序的相对复杂及添加量有所限制等因素影响，但其推广并未止步。然，对玉米产区养殖户来说，较多数喜欢选用浓缩料。

1. 根据自身现状及特点施喂

各养殖场或养殖户应根据自己的现状及特点（如地理位置、原料来源、生产和加工能力、运输半径等）来决定使用预混料或配合料或浓缩料，再结合本场硬件条件和管理者喜好选择料形，再实施自动或定时定量饲喂。

定时定量。定时定量喂料极有利对个体猪膘的控制，便于及时发现病猪，但也增大了工人的劳动强度。潮湿料是最佳的料型，爽口、浪费少、节约水，呼吸道疾病发生率低；另，据有关报道，给猪长期饲喂液体饲料可增长肠道既是增强了消化吸收。

自动喂料。使用自动喂料虽然节省大量人力，减少了大量的饲料浪费，降低了疾病传播风险，但对于管理水平不高的、饲养员技能差的，尤其是初学养猪者来说有一定的挑战性，至少不能及时发现病猪。颗粒料较粉料更适用自动喂料系统，粉料易堵塞管道，导致饲料霉变屡见不鲜。

2. 猪喜欢吃颗粒料

颗粒与粉料在同等营养条件下，使用颗粒料省力、易运输、浪费少；呼吸道疾病发生率小；饲料熟化程度略高；比新鲜的霉菌毒含量降低，但制粒增加成本；制粒过程需要高温介入，会破坏一部分维生素、酶；颗粒料不容易拌药。

3. 猪更喜欢吃液体料

使用水料浪费少；易拌药物；降低呼吸道疾病发生率；能增长大、小肠，同时也增大了肚皮。就猪的胃来说，增加了饮水量却减少了干物质的摄入；但要提高饲料营养、营养物质消化率及动物生长性能，需要增加饲喂次数是必须的。然而，就肉猪来说，长期饲喂水料较喂干料的肉色艳，但屠宰率稍低。

在目前生产状态与条件下，我们都主张对种猪、中大猪使用湿料，湿料水分多，致饲料中沸石粉容易沉淀，造成浪费与污染环境。使用湿料要现配现用，避免浪费，注意矿物质沉淀、水解及发酵造成的营养损失。给仔猪、亚健康猪和病猪饲喂流体饲料是最佳选择。

4.差异化饲喂

根据猪的生理特点,综合以上因素,在满足营养高且平衡的条件下,应采取不同阶段、不同方式、不同数量等差异化方式进行饲喂。

(1)乳猪:提倡早期断奶,必须实施早期诱食,补食高档的配合料(又称开口料或教槽料)。乳猪因偏爱母乳而不愿吃饲料,应将开口料调成糊状涂抹于母猪乳头或乳猪嘴里,每日2~3次。仔猪开食后改喂水料,直至断奶后1周或更长时间方可启用颗粒料,并过渡至保育料,保持潮湿料饲喂是最佳选择。此期喂料应少加勤添、不间断、不浪费、小应激为原则。

(2)保育猪:宜选用高档浓缩料或颗粒料,每日需饲喂6~8次。浓缩料配成全价料后宜以潮湿料的形式饲喂。断奶后3天内,饲喂潮湿料更是好处多多。

(3)仔猪后期及育肥猪:宜选用预混料或配合料,除全价颗粒料外,应采用潮拌料方式饲喂,每日喂2~4次,每头日投喂量应为其体重的3%~5%。

(4)种公猪:宜选用全价颗粒料。中医认为,"牙齿乃肾之本"。吃颗粒炼牙齿,强肾。切记,对被采精的公猪应先运动后交配,最后喂料。每日喂2次。严防肥胖。

(5)妊娠母猪:配种至妊娠70天内,饲料以高纤维辅料为主。水料或潮湿料是首选料型。以吃饱为原则,严防胃萎缩是减少前两胎母猪妊娠期胀气病发生的重要条件。每日喂2次,用料2~4 kg。个别猪膘情太瘦或太肥,应酌情增减喂量。

(6)哺乳母猪:母猪从妊娠70天后应逐渐增加营养直至哺乳期结束停止延续至配种当天。期间,哺乳期对营养的要求更高,宜选用专用高档料,潮湿料是最佳料型。重胎期,每日喂2~3次,每日3~5 kg;产前1周起应注意,母猪喂量应略减且营养浓度有降低有助分娩顺利、预防仔猪黄白痢;母猪从分娩后2~3天起至泌乳高峰期止,采食量逐渐增大,每日2~4次,每日5~10 kg。除了好的配方、好的营养外，用潮湿料、增加饲喂次数都是提高母猪食量的好方法。

5. 其他

在猪的每一个生长阶段，日粮中都应添加 2%～5% 的青饲料往往被忽视，这是严重的错误。空气质量是猪的第一大营养物质，水质更不容忽视。

八、常见霉菌毒素的危害及除毒方法

据联合国粮农组织(FAO)资料显示，全球每年大约有 25% 的农作物不同程度地受到霉菌毒素的污染，约 2% 的农作物因污染严重而失去饲用价值。

根据"养猪 e 家网"报道：2016 年上半年所有送检的样品中，没有绝对安全的样品，所有样品均检测出霉菌毒素；其中检测到 2 种以上霉菌毒素的样品占 95.1%。相对而言，饲料及原料中 DON 毒素污染最为严重。污染率排名（所有样品）：DON＞T-2＞ZEN＞AFB1＞FB1。并评估：2016 上半年饲料及饲料原料霉菌毒素污染状况仍较严重，且多种霉菌毒素共存现象非常普遍；所有样品霉菌毒素污染状况均呈现上升走势；DON 仍是污染最为严重的毒素类型，污染率达93.14%（尤其在麸皮中污染严重）。

自 20 世纪 60 年代以来，关于霉菌毒素的研究一直是热门课题，相对发达国家或地区，我国此项研究较落后。进入 21 世纪，霉菌毒素与人及动物的健康密切相关不断得到重视，相续研究深入展开，由原来只重视仓储型毒素深入到田间型毒素及二次霉变的研究都取得了重大进展。认识并防控霉菌毒素及其二次污染成为解决饲料安全问题的关键。

霉菌毒素一旦进入胃肠道，首先是通过简单扩散或主动运输方式，由血液进入组织器官，造成免疫失衡、炎症和病变。主要指肠道、粪便、肠细胞、门静脉、肝脏、尿液、血液循环、乳汁及其他组织（肾脏、乳腺等）变化。其次是沉积在动物组织器官，如肠黏膜、肝脏、肾脏、氧化应激致细胞活力降低,免疫系统因过度反应而损伤,炎症频繁出现相连产生加重。经氧化、还原、水解,毒性降低,以脂溶性毒素或水溶性毒素通过尿液、粪便、乳汁途径排出体外。

1. 常见的霉菌毒素及其危害的临诊表现

霉菌是丝状真菌的统称,食物一旦受到霉菌污染,营养价值必然降低。然,霉菌毒素则是由霉菌代谢所产生的低分子有毒化合物。目前,据有关资料显示,霉菌种类已经查证的有 318 种,其中曲霉属 49 种,青霉菌属 92 种,镰刀菌属 36 种,其他还有 96 属 141 种,而能够产生毒性代谢产物即霉菌毒素的共 21 类 340 种(其实,尚有很多种不认识或未命名的)。能产生霉菌毒素的霉菌属主要有 4 种:曲霉菌属中如黄曲霉毒素(黄曲霉毒素 Altoxin)、赭曲霉毒素(Ochratoxin);梭菌属中如玉米赤霉烯酮(Zearalenone)、呕吐毒素(Vomitoxin)、T-2 毒素等;青霉菌属中如桔青霉素(Citrinin);麦角菌属中如麦角毒素(Ergotamin)。

霉菌毒素按其来源分为麦角毒素(麦角碱)、生长过程霉菌毒素(如玉米赤霉烯酮、T-2 毒素、呕吐毒素、烟曲霉毒素)、储藏过程霉菌毒素(如黄曲霉毒素、赭曲霉毒素)三类。霉菌毒素中毒能够引起动物不同的生理表现,其中,有病名的霉菌毒素中毒病有 23 种。但对猪影响多的是玉米赤霉烯酮(ZON)、呕吐毒素(DON)、T-2 毒素、黄曲霉毒素(AFB)、烟曲霉毒素(FUM)和赭曲霉毒素(OTA)6 种。具体详见表 7-3。

表 7-3 常见霉菌毒素来源及其分类

霉菌来源	霉菌种类	霉菌毒素种类	最常见的霉菌毒素					
			非 极 性			极 性		
			玉米赤霉烯酮(ZON)	呕吐毒素(DON)	T-2毒素(T-2)	烟曲霉毒素(FUM)	黄曲霉毒素(AFB1)	赭曲霉毒素(OTA)
田间霉菌生长过程霉菌储藏过程霉菌	318	麦角菌属曲霉菌属梭菌属青霉菌属	玉米赤霉烯酮(ZON)	呕吐毒素(DON)	T-2毒素(T-2)	烟曲霉毒素(FUM)	黄曲霉毒素(AFB1)	赭曲霉毒素(OTA)

据有关报道,26～30℃下,原料霉变所产生的毒素类别最多。霉菌毒素的种类不同其分子结构也各不同,毒性相差很大。霉菌毒素

具有特异性和协同性(各种霉菌同时存在能加重霉菌毒素的毒性,1+1>2)及高效性(低浓度就有明显的毒性,百万分之一或十亿分之一)。性质非常稳定,耐高温,340℃以上高温才会将其分解和破坏;抗化学生物制剂及物理的灭能作用;具有广泛的中毒效应。霉菌毒素的危害是等量霉菌的几百万倍。

饲料一旦感染了霉菌毒素,猪的采食量就会明显减少或废绝;饲料中的能量、脂肪和蛋白质的含量降低,同时饲料中营养成分被破坏。霉菌毒素对饲料与原料中微量营养素的破坏及处理,见表7-4。

表7-4　霉菌毒素对饲料与原料中微量营养素的破坏及处理

营养素	影　响	处　理
维生素 B_1	下降49%	强化维生素
烟酸	下降25%	强化维生素
赖氨酸	下降45%	强化赖氨酸
总氨基酸	下降21%	强化(赖氨酸+维生素)

霉菌毒素在生产上可导致多种难以判断的综合征。饲料中霉菌毒素含量一旦超标便可引起畜禽发病,导致中毒甚至死亡。霉菌毒素抑制机体免疫,抑制蛋白质的合成,改变细胞膜的结构,诱导脂类发生氧化反应及性细胞的死亡,严重影响动物内分泌、呼吸、中枢神经、抗氧化防御系统和上皮修复系统(直接对皮肤及黏膜造成刺激),造血及凝血功能下降,肝细胞变性、坏死、纤维化及肝功能下降,尾巴坏死等;易与衣原体、布鲁氏菌、附红细胞体、钩端螺旋体、子宫内膜炎多种细菌、乳腺炎多种细菌、产褥热多种细菌、弓形虫等病原菌(原虫)共同作用产生更强大的危害。另外,霉菌毒素在导致胎儿畸形、致癌因子、皮肤毒素和细胞毒素方面已被人们所证实。

同一种霉菌毒素作用不同品种的不同阶段临诊表现差异很大;频繁应激发生,增强霉菌毒素的毒性作用;奶水是霉菌毒素主要的传播路径。现代研究表明,饲料霉菌毒素无论是在许多传染病的发生上还是非传染病的发生上经常扮演"始作俑者"的角色。以下是猪常见霉菌毒素中毒的临诊表现。

（1）玉米赤霉烯酮（Zearalenone）：主要是由禾谷镰刀菌、三线镰刀菌、尖孢镰刀菌、黄色镰刀菌（F. culmorum）、串珠镰刀菌、木贼镰刀菌、燕麦镰刀菌、雪腐镰刀菌等菌种产生的有毒代谢产物。玉米赤霉烯酮主要污染玉米、小麦、大麦、燕麦、小米、芝麻、干草和青贮饲料等。猪临诊表现为繁殖障碍。母猪：外阴红肿，脱肛，脱宫，流产，产仔少，乳腺肿大，新生仔猪"八"字腿，成活率低；公猪：包皮增大，睾丸萎缩，精子数减少，精子成活率降低。

（2）呕吐毒素（Vomitoxin）：单端孢霉素类毒素，由镰孢菌属产生，具有环氧化物基团。常见于玉米和小麦中，引起采食量减少。猪：采食量小，呕吐，腹泻，皮炎。

（3）T-2毒素（T-2 Toxin）：单端孢霉类毒素，由镰孢霉属产生，引起消化道出血及坏死，抑制骨髓及脾的再生造血功能，降低免疫功能并导致生殖器官病变。T-2毒素感染的典型症状为体重降低、饲料利用率差、食欲降低、呕吐、血痢、流产甚至死亡。猪食欲不振，消化紊乱，口腔溃疡，皮炎，下血痢，流产。

（4）黄曲霉毒素（Aflatoxin）：黄曲霉毒素是由两个不等的二氢呋喃妥因环组成的化合物，属高毒性和高致癌性毒素。由黄曲霉菌、寄生曲霉和软毛青霉产生。黄曲霉毒素 B_1 毒性最强，几乎对所有动物的肝脏都是原发性毒，它与细胞核和线粒体 DNA 结合，造成蛋白质合成受损，干扰肝肾功能，抑制免疫系统。猪损伤肝脏，阻碍生长，免疫功能下降，致癌，畸形。

（5）烟曲霉毒素（Fumonisins）：烟曲霉毒素由念珠镰孢霉产生。是具有一个末端氨基和两个三羧酸侧链的耐碱脂肪烃，烟曲霉毒素有 B_1、B_2 和 B_3 三种结构，干扰细胞功能，可诱发癌前期肝结节。猪伤肝脏，引起肺水肿病，神经症状。

（6）赭曲毒素（Ochartoxins）：赭曲霉毒素是由赭曲霉和纯绿青霉产生的一种肾毒素。引起动物频渴、尿频、生长缓慢，肾脏苍白坚硬，病理变化包括血尿素氮、天冬氨酸转移酶增加，尿中葡萄糖及蛋白质含量上升。猪伤肝脏，肾炎，引发痛风，脱水，厌食。

猪常见霉菌毒素中毒的微量性及临诊表现如表 7-5。

表 7-5　猪常见霉菌毒素中毒的微量性及临诊表现

毒素名称	猪的种类	日粮水平	临诊症状
玉米赤霉烯酮	母猪	1～3 mg/kg	发情,外阴、阴道炎,阴道脱垂
		3～10 mg/kg	黄体滞留,不发情,假孕
		>30 mg/kg	交配后饲喂1～3周出现早期胚胎死亡
呕吐毒素	中大猪	1 mg/kg	没有临诊症状,采食量受影响较小
		5～10 mg/kg	采食量降低25%～50%
		20 mg/kg	完全拒食
T-2毒素	中大猪	1 mg/kg	无临诊症状
		3 mg/kg	采食量减少
		10 mg/kg	采食量减少、口腔、皮肤受刺激,免疫抑制
		20 mg/kg	完全拒食,呕吐
黄曲霉毒素	中大猪	100 μg/kg	没有临诊症状,在肝脏中残留
		200～400 μg/kg	生长受阻,饲料利用率低,免疫抑制
		400～800 μg/kg	肝显微受损、胆管炎。血清肝酶升高,免疫抑制
		800～1 200 μg/kg	生长受阻,采食量减少,被毛粗糙,黄疸,低蛋白血症
		1 200～2 000 μg/kg	黄疸,凝血病,精神沉郁,厌食,部分动物死亡
		>2 000 μg/kg	急性肝病和凝血病,动物在3～10天内死亡
	母猪	500～750 μg/kg	不影响受孕,分娩正常仔猪,但仔猪因乳中含有黄曲霉毒素生长缓慢
烟曲霉毒素	各种猪	25～50 mg/kg	血清鞘脂类改变,肝组织损伤
		50～100 mg/kg	生长受阻,黄疸,慢性肝机能障碍
		>120 mg/kg	急性肺水肿,肝病
赭曲霉毒素	大猪	200 μg/kg	屠宰时可见轻微的肾脏损伤,增重下降
		1 mg/kg	生长受阻,氮血症和糖尿
		4 mg/kg	尿频、烦、渴
	母猪	3～9 mg/kg	饲喂的第一个月妊娠正常

2. 霉菌毒素污染严重的因素

(1) 农作物在生长和收获期间湿度大即水分含量高(相对湿度大于85%,温度大于25℃)。据中国饲料普查显示,玉米中水分由2005年以前的10%上升至目前的15%~16%。

(2) 干旱应激。

(3) 果实的破碎。

(4) 加工过程中饲料霉变。饲料及原料的生产加工和储存过程中对温度、湿度的控制尤其关键。通常玉米的水分含量超过14%,饼粕类水分超过12%即非常容易产生霉菌毒素。

大部分霉菌繁殖最佳温度是25~35℃,但是人们忽略的是低温0~10℃同样会有霉菌的繁殖。

(5) 运输过程中的霉变(含混装)。

3. 理想的除毒方法

(1) 物理方法:① 筛选法(人工挑拣);② 漂洗法(用2%石灰水浸泡10 min)。③ 脱胚法(用机械方法脱去玉米表皮及胚芽);④ 热处理(150℃焙烧30 min或微波炉8~9 min)。

(2) 化学方法:① 氨化处理:用氨水或氨气在有一定相对湿度且密封薄膜袋中熏蒸10 h,有效率70%~95%;② 防霉(丙酸及其类);③ 抗生素;④ 吸附或脱毒(硅铝酸盐);⑤ 解毒。

(3) 生物学法:利用乳酸菌进行发酵,既增加营养(菌体蛋白),又改善适口性。

(4) 营养增补法:增补维生素、氨基酸用量。注意:此方法仅限于饲料轻度发霉。处理后应与其他饲料配合使用,禁止作主饲料。另外,要考虑处理成本,高霉变应放弃使用。

4. 理想的脱霉剂种类应具备的条件及其效果评定

根据我国农业部公布,2005~2015进口和国产脱霉剂注册分类统计如图7-1。

(1) 脱霉剂种类

① 矿石类(硅铝酸盐):改性HSCAS增效对AFB1的吸附(体内、体外得到验证),对ZEA的吸附(体外得到验证,体内无验证),可逆性较小。注意:黏土不能有效吸附镰刀霉菌毒素和赭曲霉毒素。

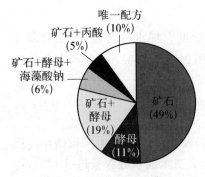

唯一配方（10%）
矿石+丙酸（5%）
矿石+酵母+海藻酸钠（6%）
矿石+酵母（19%）
酵母（11%）
矿石（49%）

图 7-1 2005～2015 进口
脱霉剂分类统计

② 防霉抗氧化：丙酸盐。

③ 酵母：细胞壁制备；甘露聚糖提纯、β-葡聚糖提纯和修饰工艺。

④ 免疫增强解毒：卵磷脂、花青素、黄酮等植物提取物；精油；维生素；氨基酸、微矿。

⑤ 肠道调节：寡糖。

⑥ 生物降解：酶和肽。

（2）作为脱霉剂应具备的条件：① 不含重金属，不含有毒有害物质（如二噁英）；② 能高效吸附多种霉菌毒素；形成肠道屏障阻断霉菌毒素进入机体，加速体内外排除毒素；③ 有针对性或无针对性，不吸附营养物质；④ 破坏霉菌毒素分子结构，降低或清除毒性成分，保证动物器官正常发育，提高免疫力；⑤ 缓解因各种霉菌毒素引起的肠炎、腹泻、母畜流产、死胎、假发情等中毒症状，提高动物生产性能；⑥ 同时能够抑制霉菌生长，防止饲料二次霉变；⑦ 稳定性能高（耐高温；适合肠道环境的 pH）；⑧ 添加量小，能在饲料中均匀扩散，流动性好；⑨ 粪便的生物降解性好；⑩ 产品具有权威的质量和安全认证如 FEMAS、UAFS 等。

（3）脱霉剂的效果评定：目前大体分两种：其一，体外吸附率（模拟动物胃肠道 pH、温度、蠕动时间、毒素污染水平等。仅限修复效果）试验；其二，动物攻毒、脱毒试验。

生产中，脱霉剂历经了防霉、吸附、脱毒、螯合营养补充等发展过程。只有全面、高效、经济、生物安全系数高的脱霉剂才深受欢迎。

5. 蒙脱石

蒙脱石（montmorillonite）又名微晶高岭石，俗称观音土，属硅铝酸盐黏土矿，因其最初发现于法国的蒙脱城而命名。蒙脱石是以结构层次为依据命名的片状晶体，系硅酸盐四面体和铝酸盐八面体各自薄片相互交联压缩（1∶2 或 1∶1∶1）而成。工业定义蒙脱石，在膨润土原矿中,含硅铝酸盐黏土结构超过 80%。蒙脱石族系物有很多种,如膨润土、膨土岩、斑脱岩等,硅铝酸盐黏土矿是黏土类矿物中晶体结构变异最强的矿物之一,通过衍射仪慢速扫描结果表明为天然纳米材料。

蒙脱石的类型由蒙脱石中包裹在带有氧和羟基的八面体的层间阳离子种类所决定,如钠基蒙脱石;钙基蒙脱石;氢基蒙脱石;有机蒙脱石(层间阳离子为有机阳离子)。正因如此,所以蒙脱石具有电负性、阳离子交换性、吸水膨胀性,在畜牧行业用于净化环境、改善黏液质量、修复消化道上皮细胞、促进血管收缩减少出血、解毒(含重金属中毒、霉菌毒素中毒)、抗应激、抑菌、控制拉稀及不对任何微生物产生抗性而被选作载体等。

另外,高岭土(一种非金属矿产,质纯的高岭土呈洁白、细腻、松软的土状,两层的空间结构)、硅藻土(由无定形的 SiO_2 组成,并含有少量 Fe_2O_3、CaO、MgO、Al_2O_3 及有机杂质。常呈浅黄色或浅灰色,质软,特殊多孔性,多孔而轻,硅酸盐四面体和铝酸盐八面体按 1:1 结合形成的两层的空间结构)、白土等,对极性霉菌毒素具有较好的吸附作用,但对非极性霉菌毒素不起作用。

6. 酵母细胞壁

在畜禽饲养中,人们很早就使用了酵母作为蛋白质饲料,酵母菌是饲料中应用最早、最广泛的微生物之一。长期以来,人们主要是利用酵母的菌体蛋白等营养特性,促进胃肠道有益微生物生长,防止畜禽胃肠道疾病发生,改善饲料效率,提高生产性能。

酵母细胞由酵母细胞壁(由葡聚糖、甘露寡糖、糖蛋白和几丁质组成;占 20%～30%)及内容物(占 70%～80%)两部分组成。大量科学研究证明,葡聚糖和甘露寡糖具有刺激细胞免疫和体液免疫,促进有益菌繁殖,抑制病原菌生长,螯合镰刀菌毒素、玉米赤霉烯酮等作用,广泛用于生产绿色免疫饲料添加剂中。纯化破壁的红酒酵母的解毒效果明显好于啤酒酵母、白酒酵母。

7. 植物提取物

大量科学试验证明,植物提取物如花青素、生物酚等多有增强免疫(如保肝护肝)解毒的功能,帮助抵抗各种病菌、病毒的攻击,安全环保,无残留、无毒副作用。植物提取物的开发利用,无疑是养殖的福音。

8. 建议

关于解决饲料中霉菌毒素问题,就养殖者习惯性错误认识解析如下。

(1)饲料稍微有点霉变应该没什么关系,不会引起中毒,看不见原料霉变就没问题——对霉菌毒素掉以轻心,忽视潜在危害。

(2)添加脱霉剂增加饲料成本。其实失去营养才是最大的经济浪费,更重要的是霉菌毒素的危害严重。

(3)脱霉剂的添加量始终保持不变。脱霉剂的添加量应随原料质量的变化、季节的变化、气候的变化等做对应调整,最好是能根据什么霉菌毒素及其含量来选择脱霉剂及其用量。

(4)在添加脱毒剂时,时加时不加;小猪料加,大猪料不加,母猪料断续加——忽略霉饲料中毒的微量性、沉积性。在实际生产中,会不时地看到大猪因胀气、胃溃疡等突然死亡,疫苗和兽药的使用效果差等现象。其实,这就是霉菌毒素造成的。

9. 小结

养殖场应适量、适时、长期添加霉菌毒素处理剂,这不仅有吸附肠道毒素、控制和减少腹泻、提高饲料报酬的作用,还可提高机体免疫力,降低动物的发病率和死亡率。

使用脱霉剂是养殖场处理霉菌毒素最方便、经济的方法,也是养殖增效的途径之一。治理霉菌毒素重在原料质量的把控。

九、赖氨酸、蛋氨酸
简易鉴别检查法

1. 外观检测

赖氨酸盐酸盐外观为淡黄褐色颗粒状混合物,无味或微有特殊气味;掺假的颜色较淡且细碎。蛋氨酸为微黄的白色结晶性粉末,有光泽,转动样品瓶时易黏附在瓶壁上,有质地较轻的悬浮状;掺假的显较重,转瓶无浮动感,不粘瓶壁,色死白,无光泽,无甜味,有涩感。

2. 测溶解性

真的赖氨酸、蛋氨酸都完全溶于水,溶液清澈透明;假的正好相反。

3. 测 pH

1‰蛋氨酸水溶液 pH 为 5.2～6.1;10‰赖氨酸水溶液 pH 5～6;假的不在此范围。

滴加 2‰碘液,有蓝色反应者掺有淀粉。有条件者可测氮的含量(与测粗蛋白相同,计算时不乘 6.25)纯度为 98.5‰的蛋氨酸理论值是 9.242‰,赖氨酸为 18.975‰,赖氨酸盐为 15.1‰;假的不在此范围。

4. 测比重

纯品蛋氨酸比重为 0.43～0.45 kg/L,赖氨酸比重为 0.48～0.50 kg/L;假的比重均比真的大。

5. 测赖氨酸盐中的氯离子

取 1 g 试样溶于 10 mL 水中,加少量硝酸盐有白色沉淀生成。沉淀物不溶于稀硝酸但溶于过量氢氧化氨者为真品。

6. 与茚三酮反应

取少量试样放入试管中,加 2‰的茚三酮液 3～5 滴(完全湿润),于 50～60℃水浴至变色后加几毫升蒸馏水,蛋氨酸显紫色,赖氨酸显紫红色,纯度与颜色呈正比。

7. 烧

将蒸发皿于电炉上烧。① 观察烟,真品烟多、浓、高;劣品相反。② 烟有特殊烧肉样味,久久不散即真品。③ 真品烧后灰极少,在蒸发皿上有一层薄薄的乌黑发亮的碳膜;假品有残渣。若用 600℃高温烧真品灰分不超 0.05‰;假品大大超值。④ 用蒸馏水浸湿 pH 试纸后测烟,呈碱性(有氨)为真品。

8. 测干燥失重

真品在 105℃恒重后干燥失重一般不超 1‰;假品大大超值。

9. 与硫酸铜反应

蛋氨酸与无水硫酸铜反应呈黄色,纯度与颜色呈正比关系。

10. 测比旋光度

蛋氨酸无旋光度,赖氨酸旋光度为18~21.5度。

11. 估测蛋氨酸含量

取样品 0.1 g,于 100 mL 烧杯中加 20 mL 蒸馏水溶解,用 0.1 mol/L的碘溶液滴至棕色,若碘液用量在 10~12 mL,则蛋氨酸浓度为 95%左右,用量越大含量越高。

十、猪的营养标准

我国于 1956 年制定了 12 年(至 1967 年)科学发展远景规划,历经 10 年至 1987 年农业部主持的北京万寿路会议由 11 个单位的科协组共同制定的"标准草案"、"试行标准"和"鉴定标准"相继问世,从"内脂型"过渡到"瘦肉型"《猪饲养标准》(GB8471 - 1987)。历经 10 年至 1997 年 6 月农业部修订《猪饲养标准》二版问世。2004 年 8 月 25 日发布,2004 年 9 月 1 日实施,中国农业行业标准 NY/T 65—2004 代替 NY/T 65—1987。其中要求:

(1) 能量(14 644 kJ DE)/蛋白(21% CP)=669.44 kJ/g。

(2) 赖氨酸(Lys)/ 能量(DE)=14.2 g/14.02 MJ=1.01 g/MJ。

(3) 生长育肥猪划分:出生至 20 kg 为仔猪,20~90 kg 为育肥猪。

(4) 出生至 90 kg 每头每日所需营养量见表 7 - 6。

表 7 - 6 出生至 90 kg 每头每日所需营养量

指 标	3~8 kg	8~20 kg	20~35 kg	35~60 kg	60~90 kg	20~90 kg
日增重(g)	240	440	610	690	800	712
采食量(kg)	0.3	0.74	1.43	1.9	2.5	2.0
消化能(MJ)	4.21	10.06	19.15	25.44	33.48	25.9
粗蛋白(g)	63	141	225	312	363	320
赖氨酸(g)	4.3	8.6	12.9	15.6	17.5	15.0
饲养天数(天)	20.8	27.3	24.6	36.2	37.5	90

(5) 母猪体重划分:120 kg、120~150 kg、150 kg 以上。

(6) 种猪每头每日所需营养量见表 7 - 7。

表7-7　种猪每头每日所需营养量

指　　标	妊娠前期	妊娠后期	哺乳期	公　猪
采食风干料(kg)	2.1	2.6	5.65	2.2
消化能(MJ)	26.775	33.15	77.97	28.49
粗蛋白(g)	273	364	1 017	297
赖氨酸(g)	11.1	13.8	51	12.1

1. 猪群营养成分表

不同类别猪群(各阶段)所需养分见表7-8。

2. 矿物质、维生素在各猪群日粮(配合饲料)中添加范围

不同类别猪群(各阶段)日粮(配合饲料)中矿物质、维生素添加范围见表7-9。

表 7-8 不同类别猪群(各阶段)所需养分

分类\指标	仔猪		肥育猪		母猪					公猪
					后备			经产		
	前期	后期	前期	后期	25~50 kg	50~80 kg	80 kg~配种	妊娠	哺乳	
能量(kJ)	14 644~15 062	14 226	14 016	13 807	13 807	13 389	13 807	12 134~12 970	13 389~13 807	13 807
蛋白质(%)	18~20	18~20	17~18	16~17	18~19	17~18	17~18	15~16	17~18	16~18
钙:磷	1.5~2.0:1.0	1.5~2.0:1.0	1.5~2.0:1.0	1.5~2.0:1.0	1.5~2.0:1.0	1.5~2.0:1.0	1.5~2.0:1.0	1.5~2.0:1.0	1.5~2.0:1.0	1.5~2.0:1.0
氨基酸 赖氨酸	1.5	1.3	1.0	0.8	1.2	1.0	0.8	0.8	1.2	1.3
氨基酸 蛋氨酸	0.45	0.4	0.35	0.3	0.35	0.3	0.3	0.3	0.3	0.35
氨基酸 苏氨酸	0.75	0.7	0.55	0.5	0.65	0.55	0.5	0.5	0.65	0.7
氨基酸 蛋氨酸+胱氨酸	0.85	0.75	0.6	0.55	0.7	0.6	0.6	0.6	0.6	0.7
粗纤维(%)	<3	<5	<5	<5	<7	<7	3~7	5~10	4~10	<7
灰分(%)	<6	<6	<8	<8	<6	<8	<8	<8	<8	<8

注:猪可消化赖氨酸的需要量包括维持可消化赖氨酸需要量和可消化赖氨酸需要量。维持所需可消化赖氨酸(g/天)=0.036×代谢体重;每天增加所需的可消化赖氨酸(g/天)=瘦肉生长率(g/天)×0.40×0.096÷0.6(猪每天增加的胴体瘦肉中含40%的蛋白质,每天增加的蛋白质中含赖氨酸含量为6.9%,吸收的赖氨酸60%沉积成蛋白质)。瘦肉生长率(g/天)=(结束胴体瘦肉量-起始胴体瘦肉量)÷测定天数。瘦肉率(%)=(结束胴体瘦肉量-起始胴体瘦肉量)÷测定天数×100。

表 7 – 9　不同类别猪群（各阶段）日粮（配合饲料）中矿物质、维生素添加范围

成分名称 ＼ 阶段	仔猪		肥育猪		后备	妊娠	哺乳	公猪
	前期	后期	前期	后期				
铜（mg）	6.50	6.30	4.90	4.36	4.40	5.00	4.40	5.00
铁（mg）	165.00	146.00	78.00	60.00	70.00	71.00	70.00	71.00
锰（mg）	4.50	4.10	3.00	2.18	8.00	9.00	8.00	9.00
锌（mg）	110.00	104.00	78.00	110.00	44.00	44.00	44.00	44.00
碘（mg）	0.15	0.15	0.14	0.14	0.12	0.12	0.12	0.12
钴（mg）								
硒（mg）	0.15	0.15	0.15	0.15	0.09	0.13	0.09	0.13
铬（mg）					0.05	0.10		0.18
镁（mg）						0.05		
钠（mg）	0.30	0.40	0.50	0.65	0.20	0.65	0.25	0.60
钾（mg）					0.65	1.00	0.75	
维生素 A（IU）	2 380.00	2 276.00	1 718.00	1 230.00	1 700.00	3 531.00	1 700.00	3 531.00
维生素 D（IU）	240	228	197	190	180	177	180	177
维生素 E（IU）	12.0	11.0	11.0	10.00	8.0	8.90	8.0	8.90
维生素 B_1（mg）	2.20	2.20	2.20	2.00	1.7	1.80	1.7	1.80
维生素 B_2（mg）	1.50	1.30	1.10	1.00	0.90	0.90	0.90	0.90
维生素 B_6（mg）	3.30	3.10	2.90	2.50	2.60	2.60	2.60	2.60
维生素 B_{12}（ng）								
烟酸（mg）	24.00	23.00	15.00	10.00	10.00	12.0	13.0	13.3
泛酸（mg）	24.00	23.00	18.00	13.00	9.00	8.00	9.0	8.90
叶酸（mg）	15.00	13.40	10.80	10.00	10.00	9.70	12.00	10.60
生物素（mg）	0.65	0.68	0.59	0.57	0.50	0.50	0.50	0.50
胆碱（mg）	0.15	0.11	0.10	0.09	0.09	0.08	0.09	0.09
赖氨酸（%）	1.40	1.00	0.78	0.75	0.48	0.36	0.50	0.38
钙（%）	1.00	0.83	0.64	0.60	0.60	0.61	0.64	0.66
磷（%）	0.80	0.63	0.54	0.50	0.50	0.49	0.46	0.53

建议：乳猪料，高能低蛋，蛋白质以动物蛋白为主，原料最好是经过熟化或膨化。其他阶段配方应注意能、蛋、氨基酸比，以及钙磷比。

第八章　保　　健

"上医治未病,中医治欲病,下医治已病"。它是出自古代重要医学文献《黄帝内经》关于解决疾病思路的精辟论句。由此可见,古人对疾病的治疗早已提出重在预防。

无病不等于健康,病原引发疾病在始动环节都是内源性感染,完全可以通过改善环境、消除重大应激因子(过热过冷、高密度、高浓度尘埃、主要的恶劣空气、霉菌毒素)和合理营养等途径,达到提高猪群健康水平,防患于未然。

态度决定思维,思维决定行动,行动产生结果。关注猪只健康,就是关注人类自己。保健是最时尚的健康标志,有人错误地认为"保健"就是在日粮中添加大剂量的抗生素,其实好的饲料不一定添加抗生素,根据动物在不同生长阶段的不同生理特点,除了考虑动物基本维持和生产需要外,更着重考虑微生物区系和机体免疫系统的营养需求及平衡,从而实现免疫营养互作的理想平衡,强大动物的免疫保护伞,尤其是特异性免疫保护力,加之科学的管理、卫生而清洁的饮水,猪只的免疫力就会大增,从而达到少病或无病。人类也不可能消灭疾病,在一定条件下,只能采用减少、控制或"和平共处"方针,来对付越来越复杂的猪病感染,其实对养殖场而言,少发病就是最高境界,保健理当其先。

一、疾病及其发生的原因

(一) 疾病

疾病是机体在一定条件下与病因相互作用而产生有规律的(完整统一机体的反应,呈现一定的功能、代谢能和形态结构的变化,产生各种症状和体征)一个损伤与抗损伤斗争过程。不仅生命活动能力减弱，而且生产性能特别是经济价值降低，甚至有的危害人类健康。正如诺贝尔生理学奖获得者梅契尼科夫所言："疾病的真正原因不是细菌和病毒，而是体内各种毒素累积形成毒垢，毒素被细胞再次吸收，引起机体中毒，导致疾病。"

疾病的发生都是由外因和内因所致。外因包括生物因素、物理因素、化学因素、机械因素、机体必需物质的缺乏或过多；内因包括机体防御能力降低、机体反应性的改变、遗传因素、机体免疫特性的改变、免疫功能障碍（抗体生成不足、细胞免疫缺陷等）和免疫反应异常等。

疫病，这里指传染病。据农业部 1986～1991 年对全国畜禽疾病进行的普查表明，我国动物传染病有 202 种，其中 20 世纪 80 年代新发现传染病 15 种（包括细小病毒病、传染性胃肠炎、流行性腹泻、萎缩性鼻炎、痢疾、衣原体病等），寄生虫病 2 种。90 年代又新发现传染病 10 种（包括蓝耳病、圆环病毒病、仔猪断奶综合征、增生性肠炎、传染性胸膜肺炎、副猪嗜血杆菌病等）。近几年国内发生猪尼帕病毒病（Nipan virus disease）、猪曼那角病毒病（Menangle virus disease）、猪盖他病毒感染（Getan virus infection）、猪蓝眼病（Blue eye disease）及猪戊型肝炎病毒感染（Hepatitis E virus infection）等，应引起关注。

根据动物疫病对养殖业生产和人体健康的危害程度，《中华人民共和国动物防疫法》规定管理的动物疫病分为三类：一类疫病，是指对人畜危害严重、需要采取紧急、严厉的强制预防、控制、扑灭措施的（17 种）；二类疫病，是指可造成重大经济损失、需要采取严格控制、扑灭措施，防止扩散的（77 种），其中多种动物共患 9 种，猪病 12 种；三类疫病，是指常见多发、可能造成重大经济损失，需要控制和净化的（63 种），其中猪病 4 种，总计 157 种。

猪病的发生与流行是由于病因、环境、动物三者相互作用而引起的，此过程很复杂。预防猪病必须从消除病因、控制环境、提高动物的群体健康水平着手。任何一种防制措施都有其局限性，必须采取综合性防制措施，才能收到最大效果。但是，采取综合性防制措施并不是把每个措施同等对待，而应根据不同病种和具体情况选择易控制的环节作为预防疫病措施的重点，这些称为主导措施，预防工作应在采取综合性防制措施的同时狠抓主导措施的落实，包括良好的环境，科学饲养管理，免疫接种、严格检疫、消毒、药物预防、杀虫、灭鼠、驱虫和及时扑灭疫情。

当前对养猪业危害最大的依然是传染病。体温的变化反映病情的变化，并可作为疾病的诊断、评价疗效和估计预后的重要参考。

发热不是一种独立的疾病，而是一种常见的临诊症状，是机体的防御性反应。发热具有双重性，有利也有弊。在某些病理情况下，一定限度内的发热如中等程度的发热能增强机体单核巨噬细胞的吞噬功能，促进淋巴细胞转化，加速抗体生成，增强肝脏解毒功能，有助于机体对致病因素（特别是病原微生物）的清除。

体温过高或持续发热时，由于机体内物质分解代谢增强、营养物质消耗过多，加之摄入不足及酸性代谢产物蓄积或酸中毒，各种器官系统障碍，特别是各实质脏器呈现营养不良性变化，可使机体消瘦和抗病力降低。

解热：体温升高小于3℃或大于3℃，系参考人医的小于40℃或大于40℃而定。也有人认为体温超过41℃，还有人说体温超过42.5℃才考虑解热。

抗炎：地塞米松有抗炎、抗休克、抗过敏、解毒之作用，但它的抗炎作用属非特异性，对病原菌并无抑制和杀灭作用。仔猪不可反复使用。

当前我国猪病严重发生的原因：① 选场与设计不合理；② 高密度饲养；③ 乱、滥引种；④ 随意组合，即乱杂交；⑤ 防疫观念落后；⑥ 防疫程序不合理、不科学；⑦ 猪价低时不重视；⑧ 工艺流程不规范、不合理；⑨ 缺乏严格的生物安全措施；⑩ 信息不畅通；⑪ 消毒不严；⑫ 监管乏力；⑬ 应激；⑭ 营养缺陷；⑮ 饲料霉变严重。

当前我国猪病流行的特点：① 病繁多，复杂；② 病情复杂；③ 发病非典型化和病原出现新的变化；④ 一些条件性传染病已变为非条件性传染病；⑤ 营养代谢病与中毒病的发病率日渐上升；⑥ 人畜共患病有上升趋势，如近年出现的高致病性禽流感、SARS、伪狂犬病、口蹄疫、布鲁氏菌病、出血性大肠杆菌病、流行性出血热、黑热病等。

因此，首先要转变观念，调整思路，多措并举，超前谋划。

（二）传染性与非传染性疾病的区别

1. 感染

病原微生物进入动物机体并在一定的部位定居生长、繁殖，从而引起机体一系列的病理反应的过程叫感染,亦称之为传染。常指微生物。微生物在自然界广泛存在且种类繁多,是一类肉眼看不到而只能借助显微镜才能看到的微小生物,主要包括细菌、真菌(霉菌和酵母菌)、放线菌、螺旋体、支原体、立克次体和病毒等八大类。

(1)感染类型:① 按传染的发生分:外源性感染和内源性感染。② 按病原的种类分:单纯感染、混合感染和继发感染。③ 按临诊诊断表现分:显性感染和隐性感染。④ 按感染部位分:局部感染和全身感染。⑤ 按症状分:典型感染和非典型感染。⑥ 按病情严重性分:良性感染和恶性感染。⑦ 按病程长短分:最急性、急性、亚急性、慢性感染。

(2)感染机理:① 通过体表腺体、毛囊侵入皮下组织;② 生出某些化学物质破坏入侵部位局部组织扩大感染;③ 破坏机体的吞噬细胞,若病原体被吞噬细胞所消化、清除,则不发生感染,反之则感染;④ 病原体与黏膜上皮细胞表面的受体结合,然后改变细胞膜的局部结构侵入细胞内造成感染,此多见病毒感染。

(3)感染的结果:发病死亡;发病至不死亡;隐性感染;病畜机体带毒。

2. 传染病

传染病是由病原微生物引起具有一定的潜伏期和临诊表现,有特殊的病理变化和免疫反应并具有传染性和流行性,得了传染病的家畜大都无治疗价值。

病原微生物:对人或动植物有害,可引起疾病的微生物,称为病原微生物或致病性微生物。

病原微生物是动物发生疾病的根源,其致病作用的大小主要取决于病原微生物的致病性和毒力。

病原微生物的致病性是指一定条件下能在动物体内引起感染的能力。不同的病原微生物可引起不同的疾病,表现不同的临床症状和病理变化。如猪瘟病毒使猪患猪瘟,伪狂犬病毒使猪患伪狂犬病等。因此,致病性是病原微生物特征之一。

病原微生物的致病性包括直接杀伤宿主细胞、破坏细胞膜正常功能、使细胞互相融合、形成包涵体 4 个方面。

病原微生物能否引起感染,取决于病原微生物本身的致病性、毒力、数量、侵入途径,也取决于动物机体的易感性、防御能力(免疫力)和外界因素 3 个方面。

病原微生物的毒力包括侵袭力和毒素两个面,是指病原微生物致病力的强弱程度。同一病原微生物的不同菌株(毒株),其毒力大小不一样,可分为强毒株、弱毒株和无毒株。因此,毒力是菌株(毒株)的特征。

传染病的发生共分 4 个阶段:潜伏期(由病原微生物入机体进行繁殖,到出现症状)、前驱期(出现临诊症状,但特征不明显)、明显期(出现明显症状,也是疾病高峰阶段)、转归期(病畜最后结局,死、恢复、未痊愈)。

传染病的 3 个基本流行环节:传染源、传播途径、易感动物。

传染源:是指体内有病原体寄居、生长和繁殖,并能将其排出体外的动物。一般可分为患病动物(发病期能排出大量毒力很强的病原体,传播性很强)和病原携带者(体内有病原体寄居、生长和繁殖,并有可能排出体外而无症状的动物)两种类型。

传播途径:病原体由传染源排出后,经一定的方式侵入其他易感动物的途径称为传播途径。一般分为水平传播和垂直传播。

水平传播:传染病在群体间或个体间横向的传播称为水平传播。一般有直接传播和间接传播两种传播方式。

垂直传播:从广义上讲,垂直传播属于间接接触传播。是指易感动物或人接触传播媒介(也称为中间载体)而发生感染的传播方式。如胎盘传播、卵传播、产道传播等。

易感动物:容易被感染的动物。畜群的易感性与畜群中易感个体所占百分率成正比。

传染病流行过程的表现形式:散发性、地方流行性或暴发、大流行。流行期应注意区分季节性和周期性。

传染病的防制措施:诊断、确诊、上报、封锁、隔离、消毒、划分疫点(或区)、扑杀、烧毁、检疫、免疫、紧急接种、加强饲养管理、净化、解封、建立档案。

3. 内科病

动物非传染性疾病称为内科疾病。它包括消化系统、呼吸系统、血液循环系统、泌尿系统、神经系统的非传染性疾病、营养代谢疾病以及中毒病等。

4. 寄生虫病

寄生和宿主：寄生是两个生物间复杂的相互关系。在这个关系中，两者中的某一方暂时地或永久地寄生在另一方的体内或体表，以被寄生者的组织、体液等作为自己的营养，并带给被寄生者以不同程度的损害，甚至造成死亡。寄生者属动物性的为寄生虫，被寄生的另一方称为宿主。

寄生类型：按寄生面分专性寄生虫（只产生一种宿主）、多宿主寄生虫；按寄生部位分外寄生虫、内寄生虫；按寄生时间分永久寄生虫、暂时寄生虫；按寄生性质分土源寄生虫、生物源寄生虫。

宿主类型：中间宿主（幼虫），终末宿主（成虫），保虫宿主（感染力弱，且不经常寄生），贮藏宿主（能寄生但不理想，仅对幼虫有贮藏作用），带虫者（虽有免疫，但有一定的虫体，可感染宿主），带虫现象。

寄生关系：感染与免疫。感染需要条件，有一定的途径，也有假寄生虫存在，驱虫是最佳的杜绝方法；免疫时最好是带虫免疫、消除性免疫，虽然有自愈（虫卵排出体外）现象发生，首先还是驱虫一定要有效。

寄生虫分类：① 昆虫（蜱、螨、虱、蝇、虻等）；② 原虫（伊氏锥虫、组织滴虫、血孢子虫、球虫、弓形虫等）；③ 蠕虫（吸虫、绦虫、线虫等）。

检验技术：虫卵检验法、显微镜检测法、血液检查法等。

防治：伊维菌素、阿维菌素、多拉菌素、敌百虫、左旋咪唑、芬苯达唑等。咪唑类用量过高容易引起母猪流产或产仔率低。

5. 临诊基础

诊断与防治。

二、猪的解剖

猪和其他动物一样，有公母或雌雄之分。猪体由头、颈、躯干（前躯、中躯、后躯）、四肢和尾巴五大部分构成。共分运动系统、消化系统、呼吸系统、泌尿与生殖系统、心血管系统、神经系统等。剖检包括：外部测评,胸腔及其器官剖检,腹腔及其器官剖检,口颅剖检,固定组织剖检。

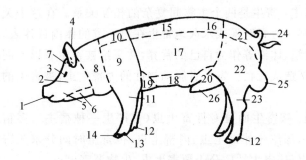

图 8 - 1　公猪各部位名称

1. 嘴　2. 面　3. 眼　4. 耳　5. 颊　6. 下颚　7. 额顶　8. 颈　9. 肩甲　10. 鬐甲　11. 前肢　12. 副蹄　13. 系　14. 蹄　15. 背　16. 腰　17. 体侧　18. 腹　19. 前肋　20. 后肋　21. 臀　22. 大腿　23. 后肢　24. 尾　25. 睾丸　26. 阴茎

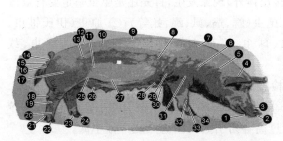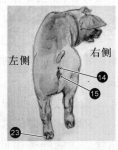

图 8 - 2　母猪各部位名称

1. 下颌　2. 吻突　3. 鼻梁　4. 耳根　5. 颈部　6. 肩部　7. 鬐甲　8. 肋　9. 背部　10. 腰　11. 后肋　12. 臀部　13. 腰角　14. 肛门　15. 阴户　16. 坐骨结节　17. 后腿　18. 飞节　19. 跗关节　20. 球节　21. 悬蹄　22. 冠状带　23. 踵（跟）部　24. 蹄　25. 腹股沟　26. 乳头　27. 腹部　28. 胸部　29. 肘部　30. 胸骨　31. 肩胛骨　32. 膝关节　33. 系部　34. 蹄

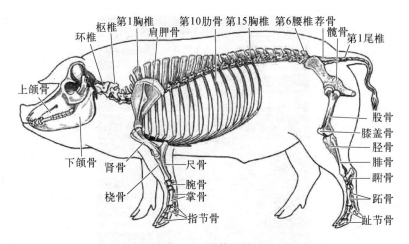

图 8 - 3 猪体骨骼

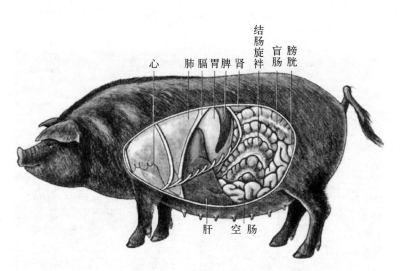

图 8 - 4 猪内脏示意

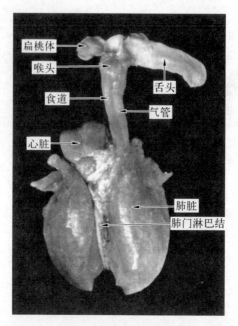

图 8-5　猪呼吸系统图

扁桃体
喉头
食道
心脏
舌头
气管
肺脏
肺门淋巴结

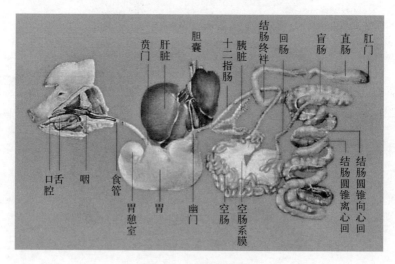

图 8-6　猪消化系统图

胆囊
肝脏
贲门
十二指肠
胰脏
结肠终袢
回肠
盲肠
直肠
肛门
口腔
口舌
咽
食管
胃憩室
胃
幽门
空肠
空肠系膜
结肠圆锥向心回
结肠圆锥离心回

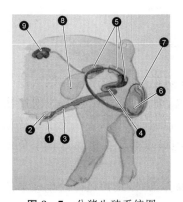

图 8-7　公猪生殖系统图

　1. 包皮、柄　2. 包皮囊
3. 阴茎　4. S 状弯曲
5. 副性腺（精囊腺、前列腺、
尿道球腺）6. 睾丸　7. 附
睾　8. 膀胱

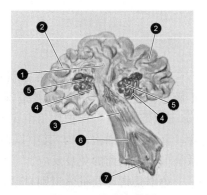

图 8-8　母猪卵巢图

　1. 子宫　2. 子宫角　3. 子
宫颈　4. 输卵管　5. 卵巢
6. 阴道　7. 阴户

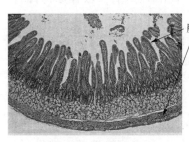

肠绒毛
肠壁

图 8-9　肠纵切面图

图 8-10　肠绒毛图

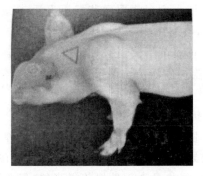

图 8-11　正确的肌注部位图

正确的注射部位
在肩胛前方颈椎
上方的颈部肌肉

三、免 疫 接 种

疾病控制的一个重要措施就是提高免疫力，使个体对致病因子不敏感。这些致病因子可能是寄生虫、细菌、病毒或它们的副产物（如毒素等）。这种保护作用由免疫系统的应答而获得。免疫系统包含一套特殊的细胞结构，其中以白细胞最重要。在进化过程中免疫系统形成一系列的免疫反应。

免疫是指动物机体识别自己、排除异己，以维护机体的生理平衡和稳定的一种生理性反应。这种反应通常对机体是有利的，但在某些条件下也可能是有害的。

免疫是一项系统工程。免疫必须遵循的原则：目标原则；地域性与个体的结合（包含基础免疫、关键免疫、重点免疫和选择性免疫）；强制性免疫；病毒性的疫苗优先；季节性原则；阶段性原则；品种性原则；安全性原则；监测原则。

免疫接种应依据免疫系统发育的自然过程（分4个阶段：免疫形成期、母源保护期、自我完善期和免疫成熟期）于成熟期完成效果最佳，力争避开免疫空白期。过早，不足以产生足够的免疫保护反应；过晚，不足以帮助机体建立能够抵抗环境刺激的免疫保护反应。否则，不但接种不好，无帮助，还导致下一代过早出现临诊问题。猪瘟宜选弱毒细胞苗；口蹄疫宜选弱毒亚单位弱效苗；伪狂犬病宜选基因缺失弱毒苗；蓝耳病宜选弱毒苗，安全有效，但高致病性蓝耳病疫苗选灭活苗不安全；乙型脑炎宜选弱毒苗；细小病毒病弱毒苗好于灭活苗；流行性腹泻、肺疫、副猪嗜血杆菌病、萎缩性鼻炎等皆以弱毒有效。

切记，安全苗不一定有效，有效苗不恰当接种也可能不安全，例伪狂犬10日龄、猪瘟妊娠期、蓝耳病活苗孕期接种。以上来自樊福好的言辞，本人是赞同的。

免疫的基本功能主要有抵抗感染、自身稳定和免疫监视。

动物的抵抗力可分为特异性的和非特异性两种。免疫接种、母源抗体和高免血清提供的是特异性的抵抗力，它只能针对特定的病原微生物有效；非特异性抵抗力往往是先天性遗传得来的，但营养、环境和各种应激严重影响非特异性抵抗力。

免疫学主要运用于疾病诊断、物种鉴定、动物和植物性状的免疫标记、抗原抗体在细胞和亚细胞水平的定位、免疫增强药物和疫苗研究、分子生物学研究等方面。

抗原(Ag)指凡是能刺激机体产生抗体和致敏淋巴细胞并能与之结合引起特异性反应的物质称为抗原。抗原具有抗原性。

抗体(Ab)指动物机体受到抗原物质刺激后,由 B 淋巴细胞转化为浆细胞产生的,能与相应抗原发生特异性结合反应的免疫球蛋白(Ig),这类免疫球蛋白——是指存在于人和动物血液(血清)组织及其他外分泌中的一类具有相似结构的球蛋白称为抗体。有很多类型,如 IgG、IgM、IgA、IgE 等。

(一) 免疫系统

免疫系统是机体执行免疫功能的组织机构,是产生免疫应答的物质基础。免疫系统是动物防御疾病的一种自然形式,但是其抵抗疾病的方式更趋向于"被动反应"而不是"主动性出击"。为了扭转这种状况,生产者可采取主动措施,即施行一套有效的免疫程序以释放免疫系统的巨大潜力。

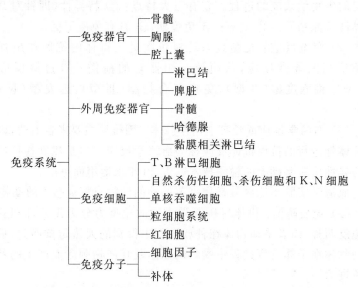

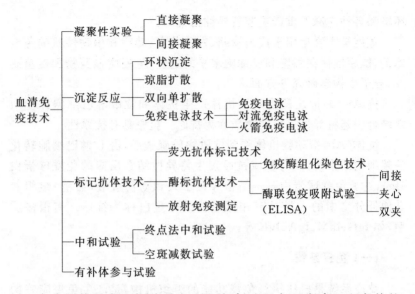

　　免疫系统是在生物种系发生和发育过程中逐步建立和完善的，由免疫器官、免疫细胞、免疫分子组成。

　　（1）免疫应答：是动物机体免疫系统受到抗原物质刺激后，免疫细胞对抗原分子的识别并产生一系列复杂的免疫连锁反应和表现出一定的生物学效应的过程。它有三大特点：① 特异性（即针对某种特异性抗原物质）；② 具有一定免疫期；③ 具有免疫记忆。

　　（2）变态反应：是免疫系统对再次进入机体的抗原作出强烈或不适当的异常反应，从而致组织器官的损伤。有过敏反应型（Ⅰ型）、细胞度型（Ⅱ型）、免疫复合物型（Ⅲ型）、迟发型（Ⅳ型）4 种。

　　（3）血清学反应或免疫血清学技术：因抗体主要来自血清，因此在抗体外进行的抗原抗体反应称为血清学反应。这是建立在抗原抗体特异性反应基础上的检测技术。近 20 年来运用面更广。

　　血清学实验不能区分常规疫苗接种的动物与野毒感染的动物。

　　（4）免疫防治：机体对病原微生物的免疫力分为先天性和获得性免疫两种，前者是动物体在种族进程中得到的天然防御能力，后者是动物体在个体发育过程中受到病原体及其产物刺激而产生的特异性免疫力。

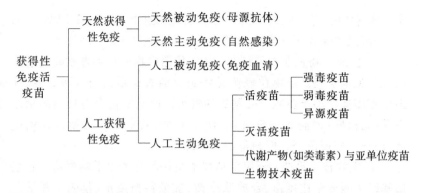

① 天然被动免疫：新生动物通过母体胎盘、初乳或卵黄从母体获得某种特异性抗体，从而获得对某种病原体的免疫力。

② 天然主动免疫：将免疫血清或自然发病后康复动物的血清人工输入未免动物体内，使之增强抵抗某些疾病能力。

③ 人工主动免疫：给动物接种疫苗等生物制品，刺激机体免疫系统发生应答反应产生特异性免疫力。

（5）疫苗及其种类：由特定微生物（细菌、病毒、衣原体、钩端螺旋体、原虫、微生物代谢产物、动物血液或组织）等生物制品加工制成，作为预防、治疗特定传染病或其他有关疾病的免疫制品，统称为疫苗。其中，用细菌制成的抗原性生物制品称之为菌苗。疫苗总体分为死苗和活苗两大类。疫苗的发展按时间顺序可分类传统疫苗和新型疫苗两大类，常见的有活疫苗、灭活疫苗、代谢产物和亚单位疫苗以及生物技术疫苗。疫苗也可按来源分为同源疫苗和异源疫苗，或按组成成分分为多价疫苗和联合疫苗。

① 活疫苗：简称活苗。是指应用通过人工诱变获得的弱毒株、自然减弱的天然毒株或丧失毒力的无毒株所制成的疫苗。有强毒、弱毒和异源性疫苗3种。使用强毒疫苗危险，非特殊情况不予使用。目前使用较广的为弱毒疫苗，虽弱毒苗的毒力已经致弱，但仍然保持原有的抗原性，在体内继续繁殖，且不需要佐剂，用量少，免疫期长，不影响产品（肉类）品质。

② 灭活疫苗：又称死苗。是选用免疫原性良好的细菌等病原微生物经人工培养后，用物理或化学方法将其灭活而制成的疫苗。接种后不

能在体内繁殖,用量大,需加佐剂、增强剂,免疫期短,安全,易于保存。目前使用的主要有组织灭活苗、油佐剂灭活苗和氢氧化铝灭活苗等。

③ 代谢产物和亚单位疫苗:利用代谢产物或称类毒素经灭活后制成的免疫制剂。亚单位疫苗是将病毒的衣壳蛋白与核酸分开、除去核酸用提纯的蛋白质衣壳制成的疫苗。此类疫苗含有病毒的抗原成分,无核酸,因而无不良反应,使用安全,效果好。例如口蹄疫疫苗、伪狂犬病疫苗等。但制备难,价格高。

④ 生物技术疫苗:利用生物技术制备的分子水平的疫苗。它包括基因工程亚单位疫苗、合成肽疫苗、抗独特型疫苗、基因工程活疫苗以及 DNA 疫苗。

⑤ 基因工程亚单位疫苗:用 DNA 重组技术,将编码病原微生物保护性抗原的基因导入受体菌(如大肠杆菌)或细胞,使其在受体细胞中高效表达,分泌保护性抗原肽链。再提取保护性抗原肽链加入佐剂即成。例如,仔猪和犊牛腹泻的大肠杆菌菌毛基因工程苗就是一个成功例证。

⑥ 合成肽疫苗:用化学合成法人工合成病原微生物的保护性多肽,并将其连接到大分子载体上,再加入佐剂制成的疫苗。优点:可在同一载体上连接多种保护性肽链或多个血清型的保护性抗原肽链,这样只需要一次免疫就可预防几种传染病或几个血清型。缺点:合成肽免疫原性一般较弱,且具有线形结构。

⑦ 抗独特型疫苗:是免疫调节网络学说发展到新阶段的产物,模拟抗原物质,刺激机体产生与抗原特异性抗体具有同等免疫效应的抗体由此制成的疫苗。不仅能诱导体液免疫,也能诱导细胞免疫。不受 MHC 的限制,广谱,但制备难,成本高。

⑧ 基因工程活疫苗:用基因工程技术将毒株毒力相关基因切除构建的活疫苗。它包括基因缺失苗和重组活载体疫苗及非复制性疫苗 3 类,是目前较理想的疫苗。优点:第一,安全、免疫期长,不易返祖。第二,免疫接种与强毒感染相似,机体可对病毒的多种抗原产生免疫应答,尤其适于局部接种。第三,如将某些疱疹病毒的 TK 基因切除,其毒力不下降,且不影响病毒复制及其免疫原性,成为良好的基因缺失苗,如伪狂犬病苗。多基因缺失更值得关注。

⑨ 重组活载体疫苗：用基因工程技术将保护性抗原基因（目的基因）转移到载体中，使之表达。

⑩ 非复制性疫苗：又称活—死疫苗。与重组活载体疫苗相似，但载体病毒接种后只产生顿挫感染，不能完成复制过程，无排毒的隐患，同时又可表达目的抗原，产生有效的免疫保护。

⑪ DNA 疫苗：这是一种最新的分子水平的生物技术疫苗，将编码保护性抗原的基因与能在真核细胞中表达的载体 DNA 重组，重组 DNA 可直接注射（接种）到动物（如小鼠）体内，目的基因可在动物体内表达，刺激机体产生体液免疫和细胞免疫。

⑫ 多价苗：将同一种细菌或病毒的不同血清型混合制成的疫苗。

⑬ 联苗：由两种以上的细菌或病毒联合制成的疫苗。一次免疫可达到预防几种疾病的目的。

（6）接种方法：有滴鼻、点眼、刺种、注射、饮水和气雾等。应根据疫苗的类型、疫病特点及免疫程序来选择每次免疫的接种途径。

① 滴种：免疫效果较好。仅用于接种弱毒苗，可直接刺激眼底哈德腺和结膜下弥散淋巴组织，另外还可刺激鼻、咽、口腔黏膜和扁桃体等产生局部免疫。据报道，鸡滴种新城疫疫苗比用新城疫疫苗饮水效果高 4 倍，且免疫期长。

② 饮水：是最方便的疫苗接种方法。仅适用于大型养鸡场，效果差，且不适于初免。原因：只有当疫苗触到鼻、咽部黏膜时，才引起免疫反应，但进入胃腺时，在较酸的环境中很快死亡，失去作用。

③ 刺种：仅适用某些弱毒苗，另外灭活苗的免疫也必须用注射方法进行。效果良好。

④ 气雾：分为喷雾和气溶胶两种方式。有呼吸道疾病的猪场使用此法效果更佳。

⑤ 佐剂：一种先于抗原或与抗原混合物同时注入动物体内，能非特异性地改变或增强机体对该抗原的特异性免疫应答，发挥辅助作用的物质称为佐剂或免疫佐剂。它可引起温和性的炎症。

佐剂类型很多，但作用方式基本有 3 种：其一，在接种部位形成抗原贮存库，使抗原缓慢释放，延长抗原在局部组织内的滞留时间，较长时间使抗原与免疫细胞接触并激发对抗原的应答。其二，增加抗原的表面积,提高抗原的免疫原性,辅助抗原暴露并将能刺激特异性免疫应答的抗原表位递呈给免疫细胞。其三,促进局部的炎症反应,增强吞噬细胞的活性,促进免疫细胞的增殖与分化,诱导细胞因子的分泌。

⑥ 免疫增强剂:是指一些单独使用即能引起机体出现短暂的免疫功能增强作用的物质。有的免疫增强剂可与抗原同时使用,有的佐剂本身也是免疫增强剂。

⑦ 超敏反应:是动物第二次接触相同抗原引起过度反应的一种情况。基于作用机制的不同,可将超敏反应分为 4 型。在实践中,2种或 2 种以上类型的超敏反应同时发生的情况并不少见。

(二) 病原阴阳性

天地存阴阳,世人分男女,病毒也有阴阳。根据健康评价数据推理,凡是能够使机体的过敏指数升高的病原,称为阳性病原(P-Pathogen);凡是能够使得机体的免疫抑制指数的升高的病原,称为阴性病原(N-Pathogen)。过敏指数的升高和免疫抑制指数的升高是机体健康程度改变的两种状态。过敏严重时,出现炎症反应。常见病原阴阳性见表 8 - 1。

表 8 - 1　常见病原阴阳性

病 原 名 称	病　原　性　别	
	阳　性	阴　性
猪瘟病毒		√
猪支原体		√
蓝耳病毒		√
流感病毒		√
流行性腹泻病毒		√
沙门氏菌		√
口蹄疫病毒	√	
猪轮状病毒	√	
伪狂犬病毒	√	
猪副嗜血杆菌	√	
链球菌	√	
猪丹毒	√	
葡萄球菌	√	

接种时应注意阴阳可兼得。临诊上,确实是先有病毒感染,然后是继发细菌感染,过分补液和注射抗生素会产生很多隐患。

(三)免疫程序及其注意事项

(1)免疫程序的制定:应根据本场并结合当地实际情况制定合理的免疫程序,无统一格式可照搬。使用疫苗前要认真阅读说明书,并仔细检查包装。

(2)疫苗的选择:使用疫苗前,必须对接种群体猪只进行抽血,作抗原抗体的测序,其结果与疫苗毒株相匹配时方可选用其相应的疫苗,如活苗、灭活苗、基因缺失弱毒苗等。另外,疫苗抗原含量、纯度很重要,当然,批次的稳定性也不容忽视。

(3)疫苗稀释液:专用稀释液、生理盐水、自配汉氏液。注意,等温稀释。

(4)免疫的途径:细胞免疫、体液免疫、黏膜免疫。

(5)接种的方法:滴鼻、点眼、口服、饮水、气雾、注射等。

(6)疫苗发展方向:① 载体疫苗。② 基因工程重组疫苗。③ 核酸疫苗。④ 合成多肽疫苗。⑤ 抗独特型疫苗。⑥ 转基因植物生产疫苗。

(7)一般的免疫程序:见表8-2,供参考。

(8)疫苗的管理:在生产中总结出很多关于使用疫苗的注意事项,请猪场管理人员及具体操作兽医人员引起重视。

① 疫(菌)苗应来自正规厂家或当地动物防疫监督机构。

② 疫苗应高效、通用而安全,并具有鉴别免疫动物和感染动物的能力,以及能防亚临诊感染。

③ 贮藏与运输过程良好,不能接受强烈光照及剧烈的撞击,包装应保持完整。

④ 按说明书要求进行疫苗的分类贮存、使用(剂型、剂量、部位等)、稀释(专用或指定稀释液)、销毁等。

⑤ 每次疫苗收发应有记录、备案。

⑥ 不要隐瞒疫情。

表 8-2 一般的免疫程序

公猪：每年 2 ～ 3 次（猪瘟、猪肺疫、猪伤寒三联，口蹄疫、伪狂犬病、蓝耳病、流行性乙型脑炎、细小病毒病等）

母猪：（断奶—妊娠—分娩）
① 断奶至配种前打好猪瘟、口蹄疫疫苗。乙脑及细小病毒病仅限种猪前两胎，也可每胎都打。
② 妊娠 45～55 天，蓝耳病苗
③ 妊娠 60～70 天，伪狂犬病苗
④ 妊娠 85～95 天，腹泻苗（建议：9～10 月份配种的；交巢穴，深 3～9 cm，针向前上方）

仔猪：

繁育场		种猪场	
1 日龄	猪瘟超免（限已发或重发）	1 日龄	猪瘟超免（限已发或重发）
1～3 日龄	补铁	1～3 日龄	补铁
2～7 日龄	气喘病苗（弱毒，肺间，酌情）	2～7 日龄	气喘病苗（弱毒，肺间，酌情）
20～30 日龄	猪瘟苗（单苗）	20～30 日龄	猪瘟苗（单苗）
30～40 日龄	三联苗（猪瘟、猪肺疫、猪伤寒）	30～40 日龄	三联苗（猪瘟、猪肺疫、猪伤寒）
40～50 日龄	伪狂犬病苗	40～50 日龄	伪狂犬病苗
50～60 日龄	蓝耳病苗	50～60 日龄	蓝耳病苗
60～70 日龄	口蹄疫苗	60～70 日龄	口蹄疫苗
80～90 日龄	猪瘟苗（单苗）	80～90 日龄	猪瘟苗（单苗）
110～120 日龄	口蹄疫苗	100 日龄	乙脑苗（仅限 4～5 月份）
		115 日龄	细小病毒病苗
		135 日龄	伪狂犬病苗
		150 日龄	蓝耳病苗
		165 日龄	细小病毒病苗
		180 日龄	乙脑苗
		190 日龄	口蹄疫苗
		200 日龄	猪瘟（单苗）（开始配种）

注：非种猪可省去很多次疫苗接种。

（9）使用疫苗注意事项：

① 老、弱、病、残、孕等特殊生理阶段的猪原则上不打疫苗，尤其母猪分娩前、后 1 周内严禁接种疫苗，刚阉割而伤口未愈合的猪也严禁接种。

② 使用冷冻苗应于室温下平稳过渡后稀释，且稀释后应尽快接

种。严禁向空中排射疫苗。

③ 严禁无效消毒。

④ 接种时，一猪一针头（过长或过短都不宜），严防交叉感染。

⑤ 不宜注射无效苗（如过期、变质等），也不应过量注射疫苗。用完的疫苗空瓶应集中销毁。

⑥ 每次接种时，不宜两种或两种以上疫苗同时注射，但一体多效苗除外。

⑦ 每次注射量一般都要略大于推荐量。目前欧洲猪场常采用加大剂量的方法以达到防疫目的，值得借鉴。

⑧ 如接种细菌性活苗未满 1 周是不能使用抗生素的。

⑨ 乙脑疫苗宜在每年 4 月底前完成（首免不低于 150 日龄）接种。

⑩ 接种时于疫苗中加亚硒酸钠、左旋咪唑、维生素 E 等免疫增效剂能增强药效。加少许地塞米松可减小应激反应。

⑪ 凡疫苗二次接种效果更佳的，每次接种间隔至少 1～2 周。

⑫ 免疫程序不合理，免疫期内乱接种疫苗。如使用干扰素 96 h 内不宜接种弱毒活苗。灭活苗（油剂苗）可与干扰素同时使用，但不要混用。干扰素只能用生理盐水或灭菌用水稀释，否则失效。使用不同厂家生产的同一种疫苗必须是同一毒株。避免疫苗间相互干扰。

⑬ 接种疫苗时，不能同时使用血清。

⑭ 漏、缺打须补种，接种过敏者可用肾上腺素急救。

⑮ 公猪接种不宜普防。

⑯ 谨慎自我防护（清洗、消毒、包扎、打破伤风针）。

（10）笔者长期目睹和经历了猪只免疫沧桑变迁，过早接种，免疫应答差，且干扰母源抗体。仔猪在 1～3 周内接种支原体灭活苗预防效果良好，但此期间接种其他传染病疫苗可促使圆环病毒感染，间接导致断奶综合征发生，尤其佐剂选择的不好；体质差或脂肪过高（营养的作用途径与免疫功能有关）等个体差异影响接种效果；饲养密度大不利于防疫。

另外，免疫的种类和对象在不断扩增、剂型多样、剂量加大等。总之，猪场免疫工作日趋繁杂且效果不尽如人意，成为业主与兽医时常困惑的难题，不接种不行，接种了不安宁，这是因为：① 接种就已被动,不得已而为之。② 免疫需要营养物质作基础。③ 免疫会发生免疫应激及其一系列的免疫抑制。④ 疫苗间相互干扰及多种毒株苗同场使用。⑤ 病原的血清型发生变化,毒株重组、变异,毒力增强。⑥ 免疫程序的不合理。⑦ 免疫谱过大,免疫成本过高。⑧ 清除疫苗毒需花费更大成本。⑨ 诊断水平不高,受限制。

(四)随胎免疫

随胎免疫的目的是给仔猪提供足够高的母源抗体,保持猪只抗体水平的一致性,其结果不一定可喜。随胎免疫的副作用主要取决于疫苗本身,重点在于佐剂会大大损伤胎儿免疫系统的功能,其次是忽略了周围环境中的病原体。例如,猪瘟疫苗会导致仔猪小脑发育不全,进而引起先天性震颤。

(五)口服接种

猪回肠炎是养猪业中危害严重的疾病之一。在欧洲,猪回肠炎有两种表现类型:其一为急性出血性的,多见于年长育肥猪及种猪;其二为增生性的,多侵害生长猪。对许多疾病的疫苗预防来说,通过口服疫苗接种既省时、省力、费用少,又减少应激、避免局部反应及因佐剂而引发潜伏的 PCV-2 感染。此方法深受欢迎。它将成为世界上抵抗猪回肠炎的首选方法,也是未来的选择。

当前针对猪丹毒、沙门菌病和回肠炎的商品口服苗皆为细菌苗,这3种疾病主要危害断奶后的小猪。在目前养猪业中,因寄生虫引起的发病并不多见;病毒性疾病常采用疫苗得到控制,这也可能是把口服苗的研究和开发重点放在菌苗上的重要原因。

口服苗的标准:该苗中的致弱菌株能控制病原菌感染力的大多数毒力因子,此外,该致弱菌株的毒力基因能插入大肠杆菌或沙门氏菌载体菌体之中,产生蛋白质毒力因子即"亚单位苗",在宿主体内生长到一定程度以至于宿主能够识别出该菌并能产生适当的免疫应答。在某些病毒,比如伪狂犬病病毒,已经成功地应用了这一方法。但在细菌方面则尚未成功。

应用方法:① 按推荐实行 4 h 饮用疫苗液。② 使用前 3 天及后

3 天,无论在饮水中还是饲料中都不能使用任何抗菌药及抗菌性促生长促进剂,也不允许在饮水中加消毒剂。

作用效果:回肠炎免疫接种后需 3 周的时间才能获得足够的免疫力,以抵抗现场菌株的攻击,6 周时才能在猪群检测到血清阳转。

通过加强饲养管理而尽可能地达到少用疫苗或不用疫苗,最终有高效益。动物保健刻不容缓,生物安全牢记心间(以上参考《生猪业信息》,2006 年第 16 期,第 12 页)。

(六) 对"自家苗"的质疑

"自家苗"制作大多采用以下 3 种方式:① 组织匀浆"自家苗":采集病死猪的内脏、淋巴,捣浆过滤,经化学或物理灭活,加防腐剂、双抗体即成。简单、快捷、易做、面广。② 用从病猪分离鉴定的病原微生物制作"自家苗":因增加了分离、分鉴、培养、增菌富集等工序,故对设备要求高,所需时间长,难以满足临诊急需,且应用少。③ 特定"自家苗":制作过程基本同上两种。但在鉴定过程中增加了基因指纹对比技术,从而判定商品疫苗能否保护该病原的攻击,否则即用该病原制作疫苗。

严格地讲,以上 3 种方式生产的都不能称之为"自家苗",其实是偷换了概念,不是真正意义上的自家苗,只能算"自场苗",充其量只是一些病损组织加上防腐剂所制造出的匀浆物,并没有经过实验室的纯培养过程,其在生产上的实际作用至今无法考证,只是人们侥幸心理的一个产物。

"自家苗"是一种受严格限制的灭活苗,存在散毒的危险性,加之灭活不彻底,更将导致猪群人为地接种病原而发病,况且使猪群中的病毒在场内长期存在。只能用于自身,不能用于他身,且需小剂量反复注射。如果灭活到位,有效抗原与位点保留恰当,那么接种后会产生不同程度的免疫反应,但这并不能保护已发病猪。某些猪场使用后有一定治疗作用,皆因异体组织匀浆发挥了非特异性刺激疗法的结果。对多血清型或变异株,易引发疫病的流行。

灭活难以彻底,尤其在混合感染普遍的今天,每个病原体对温度、化学品及超声波的灭活均有各自不同的阈值。又因"自家苗"制作粗糙,污染频频发生,安全系数低。

这类制作多保留种毒,可是种毒的管理是极其严肃的国家行为,而如今已成泛滥之势。中毒的长期安全性令人担忧!

病原引发疾病在始动环节都是内源性感染,完全可以通过改善环境得到控制。适宜的生存条件是猪群高效生产的前提。继发细菌性感染是引发猪高热综合征,呈现高发病率与高死亡率的重要原因。消除重大应激因子如过热、过冷,高密度,高浓度尘埃,恶劣的空气,霉菌毒素等,合理营养,提高猪群健康水平,防患于未然(以上参考《生猪业信息》,2008 年第 4 期)。

(七)对大剂量注射猪瘟疫苗治疗非典型性猪瘟的质疑

猪瘟病毒对猪只的伤害:破坏免疫系统,淋巴细胞流失,胸腺萎缩,成熟中性白细胞减少,幼弱白细胞出现于末梢血管,血管内皮细胞之破坏,出血、紫斑、血管内皮细胞增生。猪瘟免疫学方面,以细胞免疫为主,可起到消灭感染细胞及限制病毒扩散,起到早期保护;体液抗体,协助降低病毒扩散及排毒。

我国常用的猪瘟疫苗有:猪瘟兔化弱毒牛睾丸细胞苗(简称猪瘟细胞苗),主要用于首免及母猪免疫;猪瘟兔化弱毒乳兔组织苗(简称组织苗),主要用于加强免疫及紧急免疫;猪瘟兔化成兔脾淋苗(简称脾淋苗),主要用于加强免疫及紧急免疫。使用时应根据疫苗的性质、特点等慎重选择使用对象。

(1)大剂量注射猪瘟疫苗,在短时间内能产生免疫力,但不能给病猪注射猪瘟疫苗。

(2)大剂量注射后,是否引起免疫麻痹?是否诱发典型性猪瘟?剂量需要无限加大下去吗?这些问题都值得我们认真思考。

(3)根据非典型性猪瘟的流行特点可知,较大部分康复的猪并不是注射大剂量猪瘟疫苗的结果。

(4)据统计,我国当前流行的猪瘟大多来自西欧,但是我国的猪瘟毒株仍是 20 世纪 40~50 年代的。

(5)疫苗尚需研究开发。

（6）猪瘟屡禁不止或老病新发的原因如下。

① 应激大，多而频繁。尤其是运输过程中的一些强应激，会导致疫苗效价降低。

② 免疫抑制性疾病圆环病毒病的存在与发生，导致猪瘟的发生。

③ "小刀手"的乱串，导致野毒感染。

④ 继发感染、混合感染。

⑤ 个体差异。

⑥ 毒株变异。

⑦ 漏打疫苗。

⑧ 长期使用抗生素引起的内源性感染和二重感染，以致产生细胞耐药性。

⑨ 免疫力下降。

⑩ 残留。

⑪ 免疫程序的错误及不合理。

⑫ 种母猪普防与胎防的差异。

⑬ 接种的剂量。

⑭ 免疫及其过程中产生的一系列问题，如疫苗质量、接种质量、时间、剂量、部位、吃奶时间。

（7）建议：对目前的猪瘟应采取综合防治。

（八）猪只免疫后发烧及处理

临诊上有些猪在免疫后 4～12 h 出现沉郁、少食、便秘，继而食欲完全废绝，体温升高达 41～41.5℃，甚至死亡。以气质敏感型品种如长白、杜洛克、约克夏多见，杂交品种和地方品种少见，散养猪多见，小、中猪多见，免疫前后饱食的猪多见。免疫是诱发此症的首要原因，但都离不开免疫过敏反应和免疫应激反应；其次是与亚临诊感染、疫苗质量差、注射剂量大有关联。

免疫过敏即接种的过敏原于猪只体内不是按照正常的生化过程与 B 细胞、T 细胞结合产生特异性抗体和特异性淋巴因子，而是发生了异常的生化反应，使嗜碱性粒细胞、肥大细胞和淋巴细胞致敏，当疫苗再次接种进入猪体内后,就会和这些致敏的细胞结合发生变态反应,出现皮疹、荨麻疹、哮喘、腹泻、水肿,甚至休克、死亡等症状。免疫过敏反应具有特异性。

免疫应激是防御性反应。指猪只受到某种刺激后,大脑中枢使交感神经兴奋,肾上腺素和去甲肾上腺素分泌增加,出现心跳加快、呼吸加深、血压升高、瞳孔散大、消化功能抑制等反应。免疫应激分为慢性免疫应激、细菌感染性免疫应激、急性免疫应激 3 种。慢性免疫应激源包括饲养环境中空气质量不良、温度不适、湿度过大、低剂量病原体感染、频繁疫苗注射;细菌感染性免疫应激包括超负荷病原体感染导致的疾病过程;急性免疫应激包括内毒素及过敏导致的强烈应激反应。在猪场实际环境中,普遍存在的是慢性免疫应激。免疫应激反应具有非特异性。

综上所述,免疫过敏反应不会引起体温的变化,而应激使胃肠的蠕动和分泌功能受到抑制,胃肠道内容物形成积食,积食发酵产生热原质,热原质作用于体温调节中枢使体温升高,体温升高又促使消化功能的进一步抑制。所以说,猪免疫后发烧的实质是应激反应继发的积食发烧。更有人质疑:① 疫苗作为异体蛋白,其本身就是一种热原质;② 猪在疫病的潜伏期接种,也会诱发高烧。论点都靠谱。另外,免疫接种时应额外补充免疫营养,会增强免疫应答,提高抗体水平,并减少免疫应激。原因为:猪的营养标准是在正常生产条件下制定的,并未考虑猪只异常条件下和疫苗免疫应激状况下对营养物质的额外需要。免疫接种时,猪对某些营养物质的需要量特别是免疫系统的营养需求量相应提高,这就可能造成这些营养物质的相对缺乏,免疫系统的功能就会受到影响。免疫接种时不相应提高免疫营养水平,就会产生有些营养物质的缺乏,特异性损伤免疫系统发育,疫苗的免疫效果就会受到影响和免疫不确切。免疫必须经过竞争、抗衡和适应过程。

知其因,明其果。接种前后应使猪只适当饥饿;适量增大助消化的营养物质及电解质多维等;如有发热临诊现象,应及时注射肾上腺素、地塞米松等,严重者应及时输液。事后须补打疫苗。另外,免疫时避免粗暴抓捕行为。

四、兽 药

兽药指用以预防、诊断、治疗动物疾病，促进动物生产性能，并规定作用、用途、用法与用量的物质。

(一)兽药的质量管理与标准

1. 兽药的质量管理

为了加强兽药的监督管理，保证兽药质量，有效地防治畜禽等动物疾病，促使畜牧业发展和维护人体健康，国务院于1987年5月颁布《兽药管理条例》，自1988年1月起施行。1988年6月农业部又颁布并施行了《兽药管理条例实施细则》。这两法规中规定，兽药生产、经营和使用及医疗单位配制兽药制剂等实行许可制度。兽药要有批准文号。对新兽药审批和兽药进口管理也都作了明确规定。禁止生产、经营假劣兽药。为进行兽药监督，规定设立从中央到地方的各级兽药监督机构，县以上农牧行政管理机构选任兽药监督员，负责兽药质量监督与检验工作。《条例》还指出，兽药麻醉药品、精神药品、毒性药品和放射性药品等特殊药品，必须按照国家《兽药管理条例》的有关规定进行管理。可参见《中华人民共和国药品管理法》第39条、第40条及《兽药麻醉药品的供应、使用管理办法》。

2. 兽药标准

我国兽药现行的国家标准是按照《兽药管理条例》规定的，分两部，一部：收载化学药品、抗生素的标准；二部：专业标准和地方标准。

(1)国家标准：即《兽药典》与兽药规范。是国家对兽药质量规格及检验方法所做的技术规定，是兽药生产、经营、使用、检验和监督管理部门共同遵循的法定技术依据。2000年出版的《中华人民共和国兽药典》(简称《兽药典》)就是国家标准。是对1990年、1993年版《兽药典》的补充与完善。

(2)专业标准：即《兽药质量标准》，由中国兽医药品监察所制定、修订，农业部审批、颁发。

（3）地方标准：即各省、自治区、直辖市的《兽药制剂标准》。由省、自治区、直辖市兽医药品监察所制定，农业（畜牧）厅（局）审批、颁发。凡不符合标准的药品，均禁产、购、销使用。

（4）安全浓度：即低于允许残留量。

（5）休药期：动物从用药到其屠宰或加工上市的间隔时间。

（6）有效期：指在一定贮存条件下能保证质量的期限。有些药品在贮存过程中，药效有可能降低，毒性可能增高，有的甚至不能供药用。为了保证用药安全有效，必须规定有效期。有效期应根据药物稳定性的不同，通过留样观察、实验而加以制定。新药产品的有效期，可通过生化试验或加速试验，先订出暂行期限，经留样规定，由积累充分数据后再行修订。已到期药品如需延长使用，应送请当地兽药监察所检验后，根据检验结果确定延长使用期限。药品生产、供应、使用单位对有效期药品，应严格按照规定的贮存条件进行保管，近期先出先用。调拨、运转有效期的药品要快。

新兽药注册证书不超过 5 年监管期。

（二）药物的属性

1. 来源

天然药物：如大蒜、金银花、板蓝根等植物药；动物药：如甲状腺素、胃蛋白酶等；合成药：如喹乙醇、氟哌酸等；矿物药：如硫酸铜、氯化钠等；生物合成药：如青霉素、庆大霉素、盐霉素等。

2. 分类

抗微生物药：消毒药、合成抗菌药、抗生素；抗寄生虫药：抗原虫药、驱虫药、杀虫药；饲料营养添加剂：氨基酸、矿物质、维生素制剂；饲料药物添加剂：促生长添加剂、保健添加剂等。

3. 剂型

分固体（粉剂、片剂）、液体（口服液、注射液）、气体（烟雾、喷雾、气雾）；按性质可分为疗效性（直接影响药物作用）、物理性和化学性。

4. 给药途径、方法及用药剂量比例

（1）途径：注射（皮下、肌内、静脉、腹腔、瓣胃、胸腔、气管、心脏、乳房、嗉囊、穴位）、内服（口服、饮水、拌料）、滴鼻、滴眼、气雾等。

（2）方式：根据体重大小、病情程度调节剂量；新型药物、敏感性高；作用简捷、操作简便、副作用小、无应激。

（3）方法：关键期"脉冲式"用药、交替用药（防耐药株），辅助治疗（标本兼治）、预防用药、用特效药。

（4）用药剂量：不同给药途径的用药剂量比例见表8-3。

表8-3　不同给药途径的用药剂量比例

给药途径	口　　服	皮下注射	肌内注射	静脉注射	直肠给药
计量比例	1	1/3～1/2	1/3～1/2	1/4～1/3	3/2～2

5. 药物配伍禁忌

药物配用时产生的不利变化及其出现的副作用称之为配伍禁忌。它分以下3种：① 药理性配伍禁忌：亦称疗效性配伍禁忌。是指处方中某些成分的药理作用间存在拮抗，从而降低治疗效果或产生严重的副作用及毒性。如在一般情况下，泻药与止泻药、毛果芸香碱和阿托品的同时使用都属于药理性配伍禁忌。② 物理性配伍禁忌：即某些药物相互配合在一起时，由于物理性质的改变而产生分离、沉淀、液化或潮解等变化，从而影响疗效。如活性炭等有强大表面活性的物质与小剂量、抗生素配合，后者被前者吸附，在消化道内不能再充分释放出来。③ 化学性配伍禁忌：即某些药物配伍在一起时，能发生变色、产气、分解、中和、沉淀或生成毒物等化学反应及燃烧、爆炸等现象。如氯化钙注射液与碳酸氢钠注射液合用时，会产生碳酸钙沉淀。还有一些药物在配伍时产生分解、聚合、加成、取代等反应而并不出现外观变化，但疗效降低或丧失。如人工盐与胃蛋白酶同用，前者组合中的碳酸氢钠可抑制胃蛋白酶的活性。

6. 联合用药

（1）联合用药的目的：扩大抗菌谱，增强疗效，减弱毒性，延缓或避免耐药菌株的产生。联合用药可出现相加（代表两种药物作用总和）、协同（用后效果比相加更好）、无关（总作用不超过联合中较强的作用）、拮抗（合用时效果减弱甚至抵消）四种现象。无根据的盲目联合用药是不可取的，有配伍禁忌的应严禁。

（2）联合用药的条件：① 病因不明，病情危急的严重感染或败血症。② 单一抗菌药不能有效控制的严重感染或混合感染，如严重烧伤、创伤性心包炎等。③ 容易出现耐药性的细菌感染或需长期用药的疾病，为防止耐药菌株的出现，应考虑联用。④ 对某些抗菌药不易渗入的感染病灶，如中枢神经系统疾病，也多采用联合用药。

（3）联合用药注意事项：

① 抗生素类：临诊常用注射用的有青霉素、硫酸链霉素、硫酸庆大霉素、硫酸卡那霉素、氨苄青霉素、先锋霉素等。其中青霉素与四环素类、磺胺类合用属药理性配伍禁忌的典型。四环素类和大环内酯类都是从链霉素菌培养液中提取或经半合成制得的抗菌特性和抗菌谱相似的一类碱性广谱抗生素，四环素因结构中有 4 个环而得名。四环素族抗菌活性是米诺环素＞多西环素＞金霉素＞土霉素。是快速抑菌药，使蛋白质合成迅速被抑制，细菌处于禁止状态，致使青霉素类药物干扰细菌细胞壁合成、导致细胞壁缺损作用不能充分发挥而降低其抗性效能。磺胺类药物注射液为强碱性与青霉素混合注射破坏青霉素的抗菌活性。

青霉素是最常用的，但不是万能的，主要用于革兰氏阳性菌感染（丹毒、炭疽、肺疫、乳腺炎、子宫内膜炎及外伤等），不宜与红霉素、万古霉素、卡那霉素、庆大霉素、碳酸氢钠、维生素 C、维生素 B_1、去肾上腺素、阿托品、氯丙嗪等同时静脉注射，不然会产生混浊或沉淀，减低效价；青霉素刺激性强，静注时一般需要快速，但浓度过高、速度过快，可致高钾血症而使心搏骤停，也不可用于治疗细菌性腹泻，更不宜单用于治疗口蹄疫。氨苄青霉素不可与卡那霉素、庆大霉素、氯霉素、盐酸氯丙嗪、碳酸氢钠、维生素 C、维生素 B_1、5％葡萄糖或 5％糖盐水配伍使用。先锋霉素可与 5％葡萄糖溶液配伍，但不能与生理盐水或复方氯化钠注射液配伍。

青霉素与氨基糖苷类如庆大霉素、卡那霉素、新霉素之间合用可增加毒性。庆大霉素与乳酶生及链霉素与氨茶碱同用都是错误的。头孢菌素类忌与氨基糖苷类、生理盐水、复方生理盐水、复方氯化钠注射液联合配伍使用。卡那霉素、新生霉素不宜加在葡萄糖中，也不能溶于生理盐水中。红霉素与生理盐水、复方氯化钠注射液配伍发生凝固。

青霉素与链霉素混合使用效果加强；双氢链霉素与卡那霉素混用使耳内听神经毒性加重、神经肌肉麻痹和抑制呼吸的毒性作用。土霉素与碳酸氢钠合用内服可使胃肠吸收效果减半。

土霉素、喹乙醇与杆菌肽锌、北里霉素、维吉尼霉素合用于饲料添加剂有拮抗作用。

使用支原净时禁配盐霉素、甲基盐霉素、莫能霉素。

② 磺胺类：该类抗菌药不能与某些局部麻醉药如普鲁卡因、丁氨卡钠等合用。因为后者在体内能分解产生对氨基苯甲酸，可减弱磺胺类的抑菌作用，如与氯化钾注射液合用；除与生理盐水、复方氯化钠注射液、200 g/L 甘露醇、硫酸镁注射液配伍外，一般不配伍。

③ 水盐代谢平衡药：如葡萄糖注射液、氯化钠注射液、氯化钾注射液、碳酸氢钠注射液及乳酸钠注射液等皆不宜与新霉素合用，与其他药物合用时密切注意因浓度、速度等而起分解、中和、沉淀等，如氢化可的松、维生素 K_3、杜冷丁、阿托品、硫酸镁、氯丙嗪、四环素、青霉素、维生素 C、复方氯化钠、ATP 等。钙镁制剂不宜合用。

④ 维生素类：一般情况下，应避免抗生素用于静脉注射时与维生素 B_1、维生素 B_2、维生素 C 注射液相配伍，降低药效。如维生素 B_1、维生素 B_2、维生素 C 的注射液对氨苄青霉素、先锋霉素 Ⅰ 和 Ⅱ、土霉素、红霉素、氯霉素、强力霉素、链霉素、林可霉素等均有不同程度灭活作用，即抗生素失去抗菌力。维生素 B_1 还不宜与头孢菌素、邻氯霉素等抗生素配伍；维生素 K_3 不宜与巴比妥类药物、碳酸氢钠、青霉素、盐酸普鲁卡因、盐酸氯丙嗪等配伍使用；维生素 A 不可与糖皮质激素合用，体内过剩的维生素 A 会使溶酶体膜的通透性增大，降低其稳定性，而皮质激素可稳定溶酶体膜，故合用可产生拮抗作用。维生素 B_{12} 在临诊未见与任何药物配伍禁忌的报道。

⑤ 能量性药：这类药物临诊常见的包括 ATP、CoA、细胞色素 C、肌苷等注射液，其中不宜与 ATP、肌苷注射液配伍的有碳酸氢钠、安茶碱注射液等；不宜与细胞色素 C 注射液配伍的有碳酸氢

钠、氨茶碱、青霉素、硫酸卡那霉素等；不宜与 CoA 注射液配伍的药物有青霉素、硫酸卡那霉素、碳酸氢钠、氨茶碱、葡萄糖酸钙、氢化可的松、地塞米松磷酸钠、止血敏、盐酸土霉素、盐酸四环素、盐酸普鲁卡因等。

⑥ 肾上腺皮质激素类药：临诊上常用的有氢化可的松注射液、地塞米松磷酸钠注射液等。这类药物如长期使用会出现严重不良反应，如诱发或加重感染、长期过量用药会引起矿物质代谢或盐代谢紊乱、影响伤口愈合及肾上腺皮质功能不全等，故应慎用，切不可滥用。同时本类药物一般不与 CoA、盐酸四环素、盐酸土霉素、盐酸普鲁卡因、维生素 A、氯化钙、止血敏注射液配伍使用。氢化可的松不宜与氨茶碱等碱性药物合用；四环素与强的松、碳酸氢钠同用使牛、羊消化紊乱或发生胃肠内细菌的"二重感染"性疾病；糖皮质激素应尽量避免与乙酰水杨酸合用，二者合用可能使出血加剧；糖皮质激素除地塞米松磷酸钠注射液可于疫苗合用外，一般不与疫苗合用。因为能产生副反应，甚至感染死亡。氢化可的松与氯霉素混用，将产生物理性配伍禁忌。其原因是氢化可的松溶剂为稀乙醇，氯霉素溶剂为丙二醇，二者同时混合由于溶解度的改变产生混浊或沉淀，也不宜与林可霉素、氟哌酸、呋喃类同时使用。

⑦ 强心药：临诊上常用的有安钠咖、洋地黄毒苷、肾上腺素注射液等。洋地黄毒苷注射液性质不稳定，易被酸、碱水解，故宜单独使用；肾上腺素注射液作用强、快，剂量大可导致心律失常，重者可发生心室颤动，用时严格控制剂量；病畜使用过氟烷、水合氯醛和酒石酸锑钾时，心脏有器质性病变的动物不可使用本品；肾上腺素注射液禁止与洋地黄、钙剂等配合使用。安钠咖注射液及洋地黄毒苷等强心剂与钙剂同时注射（包括分开或先后用药在内），因钙离子能减弱心肌的兴奋性可致心搏骤停；不宜与安钠咖注射液及洋地黄毒苷配伍的药物还有盐酸土霉素、盐酸四环素、盐酸氯丙嗪注射液、硫酸卡那霉素等。

⑧ 其他：a. 全身严重感染应急时静滴大剂量杀菌性抗生素，若此时用抑菌性抗生素则对感染控制不利，还易使细菌产生耐药性，导致治疗失败。b. 长期使用安比、安乃近或氯霉素，引起颗粒白细胞

减少症。c. 氯丙嗪与安乃近合用,体温急剧下降,量大导致衰竭。d. 给家畜静注硫酸镁,速度过快(并非剂量过大)可引起呼吸中枢麻痹致死亡。e. 敌百虫与碱性药物包括人工盐合用,毒性剧增致中毒死亡。f. 用硫酸二氯酚(别丁)或含别丁的药剂给牛或幼雏驱虫,一次投服剂量过大,轻则引起拉稀,重则引起肠炎、脱水与心力衰竭。g. 200 g/L甘露醇注射液不可与高渗生理盐水配伍使用,因氯化钠等能促进甘露醇的排出,用本品治疗严重脑水肿时应每隔6~12 h注射1次,用量不可过大,以免脑组织严重脱水,静脉注射时避免药物漏出血管外。h. 猪腹泻用抗生素治愈后常常出现便秘。这是因为用药量过大,杀灭或抑制肠道有益菌生长繁殖;配伍禁忌引起,抑制肠道平滑肌蠕动;病后因采食量少,对肠道刺激减弱;副交叉感神经系统活动减弱;由于采食量少而致盐、水摄入不足。

(4) 药物的代谢:指药物进入动物机体后,发挥疗效并排出体外的整个过程,包括吸收、分布、转化和排泄4个环节。

① 吸收:药物口服后在消化道被吸收进入血液;药物肌肉或皮下注射后通过毛细血管壁而被吸收进入血液;药物静注后直接进入血液。

② 分布:药物吸收后,经血液循环输送到各个组织器官。

③ 转化:大部分药物在肝脏内被分解代谢,变成无毒或低毒物质。

④ 排泄:药物主要通过肾脏,进入尿液排出体外。

药物在动物体内不断地被分解代谢而消耗掉,为了保证药物在体内的必要浓度,就必须不断地补充药物,这就是多数药物需要定时、定量给药的原因。

(5) 影响药物作用因素:① 药物方面,剂型、剂量、给药途径、长期用药、反复用药、联合用药。② 动物方面,种属差异、生理差异、个体差异、病理因素。③ 环境方面,饲养管理、环境生态条件。

7. 特效药

具有特殊治疗效果的药物。如有机磷中毒用阿托品;重金属中毒用二硫基丙醇;氢氰酸中毒用3％亚硝酸钠;亚硝酸盐中毒用亚甲蓝等。

8. 毒物

能对动物产生损害作用的化学物质。药物与毒物无明显界限，药物超过一定剂量及长期使用也可成为毒物，故使用时应掌握药物的特性及适用动物。

9. 耐药性

对同一病原菌，长期、大剂量使用某种药物务必造成耐药性。MRSA（甲氧西林耐药葡萄球菌的英文缩写）自 1961 年被发现后，至 20 世纪 80 年代后期已成为全球发病率最高的医院内感染病原菌之一。仅 2005 年英国就有 3 800 人死于 MRSA，现发现 ST398 对抗生素具有耐药性，它可引起皮肤感染，有时甚至可以造成病人心脏和骨髓被感染。正确的烹饪可以杀灭 MRSA。

10. 兽药残留的原因、危害及对策

（1）原因：① 不执行休药期规定；② 疾病的威胁导致乱用药；③ 违规使用违禁药物；④ 法律滞后，监管不力；⑤ 养殖水平低；⑥ 对残留危害认识不足。

（2）危害表现：① 过敏反应；② 中毒；③ 产生耐药性；④ 激素样作用；⑤ 三致作用（致癌、致畸、致突变）；⑥ 影响贸易。

（3）对策：① 建立健全法规；② 严格执法并加大力度；③ 加强监控；④ 广泛宣传；⑤ 制订计划；⑥ 改革兽医管理体制；⑦ 建立标准化、规范化、集约化猪场。

11. 猪场常用驱虫药

（1）有机磷酸酯类：敌百虫、敌敌畏；毒性大，毒性和副作用大，残留严重。

（2）脒类化合物：多用于外墙面、地面。

（3）咪唑类：左旋咪唑对局部有一定刺激性，副反应大，常引起精神不振、流涎、咳嗽等症状。

（4）苯丙咪唑类：阿苯达唑、芬苯达唑，广谱驱虫，对线虫、绦虫的幼虫与成虫效果极佳。

（5）大环内酯类：伊维菌素、阿维菌素、多拉菌素，广谱对蛔虫、疥螨有良好的驱杀作用原理干扰寄生虫神经肌肉间信号传递，使虫体松弛麻痹，导致死亡。优点是无畸形作用。

（6）氟苯达唑：它能广谱去除线虫和绦虫及其虫卵，效果极佳。

（三）药物治疗的原则与要求

1. 药物治疗的原则

药物治疗原则是指治疗家畜病症的法则，也是治疗时用药的总原则。治则包括：扶正与祛邪，治标与治本，同治与异治，治常与治变，治疗与护养。总之，治疗需要快速、特效、标本兼治、无副作用、经济。

2. 药物治疗的要求

（1）在确诊了病因的前提下，根据病情发展趋势，结合当时病情、气候、环境、种属、大小等因素正确选用药物，合理地、正确地、科学地采用剂型、剂量、用药方式、方法，对症、有效而快速成功治疗。

（2）决不可图便宜，向没有经营执照的兽药门市部或兽药厂家购买药物，更不得使用假冒伪劣药品和过期药品，以免耽误病情，造成更大损失。

（3）首选特效药，再联合用药。中西兽药结合，可增强免疫力，抗病毒、促生长，无残留、无毒副作用。对病毒性混合型疾病使用免疫转移因子及干扰素很有益。中成药、草药是发展方向，针灸更应提倡。

（4）禁止给畜禽使用原粉或人用药。

（5）提倡"脉冲式用药"，注意药物配伍禁忌。

（6）药物治疗一定要达到有效用药浓度（一般预防量为治疗量的一半）。如饮水或拌料，浓度要均匀一致，不溶于水的药不能饮水给药，饮水用药前应停水 2～4 h；用药期间要密切观察群体状态，有无不良反应及中毒现象。如痢特灵、喹乙醇毒性都较大，要及早发现及时治疗。

（7）疗程一般 3～5 天，但某些慢性病如链球菌病等疗程不宜少于 7 天，以防复发、继发、混染。治疗慢性病用药时间长，最好按一定疗程交替使用抗菌药，或选用有协同作用的药物，如使用一种抗菌药效果不好，应立即更换，严防耐药性产生。

（8）遵守停药规定。

（9）某些抗菌药使用后能抑制免疫功能，影响抗体产生，因此在疫苗预防注射前后几天,不宜使用抗生素。

（10）预防为主,防重于治。正所谓三分治,七分养。生物安全迫在眉睫。因此,要加强学习,善于总结,勇于攀登,不断提高业务水平。

（四）抗生素

1. 抗生素类别

抗生素是细菌、真菌、放线菌等微生物的代谢产物,能杀灭或抑制病原微生物。按其作用性质大致可分抗微生物类、合成抗菌类、抗真菌类、抗病毒类四大类。

（1）抗微生物药类:

① 抗生素:β-内酰胺类;青霉素类;苄星青霉素;氨苄西林;阿莫西林;哌拉西林钠;双氯西林等头孢菌素类;头孢氨苄;头孢羟氨苄;头孢克洛;头孢拉定等。

② 氨基糖苷类:丁氨卡那(硫酸阿米卡星)、庆大霉素、卡那霉素、新霉素、大观霉素等。

③ 大环内酯类:红霉素、罗红霉素、硫氰酸红霉素、酒石酸吉他霉素、泰乐菌素、替米考星等。

④ 酰胺醇类:氯霉素、甲砜霉素、氟苯尼考。

⑤ 四环素类:土霉素、金霉素、多西环素(强力霉素)等。

⑥ 洁霉素类:林可霉素、克林霉素。

⑦ 多肽类:多黏菌素 B、多黏菌素 E。

⑧ 含磷多糖类:黄霉素、大蒜素。

⑨ 多聚类:莫能菌素、盐霉素。

⑩ 其他:新生霉素、泰妙菌素、利福平。抗生素对猪配种期及产仔前后使用好;对仔猪在 8～10 周龄使用效果差。成年反刍动物不宜使用土霉素,但幼龄反刍动物使用效果好。一般促生长量为治疗量的 $1/10 ～ 1/5$,预防量为治疗量的 $1/4 ～ 1/2$。

（2）合成抗菌药类:

① 磺胺类:抗菌谱较广,甚至对衣原体和某些原虫也有效,性质稳定,使用方便,价格低廉,临诊主要用于"三道、三炎",即呼吸道、消

化道、泌尿道,乳腺炎、子宫炎、腹膜炎。使用此类药时常需口服碳酸氢钠来碱化尿液,提高溶解速度,减轻乙酰化磺胺结晶程度及其对泌尿道的损害。常用的有:磺胺、磺胺嘧啶、磺胺甲噁唑、复方新诺明(SMZ)、磺胺氯吡嗪钠、磺胺脒、喹恶唑、磺胺间甲氧嘧啶(钠)。

② 抗菌增效剂:三甲氧苄胺嘧啶(TMP)、二甲氧苄胺嘧啶(DVD)。

③ 呋喃类:呋喃唑酮(痢特灵)。

④ 喹诺酮类:第一代:20 世纪 60 年代,萘啶酸、吡咯酸完全淘汰;第二代:70 年代末,吡哌酸(PPA),新恶酸,甲氧恶喹酸等副作用大被淘汰;第三代:80 年代,诺氟沙星、环丙沙星、恩诺沙星、培氟沙星、氧氟沙星等;第四代:近年研制出的莫西沙星、克林沙星和吉米沙星等。

⑤ 硝咪唑类:甲硝唑、二甲硝咪唑。

⑥ 其他化合抗生素:卡巴氧、异烟肼、小檗碱。

(3) 抗真菌药:制霉菌素。

(4) 抗病毒类:利巴韦林、盐酸金刚烷胺、黄芪多糖等。

2. 抗生素有效成分表示法

① 重量单位 1 μg 作为一个 IU,即1 mg＝1 000 U;② 类似重量单位 1 μg 作为亚单位,即 1 mg＝1 000 U,其中包括无菌活性的酸根在内;③ 重量折算单位,例青霉素(1952)0.599 8 μg 为IU,即1 mg＝1 670 U,80 万 U 称重为0.48 g;④ 特定单位,如 1953 年杆菌肽 A 为 1 mg＝55 U,1963 年酶制剂1 mg＝3 000 U,目前,土霉素0.25 g即250 000 U。

3. 抗生素联合用药效应的分类

① 繁殖期杀菌剂,如青霉素、头孢菌素等;② 静止期杀菌剂,如氨基糖苷类多黏菌素 B 和 E 等;③ 快效抑菌剂,如四环素、大环内酯类抗生素;④ 慢效抑菌剂,如磺胺类。现有很多种能人工合成或半合成。有些还具有抗寄生虫、病毒、肿瘤作用。

(五)黄芪多糖

黄芪多糖不仅具有抗应激、提高猪只免疫力的作用,同时具有抗病毒等功能。它本身对病毒没有直接的杀灭作用,但能诱导机体产生抗病毒蛋白——干扰素而发挥抗病毒作用,并降低其他抗生素或化学药物的毒副作用和药物残留,对免疫抑制性疾病、免疫抑制性药物及其他对免疫器官的破坏和影响都有降低作用,从而提高机体整体的健康水平和抗感染能力。

糖类物质是多羟基(2个或以上)的醛类或酮类化合物,以及它们的衍生物或聚合物。糖类根据分子大小分为"单糖"(如葡萄糖)、"寡糖"和"多糖",其中单糖又分为"单一多糖"和"杂聚多糖"。从严格意义上讲,黄芪多糖是从药用植物黄芪中提炼出来的、有药理活性的多糖,但从传统工艺上来讲,黄芪多糖是从药用植物黄芪中提炼出来的糖类的混合物。黄芪多糖中总糖含量一般为70%以下,不可能超过80%。黄芪多糖易掺入葡萄糖的鉴别方法:取黄芪多糖10 g,用60 mL水稀释,再加入240 mL含量80%以上的乙醇搅匀静置,有沉淀物多并聚集成团状者为未加入葡萄糖的黄芪多糖,否则为加入了大量葡萄糖的黄芪多糖。

实践中,黄芪多糖可稀释猪瘟疫苗等,且效果很好。黄芪多糖可做饲料添加剂使用,但仔猪不宜长期使用。发酵的黄芪多糖称黄芪酵素,与黄芪多糖性质完全相反,黄芪多糖属阳,黄芪酵素属阴。

(六)干扰素

干扰素(Interferon,IFN)是人和动物细胞受到适宜的刺激时产生的一种微量的、具有高度生物学活性的糖蛋白。干扰素是诱生蛋白,正常细胞一般不自发产生干扰素,只存在合成干扰素潜能。干扰素具有种属差异性,不宜乱用。根据干扰素的来源、生物学特性及活性,可分为Ⅰ、Ⅱ两型。

干扰素来源分为基因工程干扰素和中药诱导干扰素。生物学作用:抗细菌、病毒、寄生虫,参与免疫调节及抗肿瘤。作用机制:抗病毒作用及免疫调节作用。常见的有猪用干扰素、猪用白细胞介素-4(IL-4)、猪用转移因子(TF)、猪浓缩免疫球蛋白、免疫核糖核酸。

不良反应:常见发热,寒颤,头痛,肌肉痛,也可见注射部位硬结、疼痛、恶心、白细胞减少等,甚至引起出血,继发心血管疾病、消化系统疾病、内分泌疾病、血液系统疾病、神经系统疾病等。

(七) 真假兽药的识别

假兽药包括以非兽药冒充兽药的;兽药所含的种类、名称与国家标准、专业标准不符合的;未取得批准文号的;农业部明文规定禁止使用的兽药的统称。

劣质兽药包括兽药成分含量与国家标准、专业标准不符合的;超过有效期的;因变质、污染不能药用的;其他与兽药标准不符合的,但不属于假兽药的。

假兽药和劣质兽药,用后不但起不到应有的治疗作用,而且会延误病情,引起患病动物病情加重或死亡,造成经济损失。因此,养殖户必须掌握一些识别假、劣兽药的基本常识。

对有以下情况的兽药不要购买和使用: ① 无生产批准文号的; ② 产品无标签的; ③ 无质量合格证的; ④ 无商标的; ⑤ 无名称的; ⑥ 无规格的; ⑦ 无含量的; ⑧ 无作用及用途的; ⑨ 无用法及用量的; ⑩ 无保质期的; ⑪ 无有效期的; ⑫ 无生产单位的; ⑬ 无注意事项的。

另外,有以上条件但使用无效的可到市级兽药监察所进行检验,购买时认准《兽药经营许可证》《兽药生产许可证》《兽药制剂许可证》。

(八) 各种制剂的检查

1. 针剂(注射剂)
主查澄明度、色泽、破裂、漏气、混浊、沉淀和装量的差异及溶解后的澄明度。

2. 片剂、丸剂、胶囊剂
主查色泽、斑点、潮解、发霉、溶化、粘瓶、碎片、破、漏、片重差异。

3. 酊剂、水剂、乳剂
主查不应有的沉淀、混浊、渗漏、挥发、分层、发霉、酸败、变色和装量。

4. 软膏、眼膏

主查有无异味、变色、分层、硬结、漏油。

5. 散剂

主查有无结块、异常黑点、霉变、重量差异等。

（九）常见兽药品质的外观鉴别方法

1. 注射用青霉素 G 钾

受热或遇潮而分解，呈块状严重粘瓶，颜色变为浅黄、黄色，甚至出现凡士林状斑点，效价显著降低。

2. 头孢菌素

遇庆大霉素有混浊现象者为真品。

3. 注射用硫酸链霉素

加水溶解后，放置过程中会缓慢分解，由淡黄色变为黄色或棕色。溶液颜色变深，毒性加强，故变黄色或棕色后禁用。

4. 复方氯化钠注射液

久贮容易产生混浊或沉淀，不可药用。

5. 硫代硫酸钠注射液

遇空气中的氧、二氧化碳以及酸均能分解并析出硫元素；有沉淀或混浊的不可用。

6. 维生素 C 注射液

可缓慢分解成糠醛，若有空气存在时糠醛可继续氧化聚合呈黄色。光、空气、温度、pH 及重金属离子均可促其氧化变质，使其颜色发生变化，故呈黄或深黄色的不可用。

7. 氯羟吡啶预混剂

于试管中放半匙样品，加氢氧化钠溶液 40 滴摇匀，静置 2 min 后滤过，滤液加碘试液 5 滴、稀硫酸 20 滴，生成棕红色沉淀者不可用。

8. 穿心莲注射液

易产生混浊或沉淀，有轻微沉淀（轻摇即消失）者可用，否则禁用。

9. 硫酸镁注射液

无色透明液体。若产生大量的白色或白块,有时析出黄或棕色的沉淀,均不可用。

10. 氯化钠注射液

久贮易产生大量小白点或白块,致使澄明度不合格者不宜使用。

11. 葡萄糖注射液

受热易分解形成 5-羟甲基糠醛,并进一步变为黄色的聚合物,产生混浊或细絮状沉淀时不可用。

12. 喹乙醇预混剂

取少许样品于试管中加二甲替甲酰胺 20 滴摇匀,静置 2 min 滤过,滤液加氢氧化钠溶液 5 滴,黄色加深,放置 5 min 渐成橙红色者不可用。

13. 安乃近注射液

氧化分解变为黄或深褐色,高温、光、微量金属对此有促进作用。变黄色的禁用。

14. 安痛定注射液

应为无色或淡黄色的透明液体。其中氨基比林氧化产生双氧氨基比林时,颜色变黄至深黄色,最后变为棕黄色或析出沉淀。黄色越深刺激性越大,沉淀者不可用。

15. 乙酰水杨酸

遇潮缓慢分解成水杨酸和醋酸,有显著醋酸臭,对胃刺激性增加,不可供药用。

16. 亚硒酸钠液

样品 2 滴,加稀盐酸 2 滴、碘化钾少许,即显棕色并有黑色硒出现者不可用。

17. 土霉素片

应为黄色,若变为深土色则效价降低,不可用。

18. 干酵母

因含蛋白质,故易吸潮发霉、变臭、生虫。变质后不可用。

19. 氯苯

取少许样品于试管中,加乙醇 1 mL,微热后再加稀硝酸 1 滴、硝酸银1滴,呈白色絮状沉淀者不可用。

(十) 兽药快速鉴别

1. 青霉素类抗生素

(1) 青霉素钠(针):少许,加水2滴溶解,加稀盐酸1滴即生成白色沉淀,再加乙醇沉淀溶解。

(2) 青霉素钾(针):少许,加水2滴溶解,加稀盐酸1滴即生成白色沉淀,再加乙醇沉淀溶解。

(3) 氨苄青霉素钠(针):少许,加水2滴溶解,滴少许在用0.1%茚三酮溶液浸润的滤纸上在乙醇灯上烘烤、放置,显蓝紫色斑点。

(4) 阿莫西林:少许,加水2滴溶解,滴少许在用0.1%茚三酮溶液浸润的滤纸上在酒精灯上烘烤、放置,显蓝紫色斑点。

(5) 普鲁卡因(针):少许,加水2滴,加氢氧化钠2滴,静置1 min,加稀盐酸2滴搅匀,加试液1滴,黄色消失。

2. 氨基糖苷类抗生素

(1) 硫酸链霉素:取少许于试管,加水10滴溶解,加氢氧化钠2滴,水浴加热5 min,再加硫酸铁2滴,黄色逐渐消失。

(2) 硫酸卡那霉素:取少许于试管,加水5滴溶解,加硫酸3~4 mL,稍放置即显蓝紫色。

(3) 硫酸庆大霉素:取样品2滴于试管,加0.1%茚三酮的饱和正丁醇溶液20滴,再加吡啶10滴,置水浴锅加热3 min即显蓝紫色。

(4) 复方庆大霉素:取样品2滴于试管,加0.1%茚三酮的饱和正丁醇溶液20滴,置水浴锅加热3 min,即显蓝紫色。取样品2滴于试管,加稀盐酸2滴、碘试液1滴,生棕褐色。取样品2滴于试管,加稀硝酸10滴,静置,出现橘红色并逐渐转棕黄色。

3. 四环素类抗生素

(1) 土霉素粉、片:取样品少许,加硫酸1滴,显朱红色。

(2) 土霉素针剂:取样品少许,加硫酸1滴,显朱红色。

(3) 饲用土霉素钙:取样品1小勺置烧杯加水2 mL、加草酸半勺搅、静置,取液2滴,加硫酸2滴,显朱红色。

（4）盐酸脱氧土霉素片：少许,加硫酸2滴即显黄色。

（5）四环素片(针)：取少许于试管,加硫酸2滴即显深紫色,再加三氯化铁2滴,显红棕色。

（6）四环素针剂：取少许于试管,加硫酸2滴显深紫色,再加三氯化铁2滴,溶液变黄色。

（7）饲用金霉素：取少许于试管,加稀盐酸10 mL摇匀、静置。取上清液2滴,加三氯化铁3滴显深褐色。

4．大环内酯类抗生素

（1）红霉素片：少许,加硫酸2滴显红棕色。

（2）乳糖酸红霉素针：取样品少许于试管,加硫酸2滴显红棕色。

（3）硫氰酸可溶性红霉素粉：取样品少许于试管,加硫酸2滴显红棕色。

5．喹诺酮类

（1）氟哌酸原粉：取样品少许于试管,加丙二酸少许与醋酐10滴搅匀,置乙醇灯上加热1～2 min,显棕红色。

（2）氟哌酸片：取2片研粉于试管,加丙二酸少许与醋酐10滴搅匀,置乙醇灯上加热1～2 min,显棕红色。

（3）氟哌酸散：取半勺于试管,加丙二酸少许与醋酐10滴搅匀,置乙醇灯上加热1～2 min,显棕红色。

6．咪唑类

（1）盐酸左旋咪唑：取样品少许于试管,加氢氧化钠1滴即显白色沉淀,加亚硝基铁氰化钠少许即显红色。

（2）盐酸左旋咪唑片：取样品少许于试管,加氢氧化钠1滴即显白色沉淀,加亚硝基铁氰化钠少许即显红色。

（3）盐酸左旋咪唑注射液：取样品少许于试管,加氢氧化钠1滴即显白色沉淀,加亚硝基铁氰化钠少许即显红色,放置后渐变黄。

（4）丙硫苯咪唑：取样品少许于试管,加稀硫酸5滴,加碘试液1滴,生成棕红色沉淀。

7．其他

（1）痢菌净：取样品少许于试管,加氢氧化钠1滴显橙红色,放置片刻色变淡转为蓝绿色。

（2）泻痢停可溶粉：取样品少许于试管，加氢氧化钠5滴显橙红色，放置片刻色变淡转为蓝绿色。

（3）喹乙醇：取样品少许于试管，加二甲替甲酰胺10滴摇匀，加氢氧化钠5滴，溶液黄色加深，放置片刻渐成橙红色。

（十一）药品保管的方法

（1）一般药品都应该按兽药典或兽药规范中该药"贮藏"项下的规定条件，因地制宜地贮存与保管，如密闭、密封、熔封、遮光、温度、销毁等。

（2）根据药品性质、剂型，并结合药房实际情况分区、分类、编号妥善保管，严禁混淆。

（3）危险药品、剧毒药品及麻醉药品须专柜、加锁、专人保管。

（4）建立账目，经常检查，定期盘点。

（5）注意有效期及掌握"先进先出"或"近期先出"原则。

（6）仓库清洁卫生，防霉变、虫蛀、鼠害等。

（7）加强防火措施，确保人员与药品安全。

（十二）禁止在饲料和动物饮用水中使用的药品目录

1. 肾上腺素受体激动剂

（1）盐酸克仑特罗（Clenbuterol Hydrochloride）：《中华人民共和国药典》（以下简称《药典》）2000年二部P605。β_2肾上腺素受体激动药。

（2）沙丁胺醇（Salbutamol）：《药典》2000年二部P316。β_2肾上腺素受体激动药。

（3）硫酸沙丁胺醇（Salbutamol Sulfate）：《药典》2000年二部P870。β_2肾上腺素受体激动药。

（4）莱克多巴胺（Ractopamine）：一种β兴奋剂。美国食品和药物管理局（FDA）已批准，中国未批准。

（5）盐酸多巴胺（Dopamine Hydrochloride）：《药典》2000年二部P591。多巴胺受体激动药。

(6) 西巴特罗(Cimaterol)：美国氰胺公司开发的产品，一种β兴奋剂。FDA未批准。

(7) 硫酸特布他林(Terbutaline Sulfate)：《药典》2000年二部P890。$β_2$肾上腺受体激动药。

2. 性激素

(1) 己烯雌酚(Diethylstilbestrol)：《药典》2000年二部P42。雌激素类药。

(2) 雌二醇(Estradiol)：《药典》2000年二部P1005。雌激素类药。

(3) 戊酸雌二醇(Estradiol Valerate)：《药典》2000年二部P124。雌激素类药。

(4) 苯甲酸雌二醇(Estradiol Benzoate)：《药典》2000年二部P369，雌激素类药。《中华人民共和国兽药典》(以下简称《兽药典》)2000年一部P109，雌激素类药，用于发情不明显动物的催情及胎衣滞留、死胎的排除。

(5) 氯烯雌醚(Chlorotrianisene)：《药典》2000年二部P919。

(6) 炔诺醇(Ethinylestradiol)：《药典》2000年二部P422。

(7) 炔诺醚(Quinestml)：《药典》2000年二部P424。

(8) 醋酸氯地孕酮(Chlormadinone acetate)：《药典》2000年二部P1037。

(9) 左炔诺孕酮(Levonorgestrel)：《药典》2000年二部P107。

(10) 炔诺酮(Norethisterone)：《药典》2000年二部P420。

(11) 绒毛膜促性腺激素(绒促性素)(Chorionic Conadotropin)：《药典》2000年二部P534，促性腺激素药。《兽药典》2000年一部P146，激素类药，用于性功能障碍、习惯性流产及卵巢囊肿等。

(12) 促卵泡生长激素(尿促性素主要含卵泡刺激素FSHT和黄体生成素LH)(Menotropins)：《药典》2000年二部P321。促性腺激素类药。

3. 蛋白同化激素

(1) 碘化酪蛋白(Iodinated Casein)：蛋白同化激素类，为甲状腺素的前驱物质，具有类似甲状腺素的生理作用。

(2) 苯丙酸诺龙及苯丙酸诺龙注射液(Nandrolone phenylpro

pionate）：《药典》2000 年二部 P365。

4. 精神药品

（1）（盐酸）氯丙嗪（Chlorpromazine Hydrochloride）：《药典》2000 年二部 P676，抗精神病药。《兽药典》2000 年一部 P177，镇静药，用于强化麻醉以及使动物安静等。

（2）盐酸异丙嗪（Promethazine Hydrochloride）：《药典》2000 年二部 P602，抗组胺药。《兽药典》2000 年一部 P164，抗组胺药，用于变态反应性疾病，如荨麻疹、血清病等。

（3）安定（地西泮）（Diazepam）：《药典》2000 年二部 P214，抗焦虑药、抗惊厥药。《兽药典》2000 年一部 P61，镇静药、抗惊厥药。

（4）苯巴比妥（Phenobarbital）：《药典》2000 年二部 P362，镇静催眠药、抗惊厥药。《兽药典》2000 年一部 P103，巴比妥类药，缓解脑炎、破伤风、士的宁中毒所致的惊厥。

（5）苯巴比妥钠（Phenobarbital Sodium）：《兽药典》2000 年一部 P105，巴比妥类药。缓解脑炎、破伤风、士的宁中毒所致的惊厥。

（6）巴比妥（Barbital）：《兽药典》2000 年二部 P27。中枢抑制和增强解热镇痛。

（7）异戊巴比妥（Amobarbital）：《药典》2000 年二部 P252。催眠药、抗惊厥药。

（8）异戊巴比妥钠（Amobarbital Sodium）：《兽药典》2000 年一部 P82，巴比妥类药。用于小动物的镇静、抗惊厥和麻醉。

（9）利血平（Reserpine）：《药典》2000 年二部 P304。抗高血压药。

（10）艾司唑仑（Estazolam）。

（11）甲丙氨脂（Meprobamate）。

（12）咪达唑仑（Midazolam）。

（13）硝西泮（Nitrazepam）。

（14）奥沙西泮（Oxazepam）。

（15）匹莫林（Pemoline）。

（16）三唑仑（Triazolam）。

（17）唑吡旦（Zolpidem）。

（18）其他国家管制的精神药品。

5. 各种抗生素滤渣

该类物质是抗生素类产品生产过程中产生的工业三废,因含有微量抗生素成分,在饲料和饲养过程中使用后对动物有一定的促生长作用。但对养殖业的危害很大,一是容易引起耐药性;二是由于未做安全性试验,存在各种安全隐患。

(十三)家畜服药时忌喂的饲料

1. 维生素药物

服用维生素 A 时应忌喂棉籽饼;服用维生素 B_1 时应忌喂高粱;服用维生素 C 时应忌喂甲壳类海产品。

2. 抗贫血药物

服用硫酸亚铁等药物防治家畜贫血时,应忌喂磷元素含量较高的麸皮,因为较高的磷元素会降低家畜对铁元素的吸收利用。

3. 利尿药物

服用醋酸钾等药物时,应忌喂酒糟,因为酒糟中的乙醇易与醋酸钾发生反应而降低药效。

4. 驱虫药物

服用盐酸左旋咪唑、人用肠虫清等药物前应让家畜停食 6～12 h,并避免饲喂大量的稀料和油腻泔水。

5. 钙制剂药物

使用氯化钙、乳酸钙、葡萄糖酸钙等药物治疗家畜佝偻病时,不要再喂含草酸较多的菠菜。

6. 解毒类药物

使用亚甲基蓝、硫酸钠等药物治疗家畜中毒病时,不要再喂青贮饲料。

7. 抗生素药物

服用链霉素时,应忌喂食盐;服用四环素、土霉素、强力霉素时,应避免饲喂大豆和饼类饲料;服用庆大霉素时,应忌喂维生素类添加剂。

8. 止泻药物

治疗家畜肠道疾病时,应避免饲喂一些粗硬通便的青绿饲料和容易引起家禽肠道胀气的豆类饲料。

（十四）孕畜禁用与慎用的药物

1. 四环素类

可使孕畜肝脏脂肪变性，呈急性肝脏损坏；对骨骼组织的生长发育有严重的影响，并且能够透过胎盘屏障，引起胎儿的肝脏、肾脏损坏；还能和二价离子如钙离子、铁离子等形成络合物，沉积在胎儿的牙齿和骨质中，抑制其生长。妊娠母猪后期应用四环素可引起胎儿颅内压升高、先天性白内障、先天性畸形。妊娠期应按说明剂量使用。

2. 磺胺类

可干扰叶酸代谢而发挥作用，而且可与胆红素竞争蛋白质结合点，引起新生仔畜黄疸，使胎儿致畸（除非补充叶酸）。长期应用该类药物能抑制骨髓造血功能，引起白细胞减少、粒细胞缺乏，以及溶血性贫血。妊娠期应按说明剂量使用。

3. 抗菌增效剂

多属苄氨嘧啶类化合物，抗菌制剂是一氢叶酸还原酶使二氢叶酸不能还原四氢叶酸而阻止细菌核酸合成。使胎儿致畸。妊娠期禁用。

4. 喹诺酮类

包括氟哌酸、环丙沙星、氧氟沙星等。作用机制是抑制 DNA 旋转酶，影响蛋白质合成，损害幼畜动物软骨，妊娠期应按说明剂量使用。

5. 氨基糖苷类

损害第 8 对脑神经，造成前庭功能和听觉的损害，对肾脏也有较强的毒害作用，并且易通过胎盘屏障，对胎儿造成严重损害。妊娠期禁用。

6. 多黏菌素类

具有肾毒性和神经毒性，引起蛋白质尿、血尿、步态不稳、共济失调等症状，能透过胎盘屏障，对生物膜有破坏作用。妊娠期不宜使用。

7. 抗真菌药物

多烯类（制霉菌素类）及灰黄霉素可通过胎盘屏障，具有肝肾毒性和致畸作用。妊娠期禁用。

8. 万古霉素

可通过胎盘屏障，损害第 8 对脑神经。妊娠期禁用。

9. 甲硝唑

能减少细菌繁殖功能,使细菌的基因突变率增加,具有致畸作用。能通过胎盘屏障及乳汁排泄。妊娠期及哺乳期慎用。

10. 利福平

对老鼠有致畸作用。妊娠早期不可使用。

11. 其他

青霉素类、头孢类对胎儿没有毒性,可安全使用。大环内酯类除红霉素脂化物外,红霉素碱、麦迪霉素等均无显著毒性,也不易透过胎盘屏障,故可考虑使用。

(十五)葡萄糖的正确使用

1. 5%等渗溶液

主要用于家畜脱水后的补液,不可过量,否则会中毒。

2. 10%中渗溶液

10%~20%主要用于家畜的保肝、解毒,重病、久病、体弱及手术后能量供给,要单独使用,不可与任何注射液配合,以保证"高渗"的有效性。

3. 50%高渗溶液

主要用于家畜的脑水肿、肺水肿及低血糖症、妊娠毒血症等的治疗。冷天要注意给溶液加温。

4. 输水小常识

先盐后糖,先快后慢,先高后低,脱水补钾,惊厥补钙,高热用盐,低温用糖,重症5%糖盐水。

(十六)正确认识抗生素

抗生素是由微生物包括细菌、真菌、放线菌或高等植物在生活过程中所产生的具有抗病原体或其他活性的一类次级代谢物。它既不参与细胞结构组成,也不是细胞内贮存性养料。它对产生菌本身无害,但对某些微生物有拮抗作用,是微生物在种间竞争中战胜其他微生物而保存自己的一种防卫机制。

抗生素的抗菌性主要表现为抑菌、杀菌、溶菌三种,三者间无截然的界限。抗生素的作用效果与使用浓度、作用时间、敏感微生物种类以及周围环境条件有关。

1. 抗生素的作用机理

① 选择性作用微生物特定靶位,干扰细菌生长繁殖、杀灭或抑制微生物(如β-内酰胺类)。② 任何抗菌药物进入体内均有吸收、分布、代谢和排泄四个过程。③ 干扰蛋白质合成(如四环素类、大环内酯类等)。④ 影响细胞膜功能(如多粘菌素、短杆菌肽)。⑤ 阻碍核酸的合成(如氧氟沙星)。

2. 使用抗生素的危害

① 不仅杀死动物体内有害的微生物,也杀死有益的微生物。② 滥用导致抗生素由"救命药"变为"致命药"。③ 使动物可能集体成为"耐药族"。④ 使病原微生物产生耐药性。⑤ 对免疫产生影响。⑥ 残留及毒副作用。

3. 使用抗生素的误区

① 广谱抗生素效果好。有些人在治疗过程中急于求成,只一天症状未见明显好转就更换使用抗菌谱广的药物,增大剂量、多种联用,逐渐增大细菌耐药范围,易引起"二重种感染",治疗更难。② 新的抗生素比老的好。盲目追求时髦,以贵为好。③ 抗生素是万能的。事实上,抗生素对细菌有效(不能消肿、止疼及过敏引起的炎症),对病毒无效。④ 抗生素随意乱用。人的医学教科书上明确规定,所有生物合成类抗生素、沙星类抗生素,以及用于治疗重症感染的抗生素是不能外用的。兽医上虽未明确规定,但也应该遵循。⑤ 一桶原粉打天下。过分迷恋原粉,确不知耐药性、增效成分、吸收率、利用率、毒副作用等。

4. 使用抗生素的注意事项

① 适应证。② 用药目的(药物分为治疗用药和预防用药,含不良反应)。③ 合适的剂量。④ 给药的方法。⑤ 联合用药。⑥ 疗程。

抗生素的出现无疑给疾病的有效控制带来便利,但一般抗生素在启用后的一段时间里都会因产生耐药性而失去原有效力。临诊上使用的抗生素量大、品种多、更新快,各药物间相互关系复杂,联合用药日趋增多,预防用药日趋广泛,若不能正确使用抗生素,不良反应及耐药性会日趋上升,危害越来越严重。因此,应严禁滥用抗生素,以菌治菌健康肠道势在必行。

5. 使用磺胺类药物注意事项

① 首用加倍。② 每千克用量不能越过 20 mg,有一定的疗程。③ 一般不作配伍使用[磺胺嘧啶(SD)除外],但宜与三甲氧苄胺嘧啶(TMP)、二甲氧苄胺嘧啶(DVD)等合用,以增大疗效。④ 一般不单独作抗菌药使用。⑤ 对脓液、坏死组织,在使用前必须清创排脓。⑥ 在静脉注射时应浓度小、速度慢。

6. 动物用药剂量比例表

不同动物的用药剂量不同,但可以按体重进行换算。下面列举动物用药剂量比例(表 8-4),供参考。

表 8-4 动物用药剂量比例表

动物名称	马	黄牛	骆驼	驴	猪	羊	狗	猫	鸡
体重(kg)	300	300	500	150	60	40	15	4	1.5
用药比例	1	1.0~1.25	1.0~1.5	1/3~1/2	1/8~1/5	1/6~1/5	1/16~1/10	1/32~1/20	1/40~1/20

(十七) 常用药物配伍禁忌

1. 98 种药物配伍禁忌

(1) 药物名称

Ⅰ. 输液

1 生理盐水 pH 4.5~7

2 林格氏液 pH 4.5~7.5

3 葡萄糖(5%,10%)pH 3.5~5.5

4 葡萄糖氯化钠 pH 3.5~5.5

5 右旋糖苷铁 pH 3.5~6.5

6 水解蛋白 pH 5.5~6.2

7 复方氨基酸 pH 5.7~7.0

Ⅱ. 抗菌药

8 青霉素 G 钠(10 万 IU) pH 5.0～7.0

9 苯唑青霉素钠(2%) pH 4.6～7.5

10 邻氯青霉素钠(2%) pH 5.1～7.0

11 氨苄青霉素钠(2%) pH 2.8～10.0

12 羧苄青霉素钠(2%) pH 5.4～8.0

13 磺苄青霉素钠(2%) pH5.1～7.0

14 头孢菌素Ⅳ号(25 mg/mL)pH 5.3～6.0

15 头孢菌素Ⅴ号(20 mg/mL)pH 5.4～6.0

16 红霉素乳糖酸盐(50 mg/mL)pH 6.0～7.5*

17 酒石酸柱晶白霉素(80 mg/mL)pH 3.8

18 盐酸洁霉素(20 mg/mL)pH 3.0～5.5

19 硫酸多粘菌素 B(0.5%)pH 6.0～7.0

20 硫酸多粘菌素 E(5 万 IU/mL)pH 5.0～6.0

21 硫酸庆大霉素(2 万 IU/mL)pH 4.0～6.0

22 硫酸卡那霉素(25%)pH 7.0～8.0

23 硫酸丁胺卡那霉素(20 mg/mL)pH 6.0～7.0

24 硫酸妥布霉素(2 mg/mL)pH 5.8～6.5

25 盐酸四环素(50 mg/mL)pH 2.0～2.8

26 氯霉素(0.2%)pH 5.4～7.5*

27 对氨基水杨酸钠(4%)pH 7～8.5

Ⅲ. 激素

28 氢化可的松(5 mg/mL)pH 5.5～7.0

29 氢化可的松琥珀酸钠(5 mg/mL)pH 6.4～8.0

30 氟美松磷酸钠(0.5%)pH 7.0～8.5

31 甲基强的松龙(1.3 mg/mL)pH 5.8

Ⅳ. 盐类

32 氯化钾(10%)pH 5.0～7.0

33 氯化钙(3%)pH 4.5～6.5

34 葡萄糖酸钙(10%)pH 6.0～8.0

35 硫酸镁(10%)pH 5.4～7.0

36 碳酸氢钠(5%)pH 8.2～8.3

37 乳酸钠(11.2%)pH 6.0～8.0

Ⅴ．心血管药

38 重酒石酸去甲肾上腺素(1 mg/mL)pH 3.5～4.5

39 盐酸苯肾上腺素(10 mg/mL)pH 3.5～5.5

40 重酒石酸间羟胺(10 mg/mL)pH 4.0～5.0

41 甲氧胺(20 mg/mL)pH 4.0～6.0

42 多巴胺(10 mg/mL)pH 4.4～5.4

43 恢压敏(20 mg/ml) pH 5.0～6.0

44 利血平(1 mg/mL)pH 2.5～3.5

45 硝普钠(2.5 mg/mL)pH 5.0～7.0

46 立其丁(10 mg/mL)pH 3.4～5.0

47 毒毛旋花子苷 K(0.25 mg/mL)

48 西地兰(0.2 mg/mL)pH 4.5

49 安茶碱(2.5%)pH 8.6～9.6

50 盐酸利多卡因(2%)

51 甲苯磺酸溴苄胺(125 mg/mL)pH 5.6

52 慢心律(10 mg/mL)pH 5.4

53 心的安(5 mg/mL)pH 3.0～4.0

54 异搏定(0.5 mg/mL)pH 4.5～6.0

55 脉安定(20 mg/mL)pH 6.7

56 维脑路通(20 mg/mL)pH 5.4

Ⅵ．中枢兴奋药

57 可拉明(25%)pH 5.5～7.0

58 洛贝林(3 mg/mL)pH 3.0～3.5

59 回苏灵(4 mg/mL)pH 5.4

60 美解眠(2.5 mg/mL)pH 4.5～6.0

61 克脑迷(5%)pH 3.8

62 利他林(2 mg/mL)pH 5.4

63 氯酯醒(5%)pH 3.5

64 乌贝林(10 mg/mL)pH 6.2

Ⅶ.中枢抑制

65 盐酸氯丙嗪(25 mg/mL)pH 3.5～5.0

66 盐酸异丙嗪(25 mg/mL)pH 4.0～5.5

67 杜冷丁(25 mg/mL)pH 4.5～6.0

68 安定(0.2 mg/mL)pH 5.5～7.2*

Ⅷ.利尿脱水

69 速尿(10 mg/mL)pH 8.7～9.3

70 利尿酸钠(5 mg/mL)pH 5.0～7.0

71 甘露醇(20%)pH 4.5～6.5*

72 山梨醇(25%)pH 5.0～6.5

Ⅸ.止血药抗血凝药

73 维生素 K1(10 mg/mL)pH 5.0

74 维生素 K3(4 mg/mL)pH 3.0～3.2

75 6-甲基己酸(20%)pH 6.0～7.6

76 止血芳酸(10 mg/mL)pH 3.8～4.2

77 止血环酸(20 mg/mL)pH 6.4

78 止血敏(250 mg/mL)pH 5.0～6.5

79 马来酸麦角新碱(0.2 mg/mL)pH 3.5～4.0

80 垂体后叶素(10 u/mL)pH 3.5～4.4

81 肝素(10 mg/mL)pH 7.0～8.5

82 尿激酶(1 500 u/mL)pH 5.6

Ⅹ.影响代谢的药

83 三磷酸腺苷(10 mg/mL)pH 6.0～7.0

84 辅酶 A(250 IU/mL)pH 5.5

85 细胞色素 C(3 mg/mL)pH 6.0～6.2

86 能量合剂(倍稀释)pH 5.0

87 肌苷(10 mg/mL)pH 8.9～9.1

88 胞二磷胆碱(20 mg/mL)pH 5.4

89 维生素 C(250 mg/mL)pH 5.8～6.0

90 维生素 B_6(50 mg/mL)pH 2.8～3.2

91 谷氨酸钠(28.75%)pH 6.5～8.0

92 精氨酸(100 mg/mL)pH 3.0～5.0

93 乙酰谷氨酸(20 mg/mL)pH 3.0～5.0

Ⅺ. 其他

94 硫酸阿托品(0.5 mg/mL)pH 3.5～5.5

95 氢溴东莨菪碱(0.3 mg/mL)pH 3.5～4.5

96 安退疬那(0.2 mg/mL)pH 5.4

97 甲氰咪胍(25 mg/mL)pH 6.7

98 解磷定(10 mg/mL)pH 3.8～5.0

（2）解释

1 与 16 有"±"、与 45 有"○"、与余下的都可配伍；

2 与 36 有"＋"、与 16 有"±"、与 25\45 有"○"、与余下的都可配伍；

3 与 11\16\36\45 有"○"、与余下的都可以配伍；

4 与 16 有"±"、与 45 有"○"、与余下的都可配伍；

5 与 28 有"＋"、与 45 有"○"、与 14 有"△"、与余下的都可配伍；

6 与 16\25\26\29\38\66\74\75\79\81 有"＋"、与 45 有"○"、与 36\49 有"●"、与余下的都可配伍；

7 与 28\44 有"＋"、与 16\25\26 有"±"、与 45 有"○"、与余下的都可配伍；

8 与 17\19\20\34\44\46\52\61\65\66\70\71\79\80\82\85\90 有"＋"、与 68\84 有"±"、与 22\23\26\37\39\45\49\87\91 有"○"、与 16\21\25\36\38\40\43 有"●"、与余下的都可配伍；

9 与 17\19\20\38\40\44\45\46\52\54\58\63\65\66\67\70\71\74\80\90 有"＋"、与 68 有"±"、与 21 有"○"、与 16\25\26 有"●"、与余下的都可配伍；

10 与 17\19\24\29\38\40\44\46\52\53\54\\58\61\63\65\66\67\71\74\80\90 有"＋"、与 68 有"±"、与 45 有"○"、与 16\21\25\26 有"●"、与余下的都可配伍；

11 与 17\44\46\54\61\63\65\66\71\80 有"＋"、与 68 有"±"、与 12\19\28\29\37\45\78\83\84\85\86 有"○"、与 16\25\26 有"●"、与余下的都可配伍；

12 与 29\44\46\56\65\66\71\80 有"＋"、与 68 有"±"、与 21\22\23\37\45 有"○"、与 16\25\26 有"●"、与余下的都可配伍；

13 与 19\44\46\62\65\66\71\80 有"＋"、与 68 有"±"、与 25\26\45 有"○"、与 16 有"●"、与余下的都可配伍；

14 与 17\28\33\34\35\44\49\58\63\65\66\71\74\90\97 有"＋"、与 68 有"±"、与 45 有"○"、与 16\25\26 有"●"、与 21\22\24\69\70 有"△"、与 19\20\23 有"▲"、与余下的都可配伍；

15 与 44\46\63\65\66\71\80\85\90 有"＋"、与 16\26\68 有"±"、与 45 有"○"、与 25 有"●"、与 21\22\24\69\70 有"△"、与 19\20\23 有"▲"、与余下的都可配伍；

16 与 69\71\84\85 有"＋"、与 17\22\27\32\33\34\35\37\42\43\45\50\51\52\53\54\68\70\78\80\81\83\86\87\89\91\92\98 有"±"、与 26\38\40\61\63\76\90 有"○"、与 18\19\20\25\36\49 有"●"、与余下的都可配伍；

17 与 29\31\36\49\61\68\69\70\71\82\83\87\91 有"＋"、与 26 有"±"、与 45 有"○"、与余下的都可配伍；

18 与 25\65\66\71 有"＋"、与 26\68 有"±"、与 45 有"○"、与余下的都可配伍；

19 与 28\29\30\44\56\64\69\70\71\81\86 有"＋"、与 26\33\68"±"、与 36\45\49\87 有"○"、与 25 有"●"、与余下的都可配伍；

20 与 28\29\30\31\54\69\70\71\85\86 有"＋"、与 26\33\68 有"±"、与 25\36\45 有"○"、与 49\87 有"●"、与余下的都可配伍；

21 与 51\71\81\86 有"＋"、与 26\28\33\68 有"±"、与 22\23\24 有"△"、与 69\70 有"▲"、与余下的都可配伍；

22 与 29\33\49\59\60\71\80\81 有"＋"、与 25\28\68 有"±"、与 38\45\78 有"○"、与 26 有"●"、与 23\24\70 有"△"、与 69 有"▲"、与余下的都可配伍；

23 与 28\42\49\50\71\81 有"＋"、与 26\33\68 有"±"、与 45 有"○"、与 24\69 有"△"、与 70 有"▲"、与余下的都可配伍；

24 与 28\71\81\86 有"＋"、与 26\33\68 有"±"、与 45 有"○"、与 69\70 有"▲"、与余下的都可配伍；

25 与 27\29\31\36\49\51\55\64\71\75\76\91\93 有"＋"、与 28\30\32\37\38\39\42\44\45\47\48\52\53\54\57\68\73\77\79\ 80\81\82\83\84\85\86\88\89\92\95\98 有"±"、与 33\35 有"○"、与 26\34 有"●"、与 69\70 有"▲"、与余下的都可配伍；

26 与 27\30\31\32\33\34\35\36\37\38\39\40\41\42\43\44\ 45\46\47\48\49\50\51\52\53\54\55\56\57\58\59\60\61\62\63\ 64\65\66\67\68\69\70\71\72\73\74\75\76\77\78\79\80\81\82\ 83\84\85\86\87\88\89\90\91\92\93\94\95\96\97\98 有"±"、与 28\29 有"○"、与余下的都可配伍；

27 与 34\46\61\63\65\71\76\89\90\91 有"＋"、与 68 有"±"、与 45\78 有"○"、与余下的都可配伍；

28 与 42\54\55\61\64\71\77\90\93 有"＋"、与 32\34\35\37\ 38\47\48\60\68\70\81\82\83\86\91\98 有"±"、与 36\45\49\87 有 "○"、与余下的都可配伍；

29 与 33\38\40\46\50\52\54\58\61\63\65\66\71\76\81\85\ 86\93 有"＋"、与 68\84 有"±"、与 45\49\87 有"○"、与 36 有"●"、与余下的都可配伍；

30 与 33\44\46\52\58\61\65\66\67\71\78\80\83\95 有"＋"、与 68 有"±"，与 45 有"○"、与余下的均可配伍；

31 与 34\38\40\44\46\49\61\63\66\71\76\80\88\90 有"＋"、与 68 有"±"、与 45 有"○"、与余下的都可配伍；

32 与 65\71 有"＋"、与 68 有"±"、与 45 有"○"、与余下的都可配伍；

33 与 36\61\71 有"＋"、与 68 有"±"、与 45\51 有"○"、与 35 有"●"、与 47\48 有"△"、与余下的都可配伍；

34 与 36\49\69\71\77\83\86\88 有"＋"、与 68 有"±"、与 45\51 有"○"、与 35 有"●"、与 47\48 有"△"、与余下的都可配伍；

35 与 36\49\71 有"＋"、与 68 有"±"、与 45 有"○"、与余下的都可配伍；

36 与 43\44\50\58\65\66\67\71\74\79\80 有"＋"、与 68 有"±"、与 38\39\45\47\78\83\84\85\89\94\95 有"○"、与 40\86 有

"●"、与余下的都可配伍；

37 与 71 有"＋"、与 68 有"±"、与 45\78 有"○"、与余下的都可配伍；

38 与 69\70\71 有"＋"、与 68 有"±"、与 45\49\87 有"○"、与 85\91 有"●"、与余下的都可配伍；

39 与 63\70\71\74\86 有"＋"、与 68 有"±"、与 45\49\87 有"○"、与 85 有"●"、与余下的都可配伍；

40 与 44\66\69\70\71 有"＋"、与 68 有"±"、与 45\49\65\87 有"○"、与 85 有"●"、与余下的都可配伍；

41 与 44\61\69\70\71\86 有"＋"、与 68 有"±"、与 45 有"○"、与余下的都可配伍；

42 与 44\69\70\71 有"＋"、与 68 有"±"、与 45 有"○"、与 85 有"●"、与余下的都可配伍；

43 与 44\68\69\70\71\73\91 有"＋"、与 45 有"○"、与 84\85 有"●"、与余下的都可配伍；

44 与 45\49\50\51\52\53\55\63\64\68\69\70\71\74\75\77\79\81\82\83\84\86\87\88\89\90\91\92\96\97\98 有"＋"、与余下的都可配伍；

45 与 46\47\58\62\63\65\66\71\73\80\89 有"＋"、与 68 有"±"、与 448\49\50\51\52\53\54\55\56\57\59\60\61\64\67\69\70\72\74\75\76\77\78\79\81\82\83\84\85\86\87\88\90\91\92\93\94\95\96\97\98 有"○"与余下的都可配伍；

46 与 49\51\69\70\71\73\81\86\87 有"＋"、与 68 有"±"、与余下的都可配伍；

47 与 71 有"＋"、与 68 有"±"、与 49\87 有"○"、与余下的都可配伍；

48 与 71 有"＋"、与 68 有"±"、与余下的都可配伍；

49 与 51\55\58\61\63\64\65\66\67\71\77\79\82\90 有"＋"、与 68 有"±"、与 78\89\94\95\97 有"○"、与 74\80\83\84\85\86 有"●"、与余下的都可配伍；

50 与 70\71\75 有"＋"、与 68 有"±"、与余下的都可配伍；

51 与 65\66\71\80\83 有"＋"、与 68 有"±"、与余下的都可

配伍；

52 与 56\69\70\71\81\88 有"＋"、与 68 有"±"、与余下的都可
配伍；

53 与 69\70\71\84 有"＋"、与 68 有"±"、与余下的都可配伍；

54 与 69\70\71\83\87 有"＋"、与 68 有"±"、与余下的都可配伍；

55 与 70\71 有"＋"、与 68 有"±"、与余下的都可配伍；

56 与 61\63\71 有"＋"、与 68 有"±"、与余下的都可配伍；

57 与 65\66\71 有"＋"、与 68 有"±"、与余下的都可配伍；

58 与 69\70\71\83\87\91 有"＋"、与 68 有"±"、与余下的都可
配伍；

59 与 69\70\71 有"＋"、与 68 有"±"、与余下的都可配伍；

60 与 71\85 有"＋"、与 68 有"±"、与余下的都可配伍；

61 与 69\70\71\86 有"＋"、与 68 有"±"、与 66 有"○"、与 65 有
"●"、与余下的都可配伍；

62 与 66\71 有"＋"、与 68 有"±"、与余下的都可配伍；

63 与 69\70\71\81\86 有"＋"、与 68 有"±"、与余下的都可配伍；

64 与 66\67\70\71\86\93 有"＋"、与 68 有"±"、与余下的都可
配伍；

65 与 69\70\71\72\74\75\77\78\81\83\84\86\87\91 有"＋"、
与 68 有"±"、与余下的都可配伍；

66 与 68\69\70\71\72\74\75\76\78\81\83\84\85\86\87\88\
91\96 有"＋"、与 68 有"±"、与余下的都可配伍；

67 与 69\70\71\81 有"＋"、与 68 有"±"、与余下的都可配伍；

68 与 70\71 有"＋"、与 69\72\73\74\75\76\77\78\79\80\81\
82\83\84\85\86\87\88\89\90\91\92\93\94\95\96\97\98 有"±"、
与余下的都可配伍；

69 与 71\74\76\80\90\97 有"＋"、与 70 有"△"、与余下的都可配伍；

70 与 71\73\74\76\80\85\90\97\98 有"＋"、与 81 有"△"、与余
下的都可配伍；

71 与 73\74\75\76\77\78\79\80\81\82\83\84\85\86\87\88\
89\90\91\92\93\94\95\96\97\98 有"＋"、与余下的都可配伍；

72 与 73\74\75\76\77\78\79\80\81\82\83\84\85\86\87\88\89\90\91\92\93\94\95\96\97\98 都可配伍；

73 与 74\91 有"＋"、与余下的都可配伍；

74 与 80 有"＋"、与余下的都可配伍；

75 与 86 有"＋"、与 78 有"△"、与余下的都可配伍；

76 与 94 有"＋"、与余下的都可配伍；

77 与 80 有"＋"、与余下的都可配伍；

78 与 84 有"＋"、与 87 有"○"、与余下的都可配伍；

79 与 80\83\84\86\87\91\97 有"＋"、与余下的都可配伍；

80 与 81\82\88 有"＋"、与余下的都可配伍；

81 与 82\83\84\85\86\87\88\89\90\91\92\93\94\95\96\97\98 都可配伍；

82 与 86 有"＋"、与余下的都可配伍；

83 与 97"＋"、与 87 有"○"、与余下的都可配伍；

84 与 87 有"○"、与余下的都可配伍；

85 与 95 有"＋"、与 87 有"○"、与余下的都可配伍；

86 与 93\98 有"＋"、与 87 有"○"、与余下的都可配伍；

87 与 89 有"○"、与 94\95 有"●"、与余下的都可配伍；

88 与 89\90\91\92\93\94\95\96\97\98 都可配伍；

89 与 91 有"○"、与余下的都可配伍；

90 与 91\92\93\94\95\96\97\98 都可配伍；

91 与 92\93\94\95\96\97\98 都可配伍；

92 与 93\94\95\96\97\98 都可配伍；

93 与 94\95\96\97\98 都可配伍；

94 与 95\96\97\98 都可配伍；

95 与 96\97\98 都可配伍；

96 与 97\98 都可配伍；

97 与 98 可配伍；

98 与 98 可配伍；

注：(1)"－"示配伍后溶液澄明，无外观变化，可配伍；

(2)"＋"示有混浊，沉淀或变色，不能配伍；

（3）"±"示溶液配伍后混浊或沉淀,若将其中一种药先在溶液中稀释,再加另一种药物可澄明;

（4）"○"示配伍后药液效价降低,但外观无变化,不能配伍;

（5）"●"示配伍时药液效价降低,并有混浊、沉淀或变色,不能配伍;

（6）"△"示配伍后毒性增加,但外观无变化,不能配伍;

（7）"▲"示毒性增加,并有混浊、沉淀或变色,不能配伍;

（8）"＊"示 ① 红霉素先稀释(注射用水或 5％葡萄糖液),后再与其他药物配伍;② 氯霉素、安定注射液应先稀释,否则析出沉淀;③ 甘露醇析出结晶后,不宜与其他药物配伍;

（9）本表摘录自人民卫生出版社《中级医刊》,静注药物配伍变化表。

2. 最常用药物配伍禁忌

最常用药物配伍禁忌,见表 8 - 5。

五、诊 断

诊断,即判断疾病的性质、时期、原因和发病机制,并判断预后。诊断的思路、方法及水平很重要,对动物疾病的防治效果起着决定性的作用。诊断主要分临诊诊断和病理剖检两大部分。其内容是确定病性,明了病因,推断预后,制定治则。

（一）临诊诊断

临诊检查包括基本方法与程序、生理指标、系统检查(运动、呼吸、消化、心血管、泌尿与生殖、神经系统等)、注射方法等。

1. 临诊检查的思路与方法

诊断是预防与治疗的基础,疾病的诊断要以科学发展观为指导思想,用辩证统一的方法,运用生物学、兽医学的基本理论,结合流行病学、病理学、病原学、临床学、免疫学、动物试验学等,准确、科学地对疾病做出判断。临诊上类症较多、复杂、易混淆,对发病初期未能表现典型特征及隐性感染的个体、亚临床感染的群体做出确切诊断

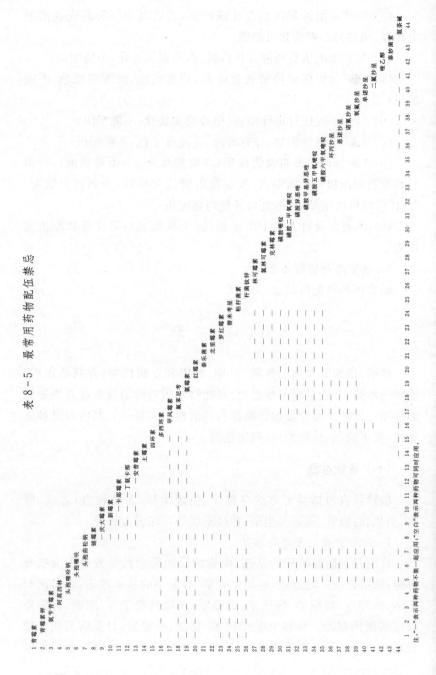

表 8-5 最常用药物配伍禁忌

注: "—"表示两种药物不能一起应用; "空白"表示两种药物可同时应用。

1 青霉素
2 青霉素甲
3 氨苄青霉素
4 阿莫西林
5 头孢噻吩钠
6 头孢唑啉
7 头孢曲松钠
8 链霉素
9 庆大霉素
10 新霉素
11 卡那霉素
12 丁胺卡那霉素
13 安普霉素
14 土霉素
15 四环素
16 多西环素
17 甲风霉素
18 氟苯尼考
19 氯霉素
20 红霉素
21 泰乐菌素
22 北里霉素
23 罗红霉素
24 替米考星
25 杆菌肽锌
26 林可霉素
27 克林霉素
28 氯林可霉素
29 磺胺嘧啶
30 磺胺二甲嘧啶
31 磺胺异恶唑
32 磺胺甲基异恶唑
33 磺胺五甲氧嘧啶
34 磺胺六甲氧嘧啶
35 环丙沙星
36 恩诺沙星
37 诺氟沙星
38 氧氟沙星
39 单诺沙星
40 二氟沙星
41 喹乙醇
42 泰妙菌素
43 泰妙菌素
44 氨茶碱

• 272 •

很不容易,必须借助实验室诊断结果进行综合分析判断才能成立。

临诊检查,一般采用问诊、触诊、听诊、叩诊、嗅诊等方法。诊断步骤是调查病史,收集症状;分析症状,建立初步诊断;实施防治,验证诊断。流行病学调查主要通过问诊(问诊的内容包括发病时间,发病情况,食欲,粪、尿的色、量,腹痛表现,腹围变化,腹痛史,治疗情况,妊娠情况,饲养情况等 10 项)和现场观察,了解病猪的生活史和病史,包括饲养管理情况、既往病史及周边环境 3 项内容。

(1)季节性:某些疾病特别是传染病在每年的一定季节内,发病率显著增高。如由蚊虫等吸血昆虫传播的疾病,一般多发生在夏、秋季,如猪流行性乙型脑炎。冬春寒冷季节,有利于病毒的生存,是口蹄疫、传染性胃肠炎等疾病的流行季节,夏季易发生猪丹毒等细菌性疾病。

(2)环境:通风与保暖,光照与封闭,干燥与潮湿,运动与限位,自由采食与限量饲喂都是辩证的统一。夏季气温高,育肥猪易发生中暑;冬季若保温不好,仔猪易发生腹泻。通风不良,易发生呼吸系统疾病,如传染性胸膜肺炎、气喘病等常在寒冷的季节发生或加重病情。

(3)种属:不同的动物存在种别差异,种别对同一病原因素易感程度也是不同的,个体差异更是存在的。巴氏杆菌病、沙门氏菌病、大肠杆菌病、链球菌病、痘病、流感等,对猪、牛、羊、禽等动物都能感染。猪气喘病、猪瘟、仔猪红痢、猪流行性腹泻、繁殖障碍与呼吸综合征等,仅感染猪。猪气喘病对国内地方猪种较易感,对外来品种的猪有较强的抵抗力,但对传染性萎缩性鼻炎的易感性则相反。

(4)年龄:不同年龄的猪可以感染不同的疾病。哺乳仔猪易感仔猪红痢、仔猪黄痢、仔猪白痢、轮状病毒病、新生仔猪溶血病、仔猪低血糖、渗出性皮炎、球虫病等。断奶仔猪、保育猪(30~70 日龄)易感传染性胃肠炎、流行性腹泻、副伤寒、痢疾、水肿病、气喘病、猪瘟、链球菌病、伪狂犬病、李氏杆菌病、传染性脑脊髓炎、弓形虫病、猪痘、传染性萎缩性鼻炎、皮肤真菌病、疝、霉饲料中毒、小袋纤毛虫病、肺炎、断奶仔猪多系统衰竭综合征等。肥育猪及各种日龄猪易感染猪肺疫、猪丹毒、蛔虫病、流感、口蹄疫、传染性胸膜性肺炎、附红细胞体病及引发中暑、应激综合征、风湿症等。种猪(150 日龄以上)易感染流行性乙型肝炎、细小病毒病、衣原体病、布鲁氏菌病、繁殖障碍与呼吸综合征、疥螨病、胃溃疡、生产瘫痪、乳腺炎、子宫内膜炎及引发不孕、种公猪繁殖障碍、外伤、脓肿与蜂窝织炎、四肢病、阑尾蚴病、骨软病、硒和维生素 E 缺乏症等。不同年龄的猪感染同一疾病,可表现不同的临诊症状,如伪狂犬病,怀孕母猪感染后表现为流产,仔猪感染后表现为神经症状,肥育猪呈隐性感染。

(5)性别:大多数疾病的易感性与动物的性别差异不大,但有些疾病的易感性存在性别差异,如细小病毒病、布鲁氏菌病等,妊娠母猪感染后可引起流产或死胎,公猪感染后仅发生睾丸炎,未成年猪或育肥猪感染后则不显症状。

(6)饲养管理:含猪场的地理地形、种源、饲养量、饲养方式、饲料来源和种类、生产流程、检疫、防疫、病死猪处理、上市、生物安全、环境保护等。

(7)既往病史及周边环境:周边地区及过去有无类似疾病发生、发病情况,是否确诊、有无记录,是否治疗及效果。

(8)发病率、死亡率:对发病率、死亡率的统计,含种属、性别、年龄、大小、气候环境、饲养管理等流行病数据的分析,可以清楚得知疾病的性质,以便更早、更及时、更合理地制定防治方案。

2. 个体检查

所有个体检查必须经过:一测(体温)、二数(呼吸、脉搏)、三听(心音、胃肠蠕动音或食管逆蠕音)、四看(腹痛程度、腹围大小、结膜色彩、口腔变化)。

(1)健康猪:主要生理指标正常,如体温 38~40℃,脉搏 60~80 次/min,呼吸 10~20 次/min。不同年龄有差异,不同时间量也有差异。一般下午的比早上、上午的高 0.5℃。具体说,刚生猪 39℃,出生 1 小时后 36.8℃,出生 12 小时后 38℃,出生 24 小时后 38.6℃,哺乳至断奶大约 9 千克阶段体温 39.2℃,9~18 千克体温 39.3℃,27~45 千克阶段体温 39℃,45~90 千克体温 38.8℃,妊娠母猪 38.7℃,母猪产前 24 小时体温 38.7℃,产前 12 小时体温 38.9℃,产前 6 小时体温 39℃,开产后(分娩第一头仔猪时)体温 39.4℃,产后 12 小时体温 39.7℃,产后 24 小时体温 40℃,也有 40.3℃的,产后 1 周至断奶体温 39.3℃,断奶后 1 天体温 38.6℃,公猪一般体温 38.4℃。另外,注苗后体温波动±0.3℃。健康猪的表现:精神活泼,声音洪亮,食欲旺盛,肌肉丰满,被毛油光发亮,皮肤油润,不断拱土觅食,睡觉互相挨近平躺但不打堆。

(2)病猪:针对病猪检查情况,进行综合分析与诊断,列出可能的疑似疾病,以便通过临床剖检初步诊断疾病。

测量体温时,可根据温度升高情况,确定体温升高类型:体温升高1℃为微热;升高2℃为中热;升高3℃为高热;升高后日差在1℃以上为驰张热;升高后日差在1℃以内为稽留热;发热期与无热期交替出现为间歇热。

循环系统检查主要是心脏听诊,健康猪心音最强听取点为:二尖瓣第一心音:左侧第四肋间胸廓下1/3水平线。三尖瓣第一心音:右侧第三肋间胸廓下1/3水平线;主动脉第二心音:右侧第三肋间。肺动脉第二心音:左侧第二肋间。第一心音增强见于急性热性病、心脏衰弱、心肌炎、贫血等;第二心音增强见于肺炎、肺气肿、肾炎等;心音微弱见于心脏衰弱、心脏扩大、肺气肿、重剧热性病等;心脏杂音见于猪丹毒;心包摩擦音见于心包炎。

腹部听诊主要听诊肠音,肠音增强见于肠炎、大肠杆菌病、猪瘟、仔猪副伤寒、传染性胃肠炎、流行性腹泻等,肠音减弱见于便秘等。

红斑多见猪丹毒、弓形虫病等;红点多见附红细胞体病、猪瘟等;苍白多见贫血;皮肤粗糙多见皮肤病、寄生虫病、渗出性皮炎等;颌下淋巴结肿大多见炭疽、繁殖障碍与呼吸综合征、小袋纤毛虫病、猪水肿病等;肩前淋巴结化脓多见结核病等;全身体表淋巴结肿大多见断奶仔猪多系消耗综合征、链球菌病、渗出性皮炎、慢性猪瘟、附红细胞体病等;食欲减退或废绝,见于消化系统各种疾病、中毒性疾病、发热性疾病、疼痛性疾病、营养代谢性疾病等;食欲亢进见于某些营养代谢性疾病、肠道寄生虫病、慢性消耗性疾病、发热性疾病后及疾病恢复期等;食欲不定见于慢性消化不良;采食和咀嚼异常见于唇、牙齿、舌、颌骨、口腔黏膜疾病如口蹄疫、水疱病、水疱性口炎、水疱性疹,或物理、化学、机械刺激等;呕吐是一种病理性的反射活动,检查时应注意呕吐的时间、呕吐物数量、性质、颜色、气味、酸碱度及混合物等,多见于胃食滞、肠阻塞、传染性胃肠炎、猪丹毒等,呕吐物中有血液见于出血性胃肠炎等,呕吐物常被胆汁染成黄色见十二指肠阻塞,呕吐物类似粪便见大肠阻塞,呕吐物中带有蛔虫见患蛔虫病;鼻孔流血多见猪萎缩性鼻炎;感冒多见鼻孔流清水样鼻液;浓鼻涕多见肺部炎症;咳嗽有干咳、湿咳和痛咳,多见上呼吸道急性炎症初期或慢性呼吸道疾病等;异嗜多见营养代谢性疾病、蛔虫病、伪狂犬病等;咽部肿痛见于咽炎、猪肺疫、咽型炭疽、仔猪链球菌病;呼吸急促多见气喘、肺炎、胸膜性肺炎等。排粪次数增多、稀软或水样或混有黏液、血液、脓液或黏膜多见腹泻或痢疾及顽固性腹泻等;排粪时疼痛不安、呻吟、努责见于腹膜炎、胃肠炎、结肠炎、直肠炎等;频呈排粪动作并强力努责、但无粪排出或仅排出少量带脓血或黏液的粪便,见于结肠炎、直肠炎、顽固性腹泻、盲肠及肛门周围疾病等;排粪费力,次数减少,粪便干硬色深,见于热性病、便秘、慢性消化紊乱等。泌尿器官原发疾病较少,多继发于一些传染病、寄生虫病及中毒病。频尿见于膀胱炎、尿道炎、阴道炎;少尿见于急性肾炎、脱水、饮水减少;尿黏稠见于泌尿器官发炎;血尿见于猪瘟、炭疽、肾炎、膀胱及尿道出血;血红蛋白尿见于附红细胞体病、钩端螺旋体病、新生仔猪溶血病。公猪包皮开口脓样分泌物见于慢性包皮炎;包皮积尿且尿液混浊见于猪瘟;睾丸肿大见于睾丸炎;阴囊肿大见于阴囊水肿、阴囊疝。母猪阴门流稀薄污秽液体见于阴道炎、子宫内膜炎。

猪的脑及脊髓功能障碍,主要根据临诊症状,作一个大体上的诊断。猪脑膜疾病表现头抵于墙壁或饲槽,颈部肌肉僵硬,皮肤感觉迟钝,视觉和听觉过敏,常有呕吐;全脑性疾病表现出兴奋或沉郁,或兴奋与沉郁交替,盲目徘徊,不避障碍物,采食及饮水障碍,常有呕吐;脑局灶性疾病表现瞳孔大小不对称,舌震颤、舌偏斜或舌脱出,眼球震颤,吞咽障碍,转圈运动。猪脊髓功能障碍表现出截瘫,后躯不能负重,后躯痛觉消失,排粪、排尿失禁。

3. 群体检查

在进行临诊诊断时,首先对猪群进行群体检查,通过对群体症状的观察,对整群猪的健康状况作出初步的评价,从群体中把病猪抽检出来,以进行个体检查。群体检查包括静态观察(站立及睡卧姿态、呼吸与体表状态)、动态观察(先看自然活动,后看起立姿势、行动姿势、精神状态、排泄情况)、饮食观察(自然饮食时,有无不食或不饮、少食或少饮、吞咽障碍、呕吐、流涎等）。

4．临诊诊断的误区

① 片面而不系统。

② 对症而不对主因。

③ 依靠经验而不依靠检查结果。

④ 依靠现状而非生产性能的统计。

⑤ 过多归于疾病而忽略饲养管理。

⑥ 依靠专家而非临诊兽医的长期积累。

⑦ 诊断信息来源于动保公司的宣传资料。

5．临诊诊断的陷阱

① 个体病历的代表性。

② 急性期（前驱期）症状的相似性。

③ 后期继发（细菌性）感染的掩盖。

④ 免疫压力产生流行病的改变。

⑤ 抗生素压力产生疾病症状的改变。

（二）病理剖检

1．实验室检测

要获得正确的信息就要获得正确的样本。

（1）任务：

① 快速和初步检出细菌与毒素。

② 采集的原标本和分离菌种的后送。

③ 病毒处理和后送。

④ 常见疾病的初步诊断与监测。

⑤ 动物群体血清抗体水平监测。

（2）原则：及时、真实、全面。

（3）检查对象和方法：对象为血液、尿、粪、肾、脾、胃液、脑、脊髓、渗出液和漏出液等。方法有病原学检查（包括显微镜检查、细菌分离培养、动物试验）、血清学检查、抗原抗体反应、变态反应检查及自动仪器（如虫卵漂浮法、血细胞计数染色法、ELISA、切片、病毒分离、免疫应答等）等。

（4）采集病料：对于疑似病或确诊病时，应注意以下组织的采集。详见表8-6。

表8-6　常见疾病分析所采集组织汇表

病　　名	建议采集的组织
猪瘟	扁桃体，脾脏、肾脏、淋巴结和血样
伪狂犬	神经组织、扁桃体和血样
蓝耳病	肺脏、血样、流产胎儿、淋巴结和脾脏
猪圆环病毒	肺脏、血样淋、巴结和脾脏
猪细小病毒	死胎、扁桃体
传染性胃肠炎、轮状病毒、流行性腹泻	空肠、肠系膜淋巴结、粪便
嵴病毒、博卡病毒	空肠、粪便、肠系淋巴结
副猪嗜血杆菌	肺脏（带气管）、心包液、关节、脑
链球菌	肺脏、脑、关节、扁桃体
猪传染性萎缩性鼻炎	肺脏（带气管）、深部鼻液
猪沙门氏菌	肺脏（带气管）、肝脏、肠内容物
大肠杆菌	小肠及内容物、肺脏、心脏
附红细胞体	新鲜血液、抗凝血液
弓形体	抗凝血液、肺脏

（5）实验室注意事项：

① 从事兽医实验室诊断，会接触病原微生物，故要求工作谨慎，严防微生物扩散或实验室感染。

② 实验过程中的污染器材和污染物，应进行无害化处理，严禁乱扔，提高人员防护意识，防止发生事故，确保人员安全。

③ 实验室是进行实验诊断的重要工作场所，故应保持整洁有序，并注意节约。

④ 在整个实验操作的过程中，要有无菌操作的意识，特别是在微生物分离培养、纯化，生长鉴定，动物感染试验等操作中，要严格遵守无菌操作的原则，否则结果将无意义。

（6）送检样品的要求及注意事项：

① 要求：a. 明确目的。b. 按检测要求采集样品（无菌操作）。c. 组织器官的保存和运送。一般采用双层自封袋或塑料袋包裹，流产胎儿最好放入4℃箱中送检；另，夏季要在猪死亡后2小时内采取病料；运抵速度越快越好，无腐败益。d. 血液的保存、运送。抽血时

一定要注意进行血液保护,谨防凝血、脂血、溶血现象发生;血液样本数为种群数的 $10\%\sim20\%$,每头的抽血量不少 2 mL。注:夏天运输不宜让血样与冰袋直接接触;乳汁不少 20 mL。

② 注意事项:a. 测集血清测抗体必须是已免疫至少 7 天后。b. 采集样品必须是在健康与患部交界处。c. 组织的保存应根据情况用甲醛浸泡或肝油生理盐水保存。d. 血清分离(常温下 1～2 h)出现后,再可冷藏保存。2～3 年有效。

(7) 细菌学检查:

① 细胞的分离培养:a. 培养基制作的原则和一般步骤(过程及细菌的分离培养);b. 细菌的接种:平板划线法、斜面接种法、液体培养基接种法;

② 细菌培养性状观察:a. 细菌在液体培养基中生长性状观察(深浊度、沉淀、表面、色素及气味);b. 细胞在固体培养基上菌落生长性状观察(大小、形状、边缘、表面、降起度、颜色、透明度)。

(8) 显微镜检查:

① 细菌抹片的制备、染色及镜检:a. 细菌抹片的制备。b. 常用染色方法有亚甲蓝染色法、革兰氏染色法、抗酸染色法、瑞氏染色法、姬姆萨氏染色法等。c. 细菌的形态(球菌、杆菌、螺旋状菌等)。d. 细菌的一些构造(荚膜、鞭毛、芽孢、异染颗粒)。

② 动物试验:实验动物接种法(或注射法)指为了作细菌或其他微生物的分离鉴定,致病力测定等,常用实验动物进行接种。常用的方法有:a. 皮下接种;b. 皮内接种;c. 腹腔内接种;d. 静脉注射;e. 脑内接种。

(9) 抗菌药物敏感性试验:

① 药敏试验的目的。

② 药敏试验的原理及种类。

③ 常用培养基制作法。

(10) 粪便中寄生虫卵的检查方法:

① 虫卵检查法(直接涂片检查法、水洗沉淀法、漂浮法)。

② 常见虫卵的一般特征。

(11) 疥螨的实验室检查方法:

① 病料的采取。

② 采用镜检法、虫体浓集法检查。

（12）快速做药敏试验：

① 制备培养基：空玻璃平皿（直径 9 cm）在 160℃下 2 h 干燥灭菌，备用。称取营养琼脂于三角烧瓶中并加入适量的水在 121℃下 1 h 灭菌。将灭菌好的营养琼脂立刻倒入已灭菌的平皿中，凝固，备用。

② 接种致病菌：从动物病变器官或组织中分离纯化致病菌，并用接种棒或灭菌的棉棒接种到培养基上。

③ 放置药敏试纸：接种致病菌后，立即放置药敏试纸。每皿等距离置 6～7 片。

④ 培养：将做好的培养基在 37℃条件下培养 24 h。

⑤ 观察结果：直接测定抑菌直径。标准如表 8-7 所示：

表 8-7　药敏试验对照

抑 菌 直 径	判 定 结 果
≥15 mm	高度敏感
11～15 mm	中度敏感耐药
≤10 mm	耐药

（13）实验室仪器洗液的配制，以及仪器的清洗和消毒：

① 玻璃仪器洗液配方及配制方法：

配方一：重铬酸钾 80 g，浓硫酸 100 mL，水 1 000 mL。配制方法：先把重铬酸钾溶于水中，然后徐徐加入浓硫酸。

配方二：铬酸钾 60 g，浓硫酸 90 mL，水 750 mL。配制方法：先把重铬酸钾溶于水中，然后徐徐加入浓硫酸。

值得提醒的是，只能把浓硫酸加入水中，绝不能反过来操作。

② 玻璃瓶清洗程序：

a. 空瓶取回后除去铝盖，拔掉胶塞，用清水清洗干净。

b. 用洗液清除瓶内积物，洗液作用要半小时以上，然后用常水反复冲洗 4 次以上。

c. 把瓶倒置晾干。

d. 装置葡萄糖盐水前要用蒸馏水清洗一次。

③ 实验室消毒注意事项：

a. 高压灭菌煲使用前要加足水至内胆底部。

b. 接通电源前要把固定螺丝拧紧,把安全阀、放气阀放回原位,加热至安全阀自动放气时,要断续打开放气阀,把消毒煲内冷气排清,把放气阀放回原位。

c. 当温度升至自动阀放气时 15 min 后即达到消毒目的。

d. 断开电源后慢慢放气,取出药物,贴上标签。

2. 剖检诊断

（1）剖检的意义：在猪病的诊断中,病理剖检是重要的诊断方法,快捷、简便、成本低。通过对病猪或因病死亡猪的尸体剖检,能系统而全面地观察到各组织脏器的病理变化,这些现象在临诊上往往不显示任何典型症状,但恰是某些传染病的特殊性的病变。其为进一步确诊提供依据,也为对症治疗指明方向。

（2）剖检前的准备：事先准备好剖检要使用的器械,如剥皮刀、解剖刀、大小手术剪、镊子、骨锯、凿子、斧子、量尺、量杯、天平、搪瓷盘、搪瓷桶、乙醇灯、注射器、载玻片、广口瓶、工作服、胶手套、胶靴等;常用的消毒药有 3% 来苏儿、0.1% 新洁而灭、百毒杀、易克林及含氯消毒剂等;固定液有 10% 福尔马林溶液、95% 乙醇。还有掩埋的铁锹等。

为方便消毒和防止病原扩散,剖检最好在室内进行。若因条件所限需在室外剖检时,应选择距猪舍、道路和水源较远、地势高的地方。剖检前先挖 2 m 左右的深坑（或利用废土坑）,坑内撒一些石灰。坑旁铺上垫草或塑料布,将尸体放在上面剖检。剖检结束后,把尸体及其污染物掩埋在坑内,并做好消毒工作,防止病原扩散。

（3）剖检注意事项：

① 剖检人员应穿工作服、戴胶手套和线手套、工作帽,必要时还要戴上口罩或眼镜,特别是剖检人畜共患传染病猪尸体时,剖检中致人皮肤损伤时,应立即消毒伤口并包扎。剖检后双手用肥皂洗涤,再用消毒液浸泡、冲洗。为除去腐败臭味,可先用 0.2% 高锰酸钾溶液浸洗,再用 2%～3% 草酸溶液洗涤褪色,再用清水清洗。

② 剖检最好是选择临诊症状比较典型的。有的病猪,特别是最急性死亡的病例,特征性病变尚未出现。因此,为全面、客观、准确了

解病理变化,可多选择几头疫病流行期间不同时期出现的病、死猪进行剖检。

③ 剖检应在病猪死后尽早进行,死后时间过长(夏天超过12 h)的尸体,因发生自溶和腐败而难判断原有病变,失去剖检意义。剖检最好在白天进行,因为灯光下很难把握病变组织的颜色如黄疸、变性等。动物死后,受体内存在的酶和细菌的作用,以及外界环境的影响,逐渐发生一系列的死后变化,其中包括尸冷、尸僵、尸斑、血液凝固、溶血、尸体自溶与腐败等。正确地辨认尸体的变化,可以避免把某些死后变化误认为生前的病理变化。

④ 剖检前应在尸体体表喷洒消毒液,如怀疑患炭疽时,取颌下淋巴结涂片染色检查,确诊患炭疽的尸体禁止剖检。死于传染病的尸体,可采用深埋或焚烧。搬运尸体的工具及尸体污染场地也应认真清理消毒。

⑤ 有些疾病特征性病变明显,通过剖检可以确诊,但大多数疾病缺乏特征性病变。另外,原发病的病变常受混合感染、继发感染、药物治疗等诸多因素的影响。在尸体剖检时应正确认识剖检诊断的局限性,结合流行病学、临诊症状、病理组织学变化、血清学检验及病原分离鉴定,综合分析诊断。

⑥ 尸体剖检记录是尸体剖检报告的重要依据,也是进行综合分析诊断的原始资料。记录的内容要力求完整、详细,如实地反映尸体的各种病理变化。记录应在剖检当时进行,按剖检顺序记录。记录病变时要客观地描述病变,对无眼观变化的器官,不能记录为"正常"或"无变化",可用"无眼观可见变化"或"未发现异常"来叙述。最后填写尸体剖检报告。依据病理学经过详细地论证诊断,鉴别诊断分析得出对疾病的诊断或疑似诊断的结论。

(4)剖检动物选择的原则:

① 急性的选发病长的。

② 慢性的选发病短的。

③ 外观现状有代表性的,但并非最严重的。

④ 体况中等且未见长期消瘦表现的。

(5)剖检顺序及检查内容:

① 剖检顺序：剖解检查分体表检查和体内检查两部分。体表检查首先注意品种、性别、年龄、毛色、体重及营养状况，然后再进行死后征象、天然孔、皮肤和体表淋巴结的检查。猪的剖检一般采用背位姿势，目的是使尸体保持背位，猪内脏看得清楚。在不是传染病的前提下，尽可能使猪皮再利用。

② 检查内容：

a. 皮下检查：主要注意皮下有无充血、出血、淤血、炎症、水肿（多呈胶冻样）等病变。

b. 头颈部检查：主要注意口腔黏膜、舌、扁桃体、气管、食管等有无变化（水疱、烂斑、增生物、溃疡、出血）；应注意脑膜有无充血、出血、炎症等。还有淋巴结变化（大小、颜色、硬度）与周围组织的关系及切面变化。

c. 胸腔脏器检查：检查胸腔、心包腔有无积液及其性状，胸膜是否光滑，有无粘连。分离各组织一同采出。

肺脏：应注意其色样、大小、重量、质地、弹性，有无病灶及表面附着物等；再看气管及内容物的变化。

心肌：先检查心脏纵沟、冠状沟的脂肪量和性状，有无出血。然后检查心脏的外形大小、色泽及心外膜的性状。最后切开心脏检查心腔，有无出血、瘢痕、变性和坏死等。注意切口路线。

d. 腹腔脏器的检查：腹腔脏器包括脾脏、肝脏、肾脏、胃、肠、胆囊、膀胱、淋巴结、卵巢和输卵管等。使腹腔器官全部暴露，看腹腔中有无渗出物、有无粘连及其颜色、性状和数量变化。

（6）剖检时的着眼点：抓住重点、疑点、圈划疾病范围。笔者依据多年临诊经验，现汇表如下。具体详见下面"猪常见病鉴别诊断"。

3. 治疗诊断
根据治疗程度进行健康判断。

（三）猪常见病鉴别诊断

1. 猪发热性疾病
猪常见发热性疾病鉴别见表 8-8。

表 8-8 猪常见发热性疾病鉴别表

区分		猪瘟	非典型性猪瘟	伪狂犬病	蓝耳病	乙脑	沙门氏菌病	败血性链球菌病	弓形虫病	丹毒	肺疫	传染性胸膜肺炎	肺炎	流感	痢疾	胃肠炎	中暑	附红细胞体病	产褥热
热型	高									√	√	√	√				√		
	中	√			√			√	√					√	√			√	√
	低		√			√	√									√			
日龄	大	√			√						√	√	√						
	中	√	√				√	√						√	√	√			
	小	√	√	√			√												
皮肤	出血点	√					√	√											
	斑块									√									
	淤血				√						√							√	√
	无变化			√		√			√								√		
运动	喜卧						√	√		√	√	√	√	√	√	√	√	√	√
	失调	√		√					√										

· 284 ·

（续表）

区分		猪瘟	非典型型猪瘟	伪狂犬病	蓝耳病	乙脑	沙门氏菌病	败血性链球菌病	弓形虫病	丹毒	肺疫	传染性胸膜肺炎	肺炎	流感	痢疾	胃肠炎	中暑	附红细胞体病	产褥热
食欲	废绝	√		√				√			√						√		√
	减少		√		√	√	√		√	√		√	√	√	√	√		√	
病情	急性	√		√	√	√	√	√			√	√	√			√	√	√	
	慢性	√	√	√	√	√	√		√				√	√	√			√	√
发病率	高	√	√	√				√				√		√					
	低				√		√			√									√
死亡率	高	√		√		√		√	√	√	√						√		
	低		√		√										√			√	
呼吸	急促	√	√	√	√		√	√	√	√	√	√	√	√		√	√	√	√
	正常					√									√				
粪便	干	√				√			√	√	√	√		√			√		
	稀		√				√	√							√	√		√	
	正常			√	√								√						√
疗效	较好					√	√	√	√	√	√	√	√	√	√	√	√	√	√
	无效	√	√	√	√							√							

· 285 ·

2. 猪腹泻性疾病

猪腹泻性疾病鉴别见表 8 - 9。

表 8 - 9　猪常见腹泻性疾病鉴别表

区分		红痢	黄痢	白痢	轮状病毒病	传染性胃肠炎	流行性腹泻	球虫病	沙门氏菌病	猪瘟	丹毒	痢疾	密螺旋体病	伪狂犬病	链球菌病	胃肠炎	蓝耳病	衣原体病
日龄	大					√	√						√			√		
	中					√	√			√	√	√	√		√	√		
	小	√	√	√	√	√	√	√	√				√	√	√		√	√
季节	冬季				√	√	√											
	四季	√	√	√				√	√	√	√	√	√	√				
体温	发热								√	√	√			√	√		√	√
	正常	√	√	√	√	√	√	√				√	√			√		
传播	散发	√	√	√				√	√		√	√	√	√	√	√	√	√
	流行				√	√	√			√		√						
病情	急性	√	√			√	√			√	√	√	√	√	√			√
	慢性			√	√			√	√							√		

（续表）

区 分		红痢	黄痢	白痢	轮状病毒病	传染性胃肠炎	流行性腹泻	球虫病	沙门氏菌病	猪瘟	丹毒	痢疾	密螺旋体病	伪狂犬病	链球菌病	胃肠炎	蓝耳病	衣原体病
粪便	黄色		√										√					
	白色			√														
	带血	√						√				√			√			
	黏液								√	√	√	√	√			√	√	√
	水泻		√		√	√	√	√	√	√				√		√	√	√
发病率	高		√	√		√	√		√									
	低	√			√								√					
死亡率	高	√	√			√				√	√			√	√		√	
	低			√				√				√						√
疗效	好		√	√											√	√		
	无	√											√					
神经症状	有									√	√			√	√			
	无	√	√	√	√	√	√	√	√			√				√	√	√

3. 猪呼吸道疾病

猪常见呼吸道疾病鉴别见表 8-10。

表 8-10　猪常见呼吸道疾病鉴别表

区分	体温		呼吸		病情		食欲		咳嗽		粪便		发病率		死亡率		日龄			疫苗		疗效	
	高	正常	急促	困难	急性	慢性	减少	正常	有	无	腹泻	正常	高	低	高	低	大	小	无限	有	无	好	差
猪瘟	✓			✓	✓		✓			✓	✓		✓		✓				✓	✓			✓
沙门氏菌病	✓		✓			✓	✓			✓	✓			✓	✓			✓		✓			✓
流感	✓		✓		✓		✓		✓			✓	✓			✓	✓				✓	✓	
肺疫	✓			✓	✓		✓		✓			✓			✓		✓			✓		✓	
气喘病		✓	✓			✓		✓	✓			✓	✓			✓		✓		✓			✓
胸膜肺炎	✓			✓	✓		✓		✓			✓	✓		✓				✓	✓			✓
萎缩性鼻炎		✓	✓			✓		✓	✓			✓	✓			✓		✓		✓			✓
蓝耳病	✓			✓	✓		✓		✓			✓	✓			✓			✓	✓			✓
肺炎	✓		✓		✓			✓	✓			✓		✓		✓		✓				✓	
蛔虫病		✓		✓		✓		✓	✓		✓		✓			✓		✓			✓		✓
中暑	✓				✓		✓			✓		✓			✓		✓				✓	✓	
中毒症	✓		✓		✓		✓			✓		✓	✓		✓				✓			✓	
圆环病毒病	✓			✓		✓	✓		✓		✓		✓		✓			✓		✓			✓
衣原体病	✓		✓			✓	✓		✓			✓		✓		✓		✓		✓		✓	

4. 猪神经症状疾病

猪常见神经症状疾病鉴别见表 8－11。

表 8－11　猪常见神经症状疾病鉴别表

区分		仔猪先天性痉挛	仔猪低血糖症	伪狂犬病	水肿病	猪瘟	链球菌病	李氏杆菌病	弓形虫病	风湿症	中暑	瘫痪	缺硒症	衣原体病
体温	高			√		√	√	√	√		√			
	正常	√	√		√					√		√	√	
日龄	成年									√	√	√		
	仔猪	√	√	√	√	√	√	√	√				√	√
神经症状	共济失调				√	√	√	√	√	√				√
	转圈			√										√
	沉郁		√								√			
	瘫痪						√	√		√		√	√	
病情	急性	√	√	√	√		√		√		√			√
	慢性					√		√						
病因	感染	√		√	√	√	√	√	√					√
	代谢病		√							√		√	√	
	其他									√	√			

区分		仔猪先天性痉挛	仔猪低血糖症	伪狂犬病	水肿病	猪瘟	链球菌病	李氏杆菌病	弓形虫病	风湿症	中暑	瘫痪	缺硒症	衣原体病
发病率	高	√			√	√								
	低		√	√			√	√	√	√	√	√	√	√
疗效	好		√				√	√	√	√	√	√	√	√
	无	√		√	√	√								
粪便	腹泻					√		√						
	正常	√		√	√		√		√	√	√	√	√	√

5. 猪伪狂犬病与其相似病

猪伪狂犬病与其相似病的鉴别见表 8 - 12。

表 8 - 12　猪伪狂犬病与其相似病鉴别表

病名	伪狂犬病	狂犬病	乙脑	李氏杆菌病	传染性脑脊髓炎	血凝性脑脊髓炎	水肿病	神经性猪瘟	黄曲霉毒素中毒	食盐中毒	维生素K缺乏症
病因	病毒	病毒	病毒	病毒	病毒	病毒	细菌	病毒	黄曲霉中毒	食盐中毒	维生素K缺乏
抗生素疗效	-	-	-	+	-	-	早期+	-	-	-	-

病名		伪狂犬病	狂犬病	乙脑	李氏杆菌病	传染性脑脊髓炎	血凝性脑脊髓炎	水肿病	神经性猪瘟	黄曲霉毒素中毒	食盐中毒	维生素K缺乏症
临诊症状	神经症状	明显	明显	少数出现	明显	明显	明显	明显	比较明显	明显	明显	比较明显
	对人畜攻击性	-	+	-	-	-	-	-	-	-	-	-
	产死胎	+	-	+++	±	-	++	-	+	-	-	瞎眼、畸形、死胎
	发病年龄 仔猪	+++	+++	±	+++	+++	+++	+++	±	+++	+++	+++
	发病年龄 成猪	+	+++	+++	+	+	+	+	-	+	+	+
	其他症状	新生仔猪败血症、4月龄以上呈流感样		公猪睾丸炎	败血症、消瘦	眼球震颤	呼吸系统症状、腹泻	头部水肿、呼吸困难、速发型过敏	败血症、肠炎	皮肤出血、结膜黄染、贫血	出血性胃炎	
	传染性	+	+	+	+	+	+	+	+	-	-	-

291

（续表）

病名	伪狂犬病	狂犬病	乙脑	李氏杆菌病	传染性脑脊髓炎	血凝性脑脊髓炎	水肿病	神经性猪瘟	黄曲霉毒素中毒	食盐中毒	维生素K缺乏症
流行特点 致死率	仔猪达80%	可达100%	很低	70%左右	80%左右	仔猪高	高	可达100%	不定	不定	不定
传播途径	呼吸道、消化道	咬伤	蚊虫	消化道或肉源感染	消化道	呼吸道	消化道	消化道	饲喂不当	饲喂不当	饲喂不当
流行形式	地方流行性或散发	散发	散发	散发，有时地方流行性	地方性流行或散发	散发或流行性	地方流行性	流行性			
发病季节	无季节性	无季节性	7～9月多发	冬春多发	冬春多发	冬春多发	无季节性	不分季节	无季节性	不分季节	冬春多发
感染范围	猪、牛、马、山羊、绵羊、犬、猫、狐、貂、鼠	各种家畜、家禽、野生动物及人	各种家畜、家禽、野生动物及人	各种家畜、家禽、野生动物及人	猪	主要是猪，其他动物也能感染	5～10周龄、仔猪多发	猪	猪、鸡、鸭、牛、马、驴、骡、兔		
病理变化 剖检主要变化	无特征性肉眼变化	无特征性肉眼变化	睾丸炎，其他无特征性肉眼变化	无特征性肉眼变化	无特征性肉眼变化	主要呈败血症	胃大弯黏膜、结肠黏膜高度水肿，眼睑水肿	典型猪瘟变化	黏膜、肾、浆膜、胃肠下出血，肝变性坏死，皮下出血	出血性胃肠炎	

6. 猪繁殖障碍疾病

猪常见繁殖障碍疾病的鉴别见表 8-13。

表 8-13 猪常见繁殖障碍疾病鉴别表

区分		乙脑	细小病毒病	伪狂犬病	蓝耳病	猪瘟	布鲁氏菌病	流感	弓形虫病	发热	高温环境	物理性创伤	含有害气体	中毒(有机磷)	附红细胞体病	衣原体病
胎次	首胎	√	√		√											√
	不定			√		√									√	
病情	急性		√		√	√		√	√	√	√	√	√	√	√	√
	慢性	√		√			√									
临诊症状	全身					√		√	√	√	√			√	√	
	局部	√	√	√	√		√					√	√			√
季节	冬季							√					√			
	夏季	√									√				√	
	全年		√	√	√	√	√		√	√		√				√
流行	散发	√	√	√			√					√		√	√	√
	群发				√	√		√		√	√		√	√		

区分		乙脑	细小病毒病	伪狂犬病	蓝耳病	猪瘟	布鲁氏菌病	流感	弓形虫病	发热	高温环境	物理性创伤	舍内有害气体	中毒(有机磷)	附红细胞体病	衣原体病
病原	细菌						√			√						√
	病毒	√	√	√	√	√		√		√						
	寄生虫								√						√	
	其他										√	√		√		
流产期	早期		√				√									
	后期	√										√	√			
	不定						√		√			√				
胎儿病变	流产			√	√	√	√	√		√	√			√	√	√
	死胎	√	√	√	√	√				√	√				√	√
	不定					√							√	√		√

7. 猪流产与死胎疾病

常见引起母猪流产、死胎疾病的鉴别见表 8－14。

表 8-14 常见引起母猪流产、死胎疾病鉴别表

病名	病原	母猪症状	胎儿和胎盘变化	防治方法
细小病毒病	细小病毒	多发于初产母猪，无症状	胎儿死在不同阶段，产仔数少，木乃伊常见，死胎或弱仔，分解的胎盘紧包胎儿	母猪配前2个月接种猪细小病毒病灭活苗
乙型脑炎	乙型脑炎病毒	无症状	胎儿死于不同阶段，木乃伊常见，死胎，产仔少，脑积水，皮下水肿，肝、脾有坏死	夏秋季分娩的母猪接种乙脑苗
伪狂犬病	伪狂犬病病毒	喷嚏、咳嗽、便秘、流涎、厌食、呕吐、有神经症状	胎儿常死于不同阶段，见木乃伊、死胎、产仔少、胎儿的肝有坏死灶、坏死胎盘炎	怀孕70天接种伪狂犬病苗
猪瘟	猪瘟病毒	发热、嗜睡、厌食等全身症状	胎儿常死于不同阶段，见木乃伊、死胎、水肿、脱水、头及四肢畸形、肝坏死	母猪每空胎时接种猪瘟疫苗
流感	流感病毒	咳嗽、呼吸加快、衰弱、嗜睡	胎儿常死于不同阶段，见木乃伊、死胎、出生仔猪虚弱	对病猪隔离，对症治疗，消毒卫生
口蹄疫或水疱病	口蹄疫或水疱病毒	鼻、口、蹄有水疱溃烂	无肉眼变化	对病猪隔离，对症治疗，消毒卫生
巨噬细胞病毒感染	猪巨噬细胞病病毒	无症状	胎儿常死于不同阶段，见木乃伊、死胎、出生仔猪虚弱	封闭疫区，彻底消毒，无公害处理
钩端螺旋体病	猪钩端螺旋体		妊娠中后期，为同一日龄。死胎或弱胎，仍见流产，弥漫性胎盘炎	接种疫苗，注意附红细胞体病治疗

病　名	病　原	母猪症状	胎儿和胎盘变化	防治方法
蓝耳病	蓝耳病毒		死产、木乃伊胎、早产、头部水肿、胸腔积水	加强检疫、封锁、消毒、无公害处理，全群口服博士膏土霉血吸毒山散
弓形虫病	弓形虫	一般无明显症状	流产、死胎、新生胎儿虚弱、木乃伊少见	杜绝猪粪污染饲料、饮水及场地，消灭鼠害，注意附红细胞病治疗
传染性死木胎病毒感染(SMED)	传染性死木胎病毒	无明显症状	死胎、或被吸收、木乃伊胎、畸形、新生胎儿虚弱不久死亡	配种前1个月，将其他猪栏的断奶仔猪新鲜粪便饲喂母猪，使其产生免疫力

8. 猪皮肤病的鉴别诊断与防治

猪常见皮肤病鉴别诊断与防治见表8-15。

表8-15　猪常见皮肤病鉴别诊断与防治表

病名	病因	发病年龄	病变	部位	发病率/死亡率	诊断	鉴别诊断	治疗	预防
渗出性皮炎	葡萄球菌+其他因子、皮肤擦伤	1~4周龄为急性；4~12周龄为局灶性	皮肤渗出、油脂、红斑	小猪广泛分布，大猪呈局限性	通常低，偶然流行达90%低	临诊症状、细菌学、组织学	疥癣、角化不全、面部坏死、脓疱性皮炎	抗生素（青）、刮去病变、效果更好	改善卫生，减少擦伤

（续表）

病名	病因	发病年龄	病变	部位	发病率/死亡率	诊断	鉴别诊断	治疗	预防
脓疱性皮炎	葡萄球菌、链球菌	哺乳仔猪	脓疱、红斑、流血脓疱	耳、眼、背部、尾部、大腿	通常低	细菌学	疥癣、痘、渗出性皮炎	抗生素	改善卫生、自家菌苗
坏死杆菌性病	创伤+坏死杆菌+继发感染	出生至3周龄	浅表溃疡、褐色影痂	面部、颊部、眼、齿龈	高达100%/低	齿伤、细菌学	渗出性表皮炎	抗生素	出生剪牙；注意卫生
溃疡性肉芽肿	猪螺旋体+坏死杆菌	小猪、也见各种年龄猪	肉芽肿性病变、耳部有痂	任何部位感染的伤口	低/低	细菌学、组织学	啄食、癞瘢肿、压迫性坏死、血肿	外科手术、抗生素	预防外伤
猪丹毒	猪丹毒杆菌	各种年龄猪、哺乳猪不常发	红斑、长方形肿块、环死、败血症	分布广、肩、背、腹、腿、蹄	高达100%/低	特征性皮肤病变、细菌学	败血症、脓疱性皮炎、玫瑰糠疹	青霉素	接种、血清免疫
猪痘	正痘病毒科、猪痘病毒	4月龄前（哺乳至断奶多见）	水疱、丘疹	分布广、主要于腹部	不一致/很低	临诊症状、细菌学、组织学	脓疱性皮炎	控制继发感染	除虱
疥癣	疥螨感染+超前免疫	各种年龄猪（乳猪和架子猪常发）	红、丘、黑斑、过度角化	耳、眼、颈、四肢、躯干	高达100%/低	耳皮肤刮去物、剧烈瘙痒	痘、渗出性、脓疱性、皮肤角化不全	重复驱虫，间隔半月	母猪产前常规用药

（续表）

病名	病因	发病年龄	病变	部位	发病率/死亡率	诊断	鉴别诊断	治疗	预防
皮肤坏死	外伤	出生至3周龄	坏死、溃疡	膝、尾、乳头、阴门、附关节	高达100%/很低	临诊症状		局部擦膏、抗生素	减少外伤、垫草
玫瑰糠疹	常见兰德瑞斯猪，病毒感染及不定遗传性	2~12周龄，偶发12周龄后	边缘隆起、融合性环	腹、大腿、偶见全身	低/无	临诊症状，无瘙痒	癣、丹毒	无须治疗	育种
过度角化症	环境，脂肪酸	种猪	皮屑过多、黑褐色素沉着	颈、肩、背、臀部	10%~80%/无	临诊症状	疥癣、渗出性皮炎、过度角化	鱼肝油、脂肪酸	日粮中加脂防酸
角化不全	锌缺乏，钙过量（干饲）	各种年龄猪，特别是架子猪	隆起的红斑薄痂、角化	四肢、面、颈、臀部	不一致/无	检测日粮		调整日粮	碳酸锌每吨0.18 g
真菌病	毛癣菌，矮小孢子菌	各种年龄猪	小点至大圆褐色痂斑	分布广，常见耳后	低/无	证明真菌孢子，无瘙痒	玫瑰糠疹、疥癣、渗出性皮炎	灰霉菌素、制霉菌素	改善环境，皮肤卫生
水疱性疹	病毒	各种年龄猪	水疱	蹄、冠、鼻、舌	高达100%/很低	实验室检查		无	接种、屠宰

9．猪群临诊检查时的着眼点及可能的疫病范围

猪群临诊检查时的着眼点及可能的疫病范围见表8-16。

表8-16 猪群临诊检查时着眼点及可能疫病范围表

着眼点	临诊表现	可能的疫病范围
精神外貌	精神沉郁	猪瘟、肺疫、弓形虫病、附红细胞体病、丹毒、蓝耳病等
	兴奋	伪狂犬病、狂犬病、链球菌病、水肿病、乙脑、圆环病毒病、中毒病、衣原体病
姿态与步样	站立时鼻镜触地	气喘病
	犬坐姿势	肺疫、流感、气喘病、传染性胸膜肺炎
	伏卧不起	猪瘟、肺疫、附红细胞体病、丹毒、蓝耳病、断奶综合征等
	跛行、关节肿胀、蹄水疱	口蹄疫、水疱病、链球菌病、丹毒、滑液囊病、支原体病
	转圈、角弓反张	伪狂犬病、猪瘟、水肿病、李氏杆菌病
	呼吸困难	肺疫、流感、弓形虫病、附红细胞体病、传染性胸膜肺炎、蓝耳病、断奶综合征
	喘气	气喘病
眼	眼屎、泪斑痕、上下眼睑粘连	猪瘟、流感、衣原体病
	眼结膜发炎、充血、苍白、黄染	钩端螺旋体病、衣原体病、链球菌病、贫血、黄疸、附红细胞体病
	眼睑水肿	水肿病、蓝耳病
鼻	鼻孔流黏性或脓性分泌物或泡沫体	肺疫、流感、弓形虫病、萎缩性鼻炎、传染性胸膜肺炎
	歪面、鼻孔出血、鼻甲骨萎缩	萎缩性鼻炎
	鼻黏膜溃疡、上覆假膜	坏死杆菌病
口腔	呕吐	传染性胃肠炎、流行性腹泻、猪瘟、弓形虫病
	口腔及鼻孔水疱烂斑	口蹄疫、水疱病
	齿龈、口角、颊黏膜有出血点	猪瘟
	口腔黏膜溃疡、上覆假膜	坏死杆菌病
咽喉及颈部	肿胀	肺疫、炭疽
	颈部水肿	水肿病、链球菌病

着眼点	临 诊 表 现	可能的疫病范围
皮肤	被毛粗乱逆立	各种传染病及大部分寄生虫病
	皮肤潮红、充血、出血	猪瘟、肺疫、丹毒、链球菌病
	皮肤坏死	坏死杆菌病
	开始皮肤变厚并蓄积棕黑色的渗出物 严重者全身覆盖一层坚硬的渗出物	渗出性皮炎
	两耳紫红色	蓝耳病、弓形虫病
	皮肤痘疹	猪痘
	皮肤有菱形、长方形疹块	丹毒
	皮下脓肿	链球菌病
	阴鞘（包皮）积尿	猪瘟、F2 毒素中毒
	睾丸肿胀发炎	布鲁氏菌病、乙型脑炎
排粪	便秘	猪瘟、肺疫、丹毒、弓形虫病、链球菌病
	泻痢	仔猪黄、白痢、副伤寒、猪瘟、轮状病毒病、痢疾、链球菌病、弓形虫病、寄生虫病、蓝耳病、衣原体病、肠炎
	水泻	传染性胃肠炎、流行性腹泻
	血便	仔猪红痢、痢疾、细小病毒病
排尿	血尿	钩端螺旋体病
摄食和饮水	食欲减少或废绝	大部分传染病
	渴感	猪瘟、仔猪黄、白痢、副伤寒、传染性胃肠炎、流行性腹泻
声音	嘶哑	猪瘟
	咳嗽	气喘病、肺疫、弓形虫病
	喷嚏	萎缩性鼻炎
体温	升高	大部分传染病
	降低	中毒症、乳猪低血糖、衰竭

着眼点	临诊表现	可能的疫病范围
流产死胎	早产、流产、死胎、木乃伊胎	乙脑、细小病毒病、猪瘟、附红细胞体病、布鲁氏菌病、伪狂犬病、弓形虫病、蓝耳病、衣原体病、非传染性因素（高温、营养、中毒、损伤、应激）
死后征象	尸僵不全	炭疽
	脱水消瘦	传染性胃肠炎、流行性腹泻、仔猪黄白痢、蓝耳病、断奶综合征
天然孔	流出黑色似柏油血液,凝固不良	炭疽
	口、鼻流带血泡沫	肺疫、传染性胸膜肺炎
皮下组织肌肉	皮下组织出血性胶样浸润	炭疽
	皮下脂肪带黄色	钩端螺旋体病、附红细胞体病
	头颈部皮下肌肉有透明或微黄色液体流出	水肿病
	死后征象	坏死杆菌病
	臀肌、肩胛肌、咬肌等有米粒大囊泡	囊尾幼虫病
	肌肉出血、坏死含气泡	恶性水肿
	腹斜、大腿、肋间等处有肌纤维平行的毛根状小体	住肉孢子虫病
胸腔	有大量浆液	肺疫、蓝耳病、断奶综合征
	纤维素性渗出物、严重者胸腔与肺粘连	传染性胸膜肺炎
腹腔	积液	水肿病、弓形虫病、附红细胞体病、链球菌病
	有蜘蛛网样纤维素状渗出物	
淋巴结	肿大、切面呈大理石样出血变化	猪瘟、蓝耳病
	弥漫性出血、有的仅有出血点	肺疫、链球菌病
	肿大,切面外翻多汁	水肿病、弓形虫病、附红细胞体病
	肠系膜淋巴结索状肿大、切面灰白多汁、有时出血	副伤寒病
	咽、颈淋巴结肿大、面砖红色	炭疽

着眼点	临诊表现	可能的疫病范围
舌头	切面有黄白色条纹	白肌病
扁桃体	切面有坏死点	伪狂犬病、猪瘟
喉头	出血斑点	猪瘟
气管	气管、支气管黏膜潮红、肿胀、充满带泡沫黏液	流感、肺疫、传染性胸膜肺炎
肺	出血斑点	伪狂犬病、猪瘟
	心、尖、隔三叶前缘对称性灰红胰样实变色	气喘病
	呈紫红色,面有纤维素物,间质充满血色胶样液体,病程长者肺炎灶硬化或坏死	传染性胸膜肺炎
	外观枣红色花斑状,间质变宽	蓝耳病
	肿大、水肿,有紫红色肺炎病灶	流感
	萎缩不全、水肿、间质增宽	弓形虫病、附红细胞体病
	粟粒性干酪样结节	结核病
心脏	心外膜及心冠沟出血斑点	猪瘟、伪狂犬病、附红细胞体病
	色淡、松软,表面切面有黄色至灰白色斑纹似虎斑	口蹄疫
	心瓣膜疣状增生	丹毒(慢性)
	纤维素性心外膜炎	肺疫、胸膜肺炎、蓝耳病
	心肌内有米粒大灰白色包囊泡	囊尾蚴病
肝	表面有黄白色坏死点	伪狂犬病
	土黄色	钩端螺旋体病、附红细胞体病、断奶综合征
	坏死小灶	沙门氏菌病、弓形虫病、李氏杆菌病、衣原体病、伪狂犬病
胆囊	出血点	猪瘟
	水肿	链球菌病
脾	肿大、柔软、暗红色	炭疽、丹毒
	边缘有出血性梗死灶	猪瘟、链球菌病
	表面有黄白色坏死灶	伪狂犬病
	肿大、白髓明显	副伤寒病

着眼点	临 诊 表 现	可能的疫病范围
睾丸	1个或2个都肿胀、发炎、坏死或萎缩	乙脑、布鲁氏菌病
肾	色淡,有针尖大小出血斑点	猪瘟
	皮质小点出血或有灰白色小点	支原体病
	暗红色,有出血点	蓝耳病
	紫红色、肿大、皮质有小点出血	丹毒、断奶综合征
食管	黄白色粒状突起	霉菌、白色念珠菌感染或添加剂问题
胃	胃壁水肿、增厚	水肿病
	胃底黏膜充血、出血、溃疡	溃疡、呼吸综合征、猪瘟
	胃黏膜充血、卡他性炎症、呈大红布样	丹毒、食物中毒
小肠	黏膜小点状出血	猪瘟
	节段状出血性坏死,浆膜下有小气泡	仔猪红痢、衣原体病
	以十二指肠为主的出血性卡他炎症	仔猪黄痢、丹毒、食物中毒
大 肠	盲肠、结肠黏膜灶状或弥漫性坏死	慢性副伤寒
	盲肠、结肠纽扣状溃疡	猪瘟
	卡他性、出血性炎症	痢疾、胃肠炎、食物中毒
	黏膜下有高度水肿	水肿
膀胱	黏膜有出血点	猪瘟
	血尿	钩端螺旋体病
骨骼	鼻甲骨萎缩	萎缩性鼻炎
	肋骨骺线出血或变白	猪瘟
脑	脑膜充血、脑膜下积液	水肿病
	脑膜充血、脑膜下出血斑点	猪瘟、伪狂犬病
	脑膜充血、出血、大脑底部有黄色脓块	链球菌病

(四) 猪病诊断登记表

猪病诊断登记表

畜主姓名：

住址：　　　　　　　　　　邮政编码：

送检日期：　　　　　　　　联系电话：

饲养规模：公猪　　头，母猪　　头，肉猪　　头；

饲养性质：□自繁自养　　　　　□外购

1. 送检猪品种、性别及年龄

(1) 头数：　　雌/　　雄，计　　头；

(2) 日龄：

(3) 体重：　　kg

2. 临床表现

体温(□升高　　℃，□正常　　℃，□偏低　　℃)

食欲：

运动状态：

体表：

呼吸：

眼睑：

鼻及口腔：

尿液及粪便：

患病头数：　　　　，发病率：　　　　％，死亡率　　　　％，

其中突然死亡　　头；

3. 繁殖情况

□不发情　□难配种　□早产　□流产　□死胎　□木乃伊

□难产　□弱仔多　□出生重低　□乳腺炎　□返情率高　□睾丸

肿胀　□睾丸炎　□性欲低　□其他

4. 剖检：

5．实验室检查

方法：

试剂：

药敏试验：

6．诊断结果：

7．建议治疗方案：

诊断人：　　　　　化验员：　　　　　联系电话：

（五）开写处方

每次或每例猪病检查诊断完毕后，兽医师必须填写猪病诊断表，出其诊断报告，提出防治方案。

1．处方

兽医处方是兽医治疗和药剂配制的一项重要书面文件，处方正确与否直接影响治疗效果和病畜的安全。兽医和药剂师要有高度责任感，不允许出现任何错误。若由此引起的医疗事故或造成的损失，兽医和药剂师要负法律责任。因此，开写处方和照方抓药一定要认真，同时处方也是总结经验的一项重要依据，在药品管理中也是药耗的原始凭证。故处方应妥善保存，以便查阅。

处方的内容及书写要求：

（1）登记部分：编号、畜主、地址、规模、饲养量、畜别、年龄、体重、特征、时间等。

（2）处方起头部分：空白处其左上角常以"Rp"或"Px"起头。它是拉丁文"Recipe"的简写，即"取下列药品"的意思。

（3）处方主体：在"Rp"或"Px"下面，按药物名称、规格、数量、单位、用法、每种药一行,逐一填写。药名规范;单位公有制,数量一律用阿拉伯数字,数量的大小应正写对齐。

(4)兽医及药剂师签名:兽医和药剂师分别在开写完处方及抓完药品后都应认真核对,最后在处方签名处签名、备档。

2. 处方药

处方药是指凭兽医师处方可购买和使用的药物。

3. 非处方药

非处方药是指由国务院医药行政管理部门公布的无须凭处方就可购买并按使用说明使用的药物。兽药实行处方药和非处方药分类管理原则。

(六)如何看懂猪抗体检测报告

近些年,畜牧养殖事业突飞猛进迅速发展,理想化的少发病或者不发病,一直是追求。定期或不定期的为猪只抽血做血清抗原抗体监测必不可少,意义远大。但,如何看懂猪检测报告与分析,尚需注意如下几点。

1. 样本数

首先,样本数量来自被抽血群体不应小于5%(规模越小,样本数越大),否则,不具备代表性或说服力。为确保样本质量与安全,操作规范与样品的妥善保存很重要。

2. 检测项目

根据本养殖场所须,制定待检项目,如猪瘟、伪狂犬、蓝耳病、乙脑、细小、圆环、口蹄疫、流行性腹泻、传染性胃肠炎等。含药敏试验。

3. 诊断方法

常见的诊断方法有凝聚性实验、沉淀反应、标记抗体技术、中和实验、有补体参与实验等。因人员及水平和检测设备的差异等,即便诊断方法相同,其结果也有差异。若能在实验室诊断同时又能进行病料的检查,其结果与结论就会更接近理想和准确。

4. 结果与分析

这里以公认的 Elisa 检测方式,IDEXX 检测试剂盒为例,对猪瘟、伪狂犬抗体检测的结果进行简单分析。

(1)猪瘟:对猪瘟疫苗免疫效果评估,关注一般以下两点。

① 阳性率：免疫合格率决定于阳性率。阻断率＝

$$\frac{阴性对照平均值－被检样本平均值}{阴性对照平均值}\times100\%。阻断率＞60\%，判为免$$

疫合格（注：断奶仔猪第一次免疫猪瘟受母源抗体干扰，阻断率≥30%可视为合格）。阻断率≥40%，判为阳性结果；30%＜阻断率＜40%，判为可疑结果；阻断率≤30%，判为阴性结果。同时，还要参比指标：离散度、平均抗体水平。当离散度越小，平均抗体水平越高，说明猪群整体抗体水平越高，免疫效果好；若离散度小，平均抗体水平低，表明猪群猪瘟抗体水平整体不好；当离散度大时，表明猪群猪瘟抗体水平参差不齐，须规范免疫。

② 变异系数：变异系数是衡量猪群抗体稳定性与均匀度的重要

指标，对评判免疫结果具有重要意义。变异系数(CV)＝$\dfrac{标准偏差}{平均阻断率}\times$

100%。CV≤40%，显示了该群体有一个均衡的、相似反应，表示猪群内不同个体之间抗体水平稳定，免疫效果良好；CV≥60%，显示了群内猪只滴度反应变化高于正常估计值，表示猪群内不同个体之间抗体水平差异较大、生产管理水平、疫苗质量和免疫程序制定有提升与商榷的余地。

（2）伪狂犬：对伪狂犬疫苗免疫接种后的评估，首先清楚的是伪狂犬 gE 鉴别诊断原理，其次是常态下猪场感染伪狂犬的状态。目前猪场使用的伪狂犬疫苗均为 gE 缺失疫苗（包括灭活苗），所以用此疫苗接种后，猪的血液中是检不出 gE 抗体的，表明 gE 抗体为阴性（gE－）。

阴性场（种猪和商品猪都是阴性）是很理想的，要特别当心引种传播。

如果能检出 gE 抗体，表明 gE 抗体为阳性（gE＋），证明感染过伪狂犬野毒，该厂属阳性场。这里需要注意：① 哺乳期母猪感染了伪狂犬野毒，母源抗体中存在 gE 阳性抗体（gE＋），吃乳仔猪 gE 抗体阳性（gE＋）其实没有感染；② 肥育猪 gE 抗体是阴性（gE－），说明眼前该场伪狂犬没有流行。③ 商品猪中，仔猪期 gE 抗体是阴性（gE－），但到了肥育后期 gE 抗体又转为阳性（gE＋）。此时的猪场，育肥猪受到了伪狂犬野毒的攻击。肥育猪在 gE 抗体为阴性时，gB 抗体也为阴性。也就是说出现了 gB、gE 双阴性的猪。提示猪群处于免疫空白期!!! 一定要在出现双阴育肥猪群时建立保护力。根据我们的经验,此时使用灭活苗的效果要比任何活疫苗好很多,抗体持续时间更长。④ 种猪群高胎次 gE 抗体阳性低,低胎次 gE 抗体阳性高,商品猪 gE 抗体后期由阴转阳,此情况说明猪群正在爆发伪狂犬,出现典型的伪狂犬症状。

如果 gE 抗体阴性,gB 抗体是阳性,此情况说明有疫苗抗体,所接种的伪狂犬疫苗有效。

如果 gE 抗体阴性,gB 抗体是阴性,此情况说明猪群没有保护力,猪群为免疫空白。

另外,PCR 产物酶切分析和荧光定量 RT - PCR 等分子生物学技术,可准确区分疫苗毒、野毒。

分阶段采样,分析猪场种猪伪狂犬 gE 抗体阳性率,找到种猪、商品猪再感染的时间点,以便更好地调整免疫程序,做好种猪淘汰工作,为猪的健康生产夯实基础。

5. 建议:病因多样,难以鉴别诊断。

缺乏统一的免疫评价标准。疫苗的功效与免疫猪群获得特异性抗体整齐度和滴度相关。相关研究已证实,伪狂犬苗经典毒株对变异毒株的保护效果较差(或仅有部分效果)。清楚了解疫苗免疫状况(是经典、变异毒株,是疫苗毒、野毒,毒株匹配度,抗原含量,杂蛋白或纯度,批次稳定性等),这有助于我们分析抗体检测的结果。流行毒变异,导致经典疫苗保护力相对下降。

达标率(无论阳性阴性,整齐度或离散度),在稳定期间的基础免疫非常关键。

管理者的模式、猪生活环境等诸多因素影响变异系数。

与临床相结合,哪个阶段的猪群容易出现问题,主要有什么临床表现,有针对性的采集病料(如淋巴结、肺和扁桃体)做抗原(病原)检测,确定是否存在其他病毒的感染。

6. 总结:对于规模化养殖场来说,定期进行血清学监测(每年3~4次),是掌握猪群健康程度的一种有效方法。通过检测结果,可以了解到猪只在受何种病毒感染及程度,从而知疫苗免疫后效果,以便及时调整免疫程序、制定防控措施。此外,通过主动免疫(接种疫苗)能够降低感染性野毒在接种动物体内的复制效率,减少发病病例,保护猪群健康。

（七）优秀兽医应具备的素质

精：即技术要精湛。科学技术是第一生产力,饲料配方的设计,防疫程序的制定,各阶段的技术措施,都需要精湛的技术加以保证。精是精细养猪的精髓。

细：即注重细节。猪场工作中有无数个细节,每一个细节都会对全场生产造成影响：如是否区分开后备母猪与经产母猪管理上的差异；是否对不同阶段的怀孕猪挂牌,以明确饲喂量；是否对产仔后的母猪根据带仔数给料等。细节决定成败。最大的细节是职工的责任心。

严：操作要到位,管理者对职工要严。职工对自己的工作要严,不按程序操作或做不到位的现象决不允许,没有严格的管理,技术会走形,简单的事可能变得复杂。

快：即快速。发现问题要快,反映问题要快,解决问题更要快,绝不能拖泥带水。

稳：即稳定。如像稳定的饲喂程序,稳定的防疫程序,稳定的人员结构,稳定的进货和销售渠道等,每一个环节稳定了,猪场生产也就稳定了。

（八）兽医歌

兽医看病要细心,先是了解后临诊。测数听看牢牢记,治疗方案条理清。
药物分类算不少,西药合成及中草。给药方式方法多,结合临诊细推敲。
首选常规抗菌药,再用两种联合上。对症治疗求特效,配伍有忌勿乱套。
细菌病毒病有异,不具化验别着急。抗菌有效细菌病,用于病毒效不明。
菌毒兼治有磺胺,耐药残留记心间。呼吸系统疾病多,大环内酯药先选。
激素固然速效显,万万不可随意选。消化紊乱副作用,骨质疏松及溃烂。
寄生虫病最烦恼,日常管理没做好。内驱外驱同时佳,洗胃健胃紧跟牢。
免疫抑制病复杂,排毒解毒是方法。营养疾病不用怕,根治容易配方查。
皮下肌注较常用,静注效佳速需控。穴位注射不算冷,多用风湿关节痛。
口服宜于消化道,静滴虽烦可首邀。输水不能单与多,先盐后糖序记牢。
剖解检查很重要,帮助确诊作用高。针灸手术须提倡,中西结合乐陶陶。
偏重治疗观点差,发病淘汰理念佳。检疫隔离措施好,减少应激病少发。

防疫程序讲科学,根据场情细斟酌。防重于治贵管理,消毒有度讲灵活。

(九) 当前猪场猪病小结

据有关报道,当前我国猪群存在毒素蓄积(霉菌毒素中毒、抗生素制毒、矿物质中毒、蛋白质中毒、微生物感染导致中毒)的猪只比例分别为82.56%、93.62%、85.62%、85.50%和88.68%,值得反思。

1. 规模化猪场发病的几大特点

(1) 疾病种类呈多样化。

(2) 传染病呈上升趋势。

(3) 猪病有典型性向亚典型性发展,表现不明显。

(4) 由单一发病向混合型继发感染过渡且病毒性增多。

(5) 呼吸道疾病占主导地位。

(6) 营养、饲养管理、环境引起的疾病增多。

(7) 霉变越来越受关注。

(8) 免疫抑制性疾病流行成新的防治点。

(9) 疫病感染途径多缺乏有效控制机制。

(10) 散养户易发。

总之:老病依然存在,新病不断涌现,多病源混合感染;消毒、隔离最关键。

2. 消化道疾病

(1) 主要症状:

① 新生仔猪腹泻、呕吐。

② 7~15 日龄腹泻。

③ 20~25 日龄腹泻。

④ 断奶后仔猪腹泻。

⑤ 肥育猪腹泻。

⑥ 急性胃肠扭转。

(2) 主要病因:

① 细菌:大肠杆菌、魏氏梭菌、沙门氏菌、螺旋体等。

② 病毒:冠状病毒、类冠状病毒、圆环病毒、伪狂犬病病毒、猪瘟病毒、日本乙型脑炎病毒、细小病毒等。

③ 营养：铁、硒、锌、维生素 E、能量等。

④ 毒素：霉菌。

⑤ 寄生虫：球虫、线虫、鞭虫、弓形虫。

⑥ 饲养管理：引种、检疫、消毒、防疫、卫生、温度。另外还与环境、应激等有关。

（3）鉴别诊断：

① 7 日龄内腹泻：大肠杆菌病、魏氏梭菌病、伪狂犬病、流行性腹泻、传染性胃肠炎，母猪缺乏硒、维生素 E、维生素 A，饲养管理不当。

② 10～15 日龄腹泻：球虫病、魏氏梭菌病、伪狂犬病、圆环病毒病、贫血。

③ 20～30 日龄腹泻：大肠杆菌病，奶水不足，猪瘟、伪狂犬病、圆环病毒病。

④ 断奶猪腹泻：植物蛋白过敏，大肠杆菌病，传染性胃肠炎、流行性腹泻、圆环病毒病，饲养管理不当、锌缺乏。

⑤ 肥育猪腹泻：痢疾、沙门氏菌病、增生性肠炎、流行性腹泻、霉菌感染。

主要原因：断奶猪多系统综合征、呼吸道综合征、猪皮炎与肾病综合征。蓝耳病、圆环病毒病为两大免疫性疾病。

⑥ 抗生素对病毒无效。

⑦ 药物通过饲料饮水，效果良好。

⑧ 保育期尽量不打疫苗。

3. 呼吸系统疾病

呼吸系统有两道防御系统：第一道屏障包括：呼吸道黏膜、纤毛及其分泌物。正常情况下，猪的鼻、气管、支气管黏液含有溶菌酶，铁蛋白和溶解素等多种具有杀菌作用的生化物质；第二道屏障：淋巴系统，上呼吸道分泌的 TgA 主要起抗病毒作用，而下呼吸道分泌的 TgG 容易固定补体，具调理活性。

呼吸系统本身具有 3 重保护功能：① 鼻腔初步过滤净化，湿润加温；② 气管的纤毛和支气管的绒毛具有黏附、阻止、清除功能；③ 肺部巨噬细胞、淋巴细胞的吞噬作用。

常见呼吸道疾病中,气喘病破坏及麻醉呼吸道黏膜纤毛系统;猪流感破坏呼吸道黏膜纤毛系统,从而,损伤呼吸道上皮细胞,破坏第一道防御屏障。蓝耳病和圆环病毒病侵害肺巨噬细胞和淋巴细胞,破坏第二道防御屏障。此种现象说明一个问题:当怀疑猪群已感染蓝耳病时,不能只用抗病毒药物,必须加入治疗霉形体等病原的抗生素,而怀疑猪群感染支原体时,不必考虑蓝耳病,单用抗生素就可以了。

肺脏网状结构致使药物难通过毛细血管、肺泡达到防制目的(如巴氏杆菌 St),又消化系统是动物唯一的一个连接内、外界引起生命活动的器官。故而呼吸道疾病难治疗。

4. 常见神经症状疾病

伪狂犬病、乙脑、链球菌病、猪瘟、蓝耳病、丹毒、弓形虫病、沙门氏菌病、衣原体病、水肿病、中暑等。

5. 繁殖障碍病

(1) 种公猪的繁殖障碍病:

① 先天性繁殖障碍(睾丸发育不良、隐睾)。

② 繁殖功能障碍(性激素缺乏、爬跨无力、阳痿、后天人为的)。

③ 精液的品质(不良、抗原性)。

④ 生殖器官病(睾丸炎、阴囊积水、精囊腺炎、精索及输精管炎、包皮炎及阴茎损伤)。

(2) 种母猪的繁殖障碍病:

① 功能障碍(乏情、不受精、异常受精)。

② 先天性不育(子宫及子宫先天性反常、两性畸形、幼稚病)。

③ 卵巢病(发育不全、功能减退、萎缩硬化、持久黄体、囊肿)。

④ 子宫病(卡他性、化脓性、积水蓄脓、隐性内膜炎)。

⑤ 营养性病(维生素 E 和维生素 A 缺乏、营养过剩致肥)。

⑥ 中毒性疾病(发霉、药物中毒)。

⑦ 病毒性疾病(猪瘟、细小病毒病、流行性乙型脑炎、伪狂犬病、蓝耳病、流感、疱疹)。

⑧ 细菌性疾病(布鲁氏菌病、钩端螺旋体病、胎儿弯曲杆菌病等)。

⑨ 寄生虫病（弓形虫病、附红细胞体病）。

⑩ 环境性病（CO、CO_2、高温、机械性创伤）。

6. 反复发热，停药就犯病及免疫抑制疾病的鉴别诊断

免疫抑制是目前困扰养猪业的头等问题，造成的直接后果是：按常规程序接种的任何疫苗不会产生对相关疾病的免疫力，或产生抗体水平极低，而起不到保护作用。更严重的是接种的任何活疫苗，都在猪体内成为弱毒株病原。导致猪免疫抑制的因素很多，概括起来，主要有以下几个方面。

（1）理化因素：霉菌毒素（如黄曲霉毒素 B_1、赭曲霉毒素等）、重金属（如汞、铅等）、工业化学物质（如过量的氟）等会使免疫组织器官活性降低，抗体生成减少；大量放射线辐射动物（如长时间的紫外灯照射）可杀伤骨髓干细胞而破坏其骨髓功能，导致造血功能和免疫功能丧失。

（2）药物因素：有些药物，如地塞米松等糖皮质激素类药物、氯霉素类药物、四环素类药物，即使在治疗量水平也能抑制免疫系统。

（3）营养性因素：某些维生素（如复合维生素 B、维生素 C 等）和微量元素（如铜、铁、锌、硒等）是免疫器官发育、淋巴细胞分化、增殖、受体表达、活化及合成抗体和补体的必需物质，若缺乏或过多或各成分间搭配不当，诱导机体继发性免疫缺陷。

（4）不良应激：过冷、过热、拥挤、断奶、混群、运输等应激状态下，猪体内会产生热应激蛋白（HSP）等异常代谢产物，同时某些激素（如类固醇）水平也会大幅提高，它们会影响淋巴细胞活性，引起明显的免疫抑制。

（5）传染性免疫抑制性疾病：猪瘟野毒感染可导致胸腺萎缩，B细胞减少；蓝耳病（PRRS）可损伤免疫系统和呼吸系统，尤其是肺。肺泡巨噬细胞是 PRRSV 主要的繁殖场所，所以易被破坏；圆环病毒病根据病理学、免疫组织学和血细胞计数研究认为病猪确实存在免疫抑制；猪支原体肺炎，淋巴细胞产生抗体的能力下降，肺泡巨噬细胞对病原的吞噬和清除能力下降，而抑制性 T 细胞的活力增强，导致呼吸道免疫力减弱；猪附红细胞体感染能致使猪红细胞被大量破坏，导致免疫抑制。

7. 疑难杂症的分析

（1）败血型：丹毒、链球菌病、副伤寒、弓形虫病、附红细胞体病、胸膜肺炎、猪瘟。

（2）神经型：链球菌病、伪狂犬病、李氏杆菌病、钩端螺旋体病、嗜血杆菌病、脑脊髓炎。

（3）嗜睡型：猪瘟、流感。

（4）咳嗽型：流感、慢性肺炎、胸膜肺炎、蛔虫病。

（5）腹泻：副伤寒、钩端螺旋体病、猪瘟、寄生虫病。

（6）粒状便秘：钩端螺旋体病、弓形虫病、附红细胞体病。

（7）贫血、黄疸：钩端螺旋体病、弓形虫病、附红细胞体病。

8. 免疫抑制性疾病药物控制方案

免疫抑制性疫病的出现,标志着疫病发生模式出现了重大改变。

传统方法治疗免疫抑制性疾病的误区：

误区一：盲目退烧。众所周知,病毒性疾病无特效治疗药,主要靠自身免疫力的提高,逐渐缓解临诊症状。在生产中,一部分养殖户总期望有一种"神药"就能够用一次收到病愈效果。结果是猪一旦退烧,很快死亡或皮肤变红,继发、激发为其他病。

误区二：乱用药,病急乱投医。猪一顿不吃,打针一次,其结果猪没病死,却让药给毒死了。

误区三：不注意调理。免疫抑制性疾病,是猪场威胁最严重的疾病。不能随意用药。应根据实际情况,调整药物。

正确用药方案：① 定期抗体检测及血清学诊断。② 接种。切忌乱用、错用、重用疫苗。接种防止了临诊疾病,但不能防止带菌/带毒阶段（如口蹄疫）。血清学实验不能区分常规疫苗接种的动物与野毒感染的动物。③ 全群用药。少用或不用抗生素,多补维生素、葡萄糖、电解多维,增加采食量;吃药比打针好。④ 干扰素可首选。⑤ 加强卫生、消毒。

9. 猪营养代谢疾病的诊断

猪营养代谢疾病的发生不是偶然的。体内营养物质间的关系是复杂的,各营养物质均具有特殊的作用外,还可通过转化、依赖、拮抗作用,以维持营养物质间的平衡,一旦平衡破坏,均可导致疾病。

引起猪群营养代谢病的原因很多，归纳起来，主要有以下几个方面：① 对营养物质的供给和摄入不足，在肠道停留时间短，食物流速快，体内合成维生素少，日粮不足或日粮中缺乏某种必需的营养物质如蛋白质（特别是必需氨基酸）、维生素、常量元素和微量元素等，或因诸多胃肠道疾病对营养物质消化、吸收障碍，导致机体摄入不足，影响营养物质在猪体内的合成代谢。② 猪对营养物质的需要在特殊生理活动时增加、疾病时消耗增加、饲料中抗营养物质过多时需要量也增加。③ 高密度饲养易引起应激反应，使猪本身对营养物质的需求量高。

维生素 A 缺乏，怀孕早期胎儿发育畸形，引起小眼症、蹄冠壁损伤；维生素 B_2 缺乏，易发水肿病，死亡仔猪切开皮肤皮下水肿；泛酸缺乏，患猪后肢叉开，呈犬坐姿势，运步呈鹅步样，骨末呈"羊毛状"。

猪群营养代谢病的临诊特点：发病缓慢，病程长，典型症状出现较晚；食用同种饲料的群体同时发病，症状有许多相似之处，受损的组织与脏器比较广泛；哺乳及断奶仔猪体弱多病死亡率高；体温正常或偏低；早期诊断困难；种猪表现繁殖障碍、哺乳母猪泌乳减少或无乳等综合征。

10．猪场繁殖障碍疾病的浅析

目前，猪场集中规模在扩大，将来散养户及小个体将被取消。规模化、集约化、现代化、工厂化的养猪场逐渐兴旺。但是，繁殖障碍疾病也会越来越多，越来越严重。这是为什么呢？

（1）品种的差异：地方猪性成熟早明显高于外元猪。

（2）配种时日龄、体重、背膘要求严格：外元母猪尤其外元纯种母猪日龄要求不低于 8 月龄、体重 100 kg、背膘 16～18 mm。

（3）营养要求高：外二元母猪尤其纯外元母猪对营养要求很高且平衡。母猪瘦了不发情，肥了配不上种。高锌高铜也有可能造成后备母猪不发情，但高蛋白有利于性成熟。

（4）耽误了配种时间：外元母猪发情不明显，如果我们观察的不仔细就很容易错过配种良机。鉴别母猪发情仅凭压背发呆是不够的，借用公猪或其唾液、尿液等来帮助识别倒是可行的良方。

（5）配种方式的选择：后备母猪首次发情不宜急配，待到第 2 或第 3 次发情高峰时交配较好。首次交配最好选自交。人工授精与自交相结合更好,混精使用效果更佳。

（6）技术员的技能差：尽管技术员的责任心事业心较强,但是,技术水平差、操作不规范、错配、误配也是不可忽视。

（7）自身缺陷：有些种猪因为自身缺陷或发育不良定是不能留做种用。及早发现,坚决淘汰。

（8）公猪的因素：有些母猪的繁殖障碍性疾病并不是因为其自身的原因而是因为公猪通过自然交配而把公猪自身或其他母猪身上的病菌病毒传播所致,所以公猪每使用一次必须填写记录。

（9）霉菌毒素中毒：霉菌中毒是一个慢性沉积反应过程,沉积到一定程度必然暴发。临诊表现母猪生殖系统破坏,发情期延长、不发情、发情不受胎、受胎产弱仔或不产仔,公猪精液质量下降。预防饲料霉变,杜绝使用霉变饲料,责任重大。

（10）免疫缺陷：疫苗使用不当、免疫程序的不合理以及漏防。

（11）抗生素的危害：错、乱、滥、重用抗生素为害无穷。慎用抗生素。

（12）诱导发情的错误：人们一味追求高效率希望母猪每年多产胎每窝多产仔便使用激素,其结果：母猪不发情;发情不给配;配上不受胎;受胎不产仔或产仔很少。岂不知,繁殖场不能使用雌激素及其类似物促进发情和排卵,但可使用促性腺激素例 PG600 及 PMSG 等。前列腺素大都用于诱导母猪的白天分娩及持久黄体的治疗等。对于那些久不发情或久配不孕者应集中管理后仍然不行者,坚决淘汰。

（13）产后无乳：母猪产后无乳可分 4 类。① 病理性的：因某些传染病影响。② 生理性的：自身发育不良所致。③ 药物性的：例产后注缩宫素100 IU 就可能导致无乳或缺乳。④ 人为因素：新母猪难产现象较多,但人工助产不规范消毒不严格都易造成母猪子宫炎、子宫内膜炎,母猪缺乳无乳可想而知。

（14）二三综合征：第二或第三胎次母猪晚发情或不发情现象较普遍且严重,此现象我们常称之为二三综合征。它除与上面几点及其综合因素外,还与母猪第一胎断奶日龄(应早于 28 天,越晚发情期越长)有关。

(15)延长使用期:目前生产母猪的淘汰率为20％～30％,其中主要原因是因为腿病,这与饲养方式(限位栏、漏孔板、水泥板、潮湿)有关,然而因二三综合征而致淘汰的数字也不能让我们小看。母猪最佳使用年限7～8胎。

(16)记录:记录是一项繁琐的工作,它所记述的是真实的历史。好记性胜不过烂笔头!

11. 病毒性疾病比细菌性疾病难治疗

(1)病毒的结构:病毒是一类个体微小、结构简单、只有一种核酸(DNA 或 RNA)以复制为繁殖方式的细胞内严格寄生的传染因子。根据病毒侵犯对象的不同,可将其分为动物病毒、植物病毒、昆虫病毒和细菌病毒等。形态和结构完整的成熟病毒颗粒称病毒子,其基本形态是中心有一个含核酸的髓核,外有蛋白质组成的外壳,两者合称核衣壳。有些病毒在核衣壳的外面还有一层脂质包膜称囊膜。

(2)病毒难以对付:一种病毒往往有多种不同的血清型,一个型又有多个亚型,各型之间的抗原性不同,彼此不能交叉免疫。一种病毒、一个血清型,甚至多个亚型可在不同种属的动物之间传播。如FMDV 可感染人。与此同时,病毒为了得以生存会不断发生变异,以逃脱动物产生的特异性抵抗力;人们为防某病毒性疾病便研制出相应的疫苗,接种动物后可产生特异性抗体,但病毒为了避免机体的扑杀会不断发生变异,这样原有的机体既失去作用,新的病毒株又可使动物重新致病,使免疫并不能从根本上解决问题,病毒显得难以对付;再加上病毒的传染源多为野生动物等特点,且一种新型病毒出现,在短暂时间内被完全消灭是不可能的,所以,人类一定要学会与病毒和平相处。

(3)防疫体系的缺陷:目前,我国在疫病防治中存在的问题主要是养殖场对饲养品种、设备、规模、成本等考虑的较多,但对如何采取有效防制疫病的措施考虑的少或根本不考虑,把疫病防治希望于好的疫苗和药物,认为接种疫苗就万无一失,对于消毒隔离等措施敷衍了事,以至于疫病发生时措施不得力,本来可以预防的疫病由于未防疫、未消毒而造成疫病发生或蔓延。

（4）启示：防制工作艰巨，要坚持；带毒和排毒的畜禽将长期存在；建设绿色养殖工程，充分发挥中药效能；有效防制畜禽病毒性疫病，保护畜禽，实则保护人类自身；消毒是贯彻预防为主的首要措施。

12. 猪正面临着禽流感病毒的威胁

禽流感即禽类病毒性流行感冒。该病毒病最早在 1878 年意大利发生过，后来称之为"禽流感"的鸡瘟。禽流感可传染鸟类、鸡、鸭、猪、马、海豹、鲸鱼等。1997 年香港出现全球首例人类感染禽流感，18 人感染 6 人死亡。2003 年大陆出现第一例，2003～2012 年中国大陆地区共确诊禽流感病例 42 例，其中 27 例死亡。目前所有禽流感都是动物传染的，从 1997 年至今都没有人传染人的情况。

对禽流感病毒加热至 65℃ 30 分钟或 100℃ 2 分钟即可杀死。

该病暴发造成经济损失最大的一次，是在 1983 年美国的宾夕法尼亚地区。自 2003 年起，禽又受到 N1H5 亚型禽流感病毒的感染，家禽暴发了毁坏性最大和传播范围最广的高致病性禽流感（HPAI）。

流感病毒的病原结构分为 H 和 N 两大类。H 代表 Hemagglutinin，（fin 细胞凝集素）如病毒钥匙，N 代表神经氨酸酶（Neuramidinase）是帮助病毒感染其他细菌的酵素。例 N5H1。

猪对所有代表了流感病毒各种血清型的毒株都很敏感。由荷兰的 N7H7 感染事件可想而知，猪还是有可能因接触到存在于环境中的大量病毒或是因为密切接触了感染的家禽而受到短暂感染。但是，病毒由禽或人传播后，必须是经历多年适应后，才具有致病力。由于感染时间短而不能总会产生可检测到的抗体应答（表现为无或低水平的体液性抗体），这表明血清学测法或许不适用检测猪群中某些重配株病毒或"新"流感病毒。然而用病毒分离、PCR 试验等检测病毒遗传物质的方法来监控猪群中禽流感病毒具有潜在价值。

猪感染人 N1H1 或 N2H3 亚型流感后，会迅速产生对这些病毒的特异性抗体。猪感染的 A 型流感病毒通过：来自它种动物的 A 型流感病毒直接而完全地感染；编码主要病毒抗原的基因随时间推移积集起众多突变可导致病毒发生抗原变异或抗原性漂变；两种不相关的 A 型流感病毒同时感染后，在体内通过基因杂交就可产生一种具有不同抗原特性和遗传特性的新病毒。这三种传播方式在猪体内都可自然发生。

当前在欧洲猪群中正流行 A 型流感病毒的 N1H5、N2H3 和 N2H1 亚型，在分布和流行上存在一些地域上差异，其临诊症状常常可引起某种最流行的猪的呼吸道疾病。当流感病毒感染了缺乏免疫力的猪群（该猪群可能与显著的抗原漂变有关）后，或因多种因素（如恶劣的饲养管理或病毒感染以及寒冷的天气）导致状况恶化，就导致疾病的流行。

自 1979 年以来，在欧洲猪群中流行的主要是 N1H1 流感病毒一直是"禽型 N1H1"亚型病毒，该型病毒自禽"储库"向外传播后已在欧洲猪群中定居。自 20 世纪 80 年代中期起，这些病毒已与人型 N2H3 亚型病毒一起传播。最近，多年间由人 N1H1"人型"、猪 N2H3 亚型和"禽型"猪 N1H1 之间多起重配事件而产生的 N2H1 流感病毒在英国出现，随后传至欧洲大陆的猪群，由此表明新的病毒已经形成。

猪流感病毒主要有 N1H1 和 N2H3 两种血清型（亚型毒素有 N2H1、N7H1、N6H3、N6H4、N2H9）若无病发感染，死亡率很低。潜伏期 2～7 天，恢复期 1～3 周。通常仔猪不会患流感，除非病毒是第一次侵入猪群。初乳可在哺乳期为仔猪提供母源免疫抗体。

在目前猪病中，流感病很严重。由于对流感病毒的认识不足，防与治的不得力，加之"无名高热"的影响，损失惨重。

因此，必须严密监控病毒通过遗传漂变或借助新产生的毒株而发生的改变，确保能及时早发现病毒，以防其获得能够在猪群中迅速传播所必需的特性。

预防：绿豆 250 g，板蓝根、柴胡各 100 g，煎水 10 kg；吗叮瓜或银翘散，喂 1 周。

治疗：① 加强隔离消毒；② 中兽医疗法（以 1 头 50 kg 猪为例）：柴胡 20 g，土茯苓 15 g，陈皮 20 g，薄荷 20 g，菊花 15 g，紫苏 15 g，防风 20 g，煎成一剂服，每日 1 剂，共服 2～3 剂；③ 西兽医疗法：免疫因子，青霉素和链霉素，黄芪多糖，地米，鱼腥草，柴胡，复合维生素 B,每日两次,3~5 日为一个疗程;奎宁。在饮水中,食料中加电解多维、生姜汁、红糖、抗病毒粉等(以上参考《猪与禽》,2006 年第 6 期)。

13. 关于猪"无名高热"流行、暴发原因的浅析

疾病是机体在一定条件下,由一定的病原引起并与之相互作用时才发生及传播的。凡传染病大都有发热属高热病范畴,那么"高热病"是何病? 起码不宜叫"无名高热"吧。笔者认为,无名之因有二:① 因无名学者发现,就以无名而命名;② 由于科研、技术水平的限制,我们暂不知道它是什么病,加之诸多条件限制,就称之"无名高热"吧。笔者坚信,在较快的时间里,"无名高热"肯定会有名。如 20 世纪 80 年代的"流产风暴",后定论为蓝耳病。

结合临诊,笔者认为,所谓"无名高热"是指猪体在感染某些免疫抑制病毒或在某些免疫抑制因素的共同作用下由病毒、细菌混合或继发感染而致的,以败血症为特征的急性、热性的传染病。临诊表现:高热不退,消瘦,皮肤苍白、黄染、有出血点,眼睑肿胀,结膜炎,耳尖发绀,呼吸困难,神经症状,粪便干燥,死后可见鼻、嘴流血沫或泡沫,肛门充血,败血症。剖检可见,淋巴结肿胀、充血、发黑,胸、腹腔粘连、积水,脾脏梗死,肾脏有出血点等。笔者于江西、湖南、福建、江苏、安徽、山东地区进行临诊诊断后综合分析:各地区的发病病因、病原皆不相同。农村散养户、个体户,病原集中表现为猪瘟病毒、链球菌、寄生虫、嗜血杆菌、伪狂犬病病毒、蓝耳病病毒、饲料霉变;其中,蓝耳病病毒的毒株变异、毒力增强、基因缺失、双重或三重感染占主导地位。大型养殖场以防疫程序不合理、继发感染、饲料霉变为特征。目前"无名高热"流行暴发的原因大致归纳为:

(1)监管力度不严:传染病之所以传播是由传染源、传播途径、易感动物 3 个流行基本环节所致。由于众所周知的原因,很多基层兽医机构受人员配备、诊断水平、设备添置以及市场检疫条件等诸多因素的限制,加之那些肆无忌惮的小刀手、个体贩运户的无序经营致使该病迅速传播。

(2)消毒不严:消毒不严是疾病发生的重要条件之一。我们提倡消毒代替防疫,防疫代替治疗,严格按《动物防疫法》办事,尽早且

及时地把疾病消灭在萌芽状态。

（3）饲养密度高：很多养殖场或养殖户一味追求集约，高密度饲养，空气不流畅，污浊严重，是疾病发生的重要条件之一，加之治疗、隔离、消毒不及时、不完善，无形之中加大了疾病的暴发与传播。

（4）防疫程序不完善：当前一些个体户及散养户，对国家规定必须接种的疫苗缺乏明确的认识，免疫程序知之甚少，凭侥幸、想当然搞养殖。就规模猪场而言，虽有较强的防疫意识，但免疫程序往往不完善。例如，为图省事，多种疫苗同时注射；因缺乏防疫知识，短时间内接种多种疫苗；为贪图便宜，使用无批号苗；不按说明书操作；在同一场，对同一疾病使用多家不同性质或类型的疫苗；就猪瘟与蓝耳病来说，两者不宜相近接种，必须有一定的时间间隔，严禁同时注射。否则，损失惨重，后患无穷！

笔者认为，注射疫苗前一定要进行健康指数测定、血清学检测，检查抗体水平和抗体均匀度。采样时一定要选择各阶段猪群特别是种猪一定要列入检测范围，只要全面且系统的检测，就能知道真正原发病原体，选择合适的时间，最佳药物，以达到最好效果。慎防野毒、强毒感染。

（5）技术水平欠缺：就养殖行业整体而言，饲养管理水平参差不齐。有些个体户、散养户不懂兽医也不用兽医，重用药、乱用药、错用药，屡见不鲜。盲目用药或大剂量用药，结果由药物无效或中毒反而造成病死率上升。规模化养猪场虽然具备了一定的养殖和管理技术，但他们也面临着知识的更新。由于检测设备的限制，误断、错判的现象也在所难免。

（6）药品的品控与管理问题：疾病的预防与控制离不开药品，但是，在实际生活中，违规生产、违法经营、见利忘义、制假、贩假、造假现象并不少见，确有一些假冒伪劣及质量不合格药品，加之某些从业人员鉴别能力的欠缺，以及药品销售行业操作的不规范性，使养殖行业蒙受了巨大的经济损失。总之，传染病的流行与暴发对于某些生产商和经销商来说依然具有不可推卸的责任。

（7）霉变饲料：有些养殖户、养殖场，在原料采购过程中把关不严，采购那些品质低劣、价格便宜的霉变原料做饲料，严重影响了猪只的健康,给食品安全带来了巨大隐患。从霉菌毒素的吸附机制而言,即使在饲料中添加一些霉菌毒素吸附剂其吸附效果依然难以达到百分之百。其次,在饲料中添加霉菌毒素吸附剂同样是增加了饲料的成本。再者,我们能不怀疑在使用霉菌毒素吸附剂过程中是否会衍生出由于科技水平限制而目前尚不知晓的影响猪的健康的东西呢?

防治建议:对该病的恐慌完全来自人为炒作;我们应该以事实为依据,及时而又有针对性的采取正确的综合防治措施:加强消毒,勤换消毒液;临诊与实验室结合,药敏试验。针对目前疾病状况首选药:头孢去松钠,地塞米松,黄芪多糖,支原净,强力霉素,磺胺六甲。在治疗过程中,对有附红细胞体及寄生虫严重者,应添加洛克沙砷及伊维菌素等;当走投无路时,应考虑做自家苗,1~28 日龄仔猪,每头注射 2 mL 母猪高免血清;中、大猪每头腹腔注射 5 mL 自家脾淋苗,病残猪可重复注射一次;另外,仔猪断奶时再补注一次;种母猪产前一月内肌注一次;效果很好。但,需谨慎!隔离、消毒、直接淘汰。加强饲养管理是预防控制疾病最经济有效的方法。养猪应精细,否则,一着不慎满盘皆输。

14. 关于养猪场综合征多现的浅析

近年来,小规模养殖场较大规模养殖场疫情多发并不为奇,然而,疫病以综合征居多,这是为什么呢?以下是笔者之见,供探讨。

(1)发生原因

① 猪群亚健康:健康不等于无病,亚健康极易患病。提高免疫力是降低发病率的必要条件。消除亚健康,事半功倍。

② 霉菌毒素危害严重:霉菌毒素是由霉菌代谢所产生的低分子有毒化合物。据联合国粮农组织(FAO)资料显示,全球每年大约有25%的农作物不同程度地受到霉菌毒素的污染,约2%的农作物因污染严重而失去饲用价值。另有报道,我国 98%的玉米受到霉菌毒素的危害,92%的玉米含有 3 种以上霉菌毒素。

霉菌毒素抓不着、看不见,但无处不在、无时不在。据有关资料显示,霉菌种类已经查证的有 400 多种。通常我们肉眼仅能看到的是霉菌,而看不到霉毒;在同量条件下,霉毒的危害是霉菌的几百万倍。

霉菌毒素种类繁多,分子结构也大不相同,其毒性相差甚大,临诊表现千差万别。霉菌毒素具有特异性和协同性(各种霉菌同时存在能加重霉菌毒素的毒性)及高效性(低浓度就有明显的毒性,百万分之一或十亿分之一)。性质非常稳定,耐高温,340℃也不会将其分解和破坏;抗化学生物制剂及物理的灭能作用;具有广泛的中毒效应。

饲料一旦感染了霉菌毒素,饲料中的能量、脂肪、蛋白质的含量降低,同时饲料中营养成分被破坏,猪采食量就会减少或废绝。摄入霉菌毒素一旦超标便可引起猪发病,甚至死亡。

霉菌毒素在生产上可导致多种难以判断的综合征。霉菌毒素抑制机体免疫力、降低蛋白质的合成、改变细胞膜的结构、诱导脂类发生氧化反应及性细胞的死亡,严重影响动物内分泌、呼吸、中枢神经、抗氧化防御系统和上皮修复系统(直接对皮肤及黏膜造成刺激),造血及凝血功能下降、肝细胞变性、坏死、纤维化及肝功能下降,尾巴坏死等;易与衣原体、布鲁氏菌、附红细胞体、钩端螺旋体、子宫内膜炎、乳腺炎、产褥热、弓形虫等病原菌(原虫)共同作用产生更强大的危害。另外,霉菌毒素在导致胎儿畸形、致癌因子、皮肤毒素和细胞毒素方面已被人们所证实。现代研究表明,饲料霉菌毒素无论是在许多传染病的发生上还是在非传染病的发生上经常扮演"始作俑者"的角色。

另外,我们不能不担心,使用霉菌毒素添加剂是否会衍生出由于科技水平限制,致目前尚不知晓影响生物安全的问题。

③ 乱滥引种:引种是每个养猪场必不可少的一个重要生产环节。引种前,没能对售猪方做实地考证,也没能对要购进猪健康指数做全面评估,更没能认真地了解如资质、生产条件、饲养设施、生产能力、营养、养殖水平、防疫程序等情况,其结果就会引病。蓝耳病的广泛传播不能不引起我们的深思。加强检验检疫,健康引种。

④ 品种乱杂交:杂交优势众所周知,如果不考虑适应性、疾病情况,不按规律办事,随意杂交组合,其结果会导致基因改变、免疫容量减少、免疫能力下降、疾病多患和生产能力下降。

⑤ 防疫程序不合理、不科学：防疫目的是用于预防、防治和净化疾病。防疫讲究程序,在养殖场中占有举足轻重的地位。我们提倡同种或不同种疫苗种类宜少不宜多,接种的时间宜晚不宜早,间隔宜长不宜短。一定的间隙停注有助净化。高免疫接种强度下,免疫麻痹、毒力增强、毒株变异,致老病新发、新病不断,后果严重,发人深省。贪图便宜,注射无效苗、低效苗、劣质苗,随意组合效价苗,同时注射多种苗、多性质苗,不在接种时间内接种、针头不匹配、交叉感染、注射部位不准确、注射计量不到位等错误的接种方式、方法屡见不鲜;有的缺乏正确认识,防疫意识淡薄,不依据本场猪群健康指数,胡乱制定程序,随意修改程序,即便制定也不执行,甚至不做防疫等。其结果：发病多,发病重,病症诡异,病情复杂,死亡率高,免疫抑制、麻痹,疫情严重。疑似病例增多,给诊断带来许多麻烦,给生产带来众多危害。其实,生物安全是首位,过分依赖疫苗是饮鸩止渴。

⑥ 滥用抗生素：抗生素是细菌、真菌、放线菌等微生物的代谢产物,有阴、阳性之分。其抗菌性主要表现为抑菌、杀菌和溶菌,且三者间无截然的界限,作用效果与使用浓度、作用时间、敏感微生物种类以及周围环境条件等有关。按其作用性质大致可分为抗微生物类、合成抗菌类、抗真菌类和抗病毒类四大类。

1928 年,抗生素诞生了,向世人宣称能够控制所有感染性的疾病。但是,长期以来,盲目使用,随意使用,重、乱、滥使用,配伍不当,兽用原料中直接使用原粉,人药兽用等现象屡见不鲜,其危害清晰可见,发人深省。

氨基糖甙类损害脑神经;氯霉素可引起再障性贫血;链霉素引起的永久性耳聋;新生霉素等有时可引起粒细胞缺乏症;庆大霉素、卡那霉素、先锋霉素Ⅳ、Ⅴ、Ⅵ可引起白细胞减少;头孢菌素类偶致红细胞、白细胞、血小板减少,嗜酸性细胞增加等。研究发现,残留在畜产品种的抗生素,有的经过高温也不能破坏,甚至有的药物(如四环素)的降解产物具有更强的溶血性或肝毒作用。

使用抗生素是杀灭了有害菌,同时也杀灭了有益菌,致菌群失调,引起 B 族维生素和维生素 K 缺乏;也可引起二重感染,如伪膜性肠炎、急性出血肠炎、念珠菌感染,以及致畸、致癌和致突变三致发生等;干扰蛋白质合成如四环素类、大环内酯类等;影响细胞膜功能,如多黏菌素、短杆菌肽;阻碍核酸的合成,如氧氟沙星;影响免疫产生;使动物可能集体成为"耐药族";使病原微生物产生耐性;残留及毒副作用;滥用抗生素由"救命药"变为"致命药",给人类的生存环境、健康带来极大危害,也为治疗增加了难度。规范用药管理迫不及待。

⑦ 乱滥消毒:关于消毒,消毒剂作用机理一般为:通过改变细胞膜通透性,引起细胞破裂;使蛋白变性或凝固;改变或抑制其活性。总之,只要是活体细胞都杀。至于消毒过程,确有很多误区和不当,值得深思。

消毒制度化成了心理安慰、面子工程。消毒是以快速又无选择性杀灭微生物,然而,过多过频消毒,势必打破了圈舍环境菌群平衡,激发群发性疫情、死亡发生。杀敌也害己。

带猪消毒。特别是规模猪场普遍地使用活体动物消毒,往往造成呼吸道频繁感染和顽固性感染疫病频发,液体加重潮湿及寒冷,又不能清除有害气体,反而陷入越消毒越发病的恶性循环。得不偿失。

滥消毒。对消毒剂认识不清,一味地根据自己惯性思维去考虑,加上利益厂商的忽悠,给猪饮用消毒水、用消毒剂溶液清洗母猪子宫等,纯属自残或残害,又白白浪费很多钱财。更不难看出,耐消毒剂微生物的产生;诱导耐抗生素超级病菌的产生;消毒效果明显降低,甚至完全失效。日积月累,促使生物遗传物质发生变异和耐药性。贻害无穷。

一切问题都是人的问题。病从口入,严格控制生态环境,干净、卫生、舒适,这才是正确消毒。

⑧ 应激频繁:在饲养管理中,猪常遭遇的应激包括运输、混群、断奶、抓捕、保定、惊吓、阉割、接种、咬架、过冷、过热、驱赶、拥挤、突然换料、昆虫叮咬等。猪体内产生热应激蛋白(HSP)等异常代谢产物,同时某些激素(如类固醇)水平也会大幅度提高,严重影响淋巴细胞活性,引起明显的免疫抑制,导致抗病力降低、发病率上升、死亡率增加,经济效益差毋庸置疑。

在生产中,最重要的应激为热应激,凡应激必致机体热平衡调节产热和散热。频繁的应激加大疾病发生、加重病情恶化。应激是疾病发生的重要原因,也是规模化猪场的隐性杀手。减少应激时不我待。

⑨ 饲养管理不科学:养猪必须掌握好品种、营养、环境、管理、保健五要素,正确处理好它们间辩证关系,才能获得养殖的最佳效益。否则,事倍功半。

在饲养上,通常未能根据品种所富有的生产性能的充分发挥,施以相应的营养如不匹配、不足、不平衡、浪费,致生长缓慢、发病、经济效益差。在现代养猪生产过程中,如消毒不认真、不彻底,疫情不断,危机重重;很多养殖场或养殖户,知道适当添加碱性物质(不是化学上的碱,是指含有较多钙、钠、镁、钾、铁的物质)可增强胃的自我产酸能力、增加储碱、提高机体的酸碱缓冲能力、促进肾脏的排泄功能,从而进一步通过内分泌的调节改善肺脏的呼吸功能,对减少呼吸道疾病的产生"有百利而无一害",但青饲料却严重缺乏。在管理上,片面追求生长速度——揠苗助长;饲养密度高,加大了疾病暴发与传播的风险;在环境设施上,不合理、不配套、光照不充足、污染严重,导致疾病多发,自然效益低下。就保健而言,长期饲料粒度过小致消化力减弱;长时间、大剂量、高浓度的酸性电解质饮水,致慢性中毒;母猪产前用药导致新生仔猪慢性中毒甚至死亡屡见不鲜。挣不挣钱看防疫,更多赚钱在管理。

(2) 防治建议

三分治,七分养。防重于治,重在预防。猪必定是经济动物,发病淘汰,必然趋势。切实做好疾病防治,必须从实际出发,实事求是地做好大力宣传工作及日常管理工作。

① 加强检验、检疫工作:检验检疫不落实就不能及早发现病情,更不能及时、有效防控疫情。传染病之所以传播,是由传染源、传播途径和易感动物三个流行基本环节所致。疾病的预防与控制离不开药品。但是,在实际生活中,违规生产、违法经营、见利忘义、制假、贩假、造假现象并不少见,确有一些假冒伪劣及质量不合格药品在流通,加之某些从业人员鉴别能力的欠缺,以及药品销售行业操作的不规范,使养殖行业蒙受了巨大的经济损失。也有些不讲诚信的种猪

场,销售假冒劣质种猪,更有些将肉猪当种猪销售。总之,生产商和经销商具有不可推卸的责任。一旦发现,重罚加罚,取缔资质,严惩不贷。

由于众所周知的原因,很多基层兽医机构人员配备、诊断水平、设备以及实验室条件等因素的限制,加之那些肆无忌惮的小刀手、个体贩运户的无序经营致使疫病迅速传播。千里之堤溃于蚁穴。大规模需要监管,小规模更需要监管。加强宣传力度,严格按《动物防疫法》办事,尽早且及时把疫病消灭在萌芽状态。

② 提高自身业务水平:就养殖行业整体而言,饲养管理水平参差不齐。有些个体户、散养户,重用药、乱用药、错用药等屡见不鲜。盲目用药或大剂量用药,因药物无效或中毒致病死率上升。从想当然出发,随意繁殖,高密度饲养,加之技术水平欠缺,误治误伤误死现象严重,综合征多现在所难免。规模化养猪场虽然具备了一定的养殖和管理技术,但也面临着知识的更新。

③ 完善实验室:由于检测设备的限制,误断、错判的现象会增多。因此,加大培训力度、推行养殖资格准入制度和官方兽医制度、全面实行职业兽医师制度、完备兽药管理处方制度和完善实验室十分重要。

④ 加强日常管理工作:日常管理不严、不规范、不科学,亟待解决;隔离消毒防控之首,发病淘汰必然趋势。提倡自繁自养,舒适饲养,健康肠道,回归自然。

消毒不严是疾病发生的重要条件之一,应加强消毒,努力搞好环境卫生。加强饲养管理是预防控制疾病最经济有效的方法。

(3)总结:减少疾病的发生,就意味着经济损失的降低。因此,增强生物安全意识、强化自身技术水平、加强日常管理工作、提高饲养及管理水平、使用绿色添加剂等势在必行。

六、中兽医

(一)中兽医学基础知识

中医学是我国医学的瑰宝,中兽医学是在中医学基础上分化出来的一门动物医学。它既汲取了中国古代深邃的哲学、文化和科学思想，又对中华民族千年来与畜禽疾病作斗争的经验总结，不但具有丰富的理论思辨性和创造性，而且具有极强的临诊实用性，其硕果有目共睹。

1. 中兽医学的基本特点

中兽医学是一门研究中国传统兽医的理、法、方、药、术以防治动物疾病和加强动物保健为主要内容的综合性学科。它的基本特点如下。

（1）整体观念：一是指动物体是一个有机的统一整体。机体各脏腑组织之间互相联系，互相促进，互相制约，形成完整的统一整体。即在生理功能上互相协调，密切配合；在病理变化上也互相影响，局部病变可影响到全身，全身病变也可反映到局部。二是指动物体与外界环境是统一的，即自然气候的变化可以直接影响动物机体。动物体随自然气候变化自身相应的调节着。一旦这种适应功能发生失调，动物就要生病。

（2）辨证论治：是中兽医临诊的根本指导法则。疾病表现于外的征象叫做"症"或"症状"，根据对症的分析、综合、归纳、判断所得出的疾病本质的认识叫做"证"或"症候"。然后再根据疾病症候特点，确定相应的治疗原则，选用相应的方药。这一整套诊治疾病的过程就是辨证论治。

（3）取类比象：是以自然界客观事物的属性来形象地比喻和说明动物体的生理、病理、诊断、治疗和药物等方面基本属性的一种说理方法。如五行学说中关于"水曰润下"、"火曰炎上"、"木曰取直"、"金曰从革"、"土爱稼穑"的理论，就是用自然界五种物质的属性来比喻的，进一步又用此理论联系到动物体各个脏腑，用以说明各脏腑的生理情况和病理变化，以及论断、治疗的各个方面。

中兽医非常强调"正气"在动物疾病发病学上的主导作用。中兽医理论认为：所谓"正气"，就是动物机体内在的抗病能力，因此，在治疗学上中兽医常用"扶正"的中草药来扶持动物机体的"正气"，增强动物机体的免疫功能，从而抵御"外邪"的侵袭，是谓"扶正祛邪"，这对防治动物疾病具有重要的指导意义。

传统中医药理论防治疾病在于强调调动动物机体内在抗病力（扶正，即提高免疫力），谓之正气存内，邪不可干、扶正祛邪；另一方面则强调治未病（即未病先防），通过中药的调理，机体阴阳平衡，在机体内形成一道强大的防御能力，使疾病不能入侵。

现代兽医学中的"传染病"，在中兽医学被称为"瘟疫"，在几千年的历史发展过程中，中兽医在制伏瘟疫（传染病）方面积累了丰富的预防经验。概而言之，实为扶正和祛邪两大途径。

2. 阴阳五行说

（1）阴阳学说：宇宙间任何事物都包含阴阳，互相对立、互相依存、互相消长、互相转化。

（2）五行学说：早在春秋时代前就产生了。古人在长期生活实践中，对宇宙万物观察了解、分析过程中，采取人类最常见的、最熟悉的、最能感觉到的，而不是依赖人们意识为转移的客观存在的金、木、水、火、土五种自然的基本物质及其特性与功能来归类自然界，用生克乘海规律说明事物的属性和相互关系，帮助人们解释世间各种自然和人生现象的一门学术。科学证明，宇宙间万物包括人类都是由化学元素组成。大致分为 4 大部分：① 大气圈：主要由氧、氮、氖、氩及二氧化碳和水组成；② 水圈：包括海洋、湖泊及河流。水是水圈的主要组成部分，其中也含有大量的无机物；③ 岩石圈：是地球的固体部分包括土壤、地壳和地幔，主要成分是无机物；④ 生物圈：是各种生物栖息地带，包括生物本身及其生存环境无不以固、液、气三种聚集状态表现。古人云："火大以暖为性，能成熟物。"暖有温、热、炎三种程度。古人云："空大以器为性，能容万物。"这里的空属"容器"性能，能容纳接受万物作用的空间。自然界万物是互相滋生、互相制约、互相转化和对立统一的。

3. 藏象

藏象说是研究畜禽脏腑生理功能、病理变化及其相互关系的学说，是中兽医学理论体系的组成部分。所谓"藏"是体内的脏腑。"象"主要指脏腑功能反应于外的征象及脏腑的实质形象。五脏：心、肝、脾、肺、肾；六腑：胆、胃、大肠、小肠、膀胱、三焦。五脏与六腑错综复杂，互相依存、促进，辩证统一。

4. 气、血、精、津液

气、血、精、津液在性状及功能上有各自不同的特点,但它们均是构成畜体和维持生命活动的基本物质。

5. 经络

经络分正经和奇经两大类。是运行全身气血、联络腑脏、肢节,沟通上下、内外的通路,是经脉和络脉的总称。主要作用:沟通上下、表里,联系全身各部;运行气血,濡养全身;感应传导,调节机体平衡。

(二) 诊断方法

(1) 望诊:观察神、色、形、态以及分泌物、排泄物等。

(2) 闻诊:通过听觉和嗅觉进行观察。如臭味大者多属热重,邪实证;臭味不显或略酸臭者多属寒证;有腥臭味者多属化脓、坏疽之证。

(3) 问诊:有目的、有程序地向畜主询问病史、病情及有关情况。

(4) 切诊:指切脉,包括触摸。脉是气血的通道,脉象(脉搏)能反映脏腑气血盛衰和功能情况。

以上四诊在诊察疾病中各有作用,组成完整的诊断方法,只有"四诊合参"才能正确诊断疾病。

(三) 辨证

(1) 表证和里证:是概括和辨别病邪侵犯部位及病症深浅的两个纲领。表证是指病在肌表,病变较浅之证;里证是指病邪侵入脏腑,病变深里之证。

(2) 寒症和热症:是概括和辨别病症性质的两个纲领,是用药实施的依据,也是概括机体阴阳盛衰的两种证型。因此,辨病时一定要知属寒还是属热方可用药。

(3) 虚证和实证:是概括和辨别畜体正气强弱和邪气亢盛所表现的症候。《内经》说:"邪气盛则实,精气夺则虚。"在临诊中表现,一般虚证主要是正气不足,而邪气也不盛;实证主要是邪气亢盛,但正气亦尚未衰。

（4）正证和邪证：是概括和辨别家畜有无疾病以及健康状态的纲领。

除正证和邪证两证外，其余六证都可用阴证和阳证加以概括。又称八证辨证。

阴证包括里证、寒证、虚证；阳证包括表证、热证、实证。

（四）病因辨证

1. 中医认为家畜发病的主要原因

（1）六淫：也叫六邪即风、寒、暑、湿、燥、火六种因素，又称外感风寒。风（外、内寒风）；寒（外、内寒）；暑（外、内暑）；湿（外、内湿）；燥（外、内燥）；火（实、虚火）；"正气存内，邪不可干，邪之所腠，其气必虚"，就是说阴阳处于平衡状态，就不会发病，可以和细菌、病毒和平共处；一旦被打破，赋予了致病因子生存发展的条件了，就有危害，发病了。

（2）失调：饥、饱等。

（3）疫疠：细菌病、病毒病等。

（4）其他：损伤、饲养、管理、中毒、寄生虫等。

2. 各种病因辨证

（1）阴阳辨证：阴阳：相传天地形成之前，宇宙一片浑浊，盘古开天辟地，将浑浊一分为二，天为阳，地为阴，由此有了阴阳的概念。阴阳互相滋生、互相制约并处于不断变化、互相转化之中。

阴证：是指阳虚阴盛、脏腑功能低衰之征。临诊表现为口色淡白、色质如绵、无苔、脉沉细无力、精神不振、肢体末梢俱凉、尿清长、便稀、肢体无力等。

阳证：是邪气盛而正气未衰、正邪斗争亢奋之正征。临诊表现为口色红绛、脉数有力、发热、目赤肿痛、尿短赤、粪干或秘结等。

（2）脏腑辨证：脏腑辨证是在脏腑学说指导下，以八证为纲，按脏腑来归类症状的辨证方法。八证辨证是辨证的纲领，而脏腑辨证则是辨证的基础和核心，因为一切病变均与脏腑有关。

（3）气血津液辨证：气血津液辨证是指对气、血、津液的异常加以归类概括的一种辨证方法。气、血、津液是机体活动和脏腑功能的物质基础,而脏腑又是气、血、津液生化之源。因此,气、血、津液与脏腑间有着相互依存、相互影响的关系。在病理上,它们也是如此。但从病症来讲,它们又有一定的特征和规律,可以作为一种辨证体系。临诊上对它们进行辨证具有重要意义。

(4)六经、卫气营血和三焦辨证:六经、卫气营血和三焦辨证都是外感热病的辨证方法。

六经辨证是指传经(由一个经转变为另一个经。如太阳传入阳明的循经转变,或由阳明传入太阴的越经转变)、直中(即病邪直中阴经,如直中太阴)、合病(两经以上的病症合病出现,如太阳、阳明合病等)的辨证统一。

卫气营血辨证是一种温热病的辨证方法。这种辨证方法将温热病归纳成卫分证、气分证、营分证、血分证四证。卫气营血实际上是温热病发展过程中的四个阶段。卫分证为温热病初期,属表证,主肺与皮毛;气分证为温热之邪已入里,属里证,主脏腑;营分证为邪热已入心营,以血热为主证;血分证为邪热耗血动血、热灼亡阴之重危阶段。

三焦辨证是以湿热为主的温热病的辨证方法。湿热之邪多具先侵入上焦(心、肺),后侵中焦(脾、胃),再侵下焦(肝、肾)之特点,因此上、中、下三焦病症又是湿热病的三个阶段。

(五)中药

我国是中药发源地,中草药资源极为丰富,大量的分析结果、使用事实证明:防病、抗病、治病,代替抗生素,无残留,标本兼治,副作用小。在国际消费市场日益重视绿色、天然、安全药品和推崇返璞归真的今天,中兽药成为兽药生产企业研制和开发的首选项目。

中兽医药,是中国创立的应用自然疗法防治动物疾病和动物保健的综合性兽医药。它具有独特的理论体系和诊疗方法,是中国古代文化科学遗产的重要组成部分。自古以来,它在中国历代畜牧业发展上都起过重要作用。治疗方法简便,疗效显著,目前已受到世界各国的密切关注和应用。

我国现有中草药材 13 000 多种。1990 年 8 月在承德市召开了首次全国天然植物饲料添加剂学术研讨会,1991 年天然植物饲料添加剂被列入"八五"重点科研攻关项目之一。2003 年 11 月,农业部颁布我国首部关于中药饲料添加剂的《天然植物饲料添加剂通则》(GB/T 19424—2003)。

近年来,中药产品广泛用于饲料添加剂,对促进动物生长发育、助消化、增强免疫、修复免疫、抗疲劳、提高繁殖力、驱虫、改变肉色与肉质及口感等方面硕果惊人,备受关注。

1. 中药的性能

中药药性理论主要有四气五味、升降沉浮、归经及毒性等。中药的物性指的是阴、阳、寒、凉、温、热。四气(寒、热、温、凉)又称四种特性或称四性。寒凉和温热是两种对立的药性;而寒与凉、温与热之间只是程度的不同。另外还有平性即药性平和。一般寒凉药,主治各种热症;温热药,主治各种寒症。平性是指相对属性,而不是绝对概念。五味(辛、甘、酸、苦、咸)又称气味,也就是药物的性味,包括淡味和涩味,但淡味附于甘、涩味附于酸。"辛能散能行,酸能收能行,甘能缓能补,苦能燥能泻,咸能软能下。"五味实质上就是药物本身的滋味和疗效的标志。升降沉浮是药物作用于畜体的 4 种不同趋向。归经是指某药物对畜体某脏腑经络病变有明显和特殊的治疗作用,而对其他脏腑经络的作用小或不起作用,体现了药物对畜体各部位治疗作用的选择性。毒性是指药物对畜体的危害作用。有毒性的药物称为毒物。

2. 中药的炮制

炮制是药物在使用前根据中兽医药理论,按照医疗、调制、制剂和贮藏的需要,对药材进行加工处理的工艺过程。目的:消除或减低某些药物的毒性、烈性和副作用;增强药物的疗效;改变药物的性能,使其适合治疗需要;便于煎服、制剂和贮藏;去除杂质、非药用部分及不良味道,使药物清洁纯净,便于服用。方法:修制,水制(洗、润),火制(炒、炙、煅、煨),水火共制(蒸、煮、焯),发酵等。

3. 中药的疗法

简称八法。是指根据辨证由八证和方药的主要作用而归纳起来在临诊治疗疾病时用的汗、吐、下、和、温、清、补、消 8 种方法。

（1）汗法：也叫解表法。是指运用具有解表发汗的方药使病畜发汗，以解散表邪的一种治疗方法。发汗能调和营卫、驱逐病邪、汗出邪解。主要用于具有表证的各种病症，如感冒、流感、风湿痹痛、疹将发阶段、疮疡痈肿初期阶段等，以及传染病早期阶段。

（2）吐法：也叫涌吐法或催吐法。是指运用具有催吐性能的药物使病邪或有害物、咽喉分泌物从口吐出的一种方法。部分催吐药物还具有反射性祛痰作用，可协助肺内痰液排出。主要用于食物中毒、食积胃腑、咽喉分泌物增多、肺炎壅阻、中风痰厥等。此法是一种急救法，所用之药其性峻猛，易伤元气，损伤胃脘，应用时要掌握适宜病症，不宜随便使用。此法是使用较少的一种疗法。

（3）下法：也称泻下法或攻下法。是指运用具有攻下、润下、峻下逐水作用的方药，以通导粪结、排除胃肠积滞和寄生虫以及积水的一种方法。主要适用于里实证，如胃肠燥结、虫积、蓄血、停水等。

（4）和法：也叫解和法。是指通过药物和解表里、疏通气机、调整阴阳，以达到解除病邪的一种疗法。此法是一种以调整机体阴阳盛衰、增强机体抵抗力，使脏腑表里在新的情况下维持相对平衡的治疗方法。适用于不宜汗、吐、下、温、清、消法的病症。

（5）温法：也叫祛寒法。是指运用具有温热性的药物祛除阴寒、补益阳气、回阳救逆的一种疗法。临诊上可根据中寒的部位和程度不同，分别取回阳救逆、温中散寒、温经散寒。临诊运用应注意：挟热下痢、神昏气衰、阴液将脱者禁用；体素阴虚、内热炽盛者禁用；热伏于内、真假寒者禁用。

（6）清法：也叫清热法。是指运用具有寒凉性的药物清解郁热的一种疗法。用于表热已解、里郁火热、热毒等里热症。临诊常把此法分为清热泻火、清热解毒、清热凉血、清热燥湿、清热解暑5种。

（7）补法：也叫补虚法。是指运用具有滋补作用的药物对机体阴阳气血不足进行补益的一种疗法。适用于一切虚症。它分为补气、补血、补阳、滋阴4种。补，一般不宜急，虚则缓补。但特殊条件下，如大出血之虚证，则需急补。补血气以补脾胃（水谷之海）为主；补阴阳以补肾和命门（真阴阳生化之源）为主。但阴阳气血相关，临诊诊断时应全面考虑。补法切忌纯补，而应在补药中配伍少量疏肝和脾之药,加强脾胃功能,以增强吸收能力,使补药补而不腻,提高补益效果。此外,在邪盛正虚或外邪尚未清除时,亦忌用补法,以防"闭门留寇",致留邪之弊。必须辨清虚实的真假,以免误治。

(8)消法:也叫消导法或清散法。是运用具有消散破积的药物消散体内气滞、血瘀、食积的一种疗法。消法和下法在作用上很相似,只不过消法比下法缓和。但临诊运用上,消、下两法有些不同。如下法在于攻逐、清除粪便燥结;而消法则为消积运化,对胃肠内的食积气滞有逐渐消散的作用。消法的代表方为曲麦散。临诊运用消法应注意:不宜过度使用,以免病毒气血耗损;对已孕和虚弱畜采用消法时应配合补气养血药。

八法各自有适用范围及一定的病症。但临诊上所遇病症错综复杂,有时要多法并用才能提高疗效。如常选汗下并用、温清并用、攻补并用和消补并用。另外,运用药物直接作用于病变部位的这种外治疗法也是常用的。

4. 中药的配伍

中草药大都是自然的,也有人工栽培的,其产品人工合成的又叫中成药。中药与西药相比,中药比西药速度来的较慢,西药治标不治本,副作用大,中药标本兼治,副作用小。中药配伍后可互相发生作用、产生复杂变化,早在《神农本草经》中就有高度的归纳。所以,中药在组合上要有一定的法度,并确定用量比例、方剂等。否则不尽如人意,适得其反。

相顺:两种以上药物合用可增强疗效。如知母与黄柏同用,增强滋阴降火功效。

相使:功能不同相,配合后互相促进,提高疗效。如黄芪与茯苓同用,增强补气利水作用。

相畏:一种药物抑制另一种药物的毒性。如半夏畏生姜,生姜能抑制半夏的毒性和烈性。

相恶:一种药物能破坏另一种药物的功效。如生姜畏恶黄芩,黄芩能降低或消除生姜的温性。

相杀:一种药物能消除另一种药物的毒性。如绿豆杀巴豆毒,巴豆中毒用绿豆解毒。

相反：两种药物同用能产生有毒的副作用。如甘草反甘遂。

单行：药物单用比合用疗效更佳。

以上归纳为七情。

数以万计的经典方剂，无不来自优良的药物配伍，对方剂的记忆和加减运用能起到事半功倍之效。

5. 中药的禁忌

在用药时为了安全、保证疗效就必须遵守用药的原则，重视禁忌问题。《珍珠囊补药性赋》把它归类，编为十八反、十九畏、胎娠禁忌。

（1）十八反：甘草明言十八反，半蒌贝蔹芨议乌，藻戟遂芫俱战草，诸参辛芍反藜芦。

细说：甘草——（反）大戟、海藻、甘遂、芫花；

　　　　藜芦——（反）人参、丹参、沙参、玄参、细辛、芍药；

　　　　乌头——（反）半夏、栝蒌、贝母、白及、白蔹。

（2）十九畏：硫黄原是火中精，朴硝一见便相争；水银莫与砒霜见，狼毒最怕密陀僧；巴豆性烈最为上，偏与牵牛不顺情；丁香莫与郁金见，牙硝难合荆三棱；川乌草乌不顺犀，人参最怕五灵脂；官桂善能调冷气，石脂相遇便相欺。

细说：硫黄——（畏）朴硝；水银——（畏）砒霜；狼毒——（畏）密陀僧；

　　　　巴豆——（畏）牵牛；丁香——（畏）郁金；牙硝——（畏）三棱；

　　　　草乌、川乌——（畏）犀角；人参——（畏）五灵脂；肉桂——（畏）石脂。

（3）胎娠禁忌：阮斑水蛭及虻虫，乌头附子及天雄，野葛水银并巴豆，牛膝薏苡与蜈蚣；三棱代赭芫花麝，大戟蛇蜕黄雌雄，牙硝芒硝牡丹桂，槐花牵牛皂角同；半夏南星与通草，瞿麦干姜桃仁通，硇砂干漆蟹甲爪，地胆茅根都不中。

"十九畏"和"十八反"诸药，有一部分同实际应用有些出入，历代医家也有所论及，引古方为据，证明某些药物仍然可以合用。如感应丸中的巴豆与牵牛同用；甘遂半夏汤以甘草同甘遂并列；散肿溃坚汤、海藻玉壶汤等均合用甘草和海藻；十香返魂丹是将丁香、郁金同用;大活络丹乌头与犀角同用等。现代这方面的研究工作做得不多，有些实验研究初步表明，如甘草、甘遂两种药合用时，毒性的大小主要取决于甘草的用量比例，甘草的剂量若相等或大于甘遂，毒性较大；又如贝母和半夏分别与乌头配伍，未见明显的增强毒性。而细辛配伍藜芦，则可导致实验动物中毒死亡。由于对"十九畏"和"十八反"的研究，还有待进一步作较深入的实验和观察，并研究其机制，因此目前应采取慎重态度。一般来说，对于其中一些药物，若无充分根据和应用经验，仍须避免盲目配合应用。

妊娠用药禁忌：某些药物具有损害胎元甚至导致流产的副作用，所以应该作为妊娠禁忌的药物。根据药物对于胎元损害程度的不同，一般可分为禁用与慎用两类。禁用的大多是毒性较强，或药性猛烈的药物，如巴豆、牵牛、大戟、斑蝥、商陆、麝香、三棱、莪术、水蛭、虻虫等；慎用的包括通经去瘀、行气破滞，以及辛热等药物，如桃仁、红花、大黄、枳实、附子、干姜、肉桂等。

凡禁用的药物，绝对不能使用；慎用的药物，则可根据孕畜患病的情况，酌情使用。但没有特殊必要时，应尽量避免，以防发生事故。

6. 煎服与剂量

煎中药最好用砂锅、壶或搪瓷锅，忌用铁锅。砂锅受热均匀，不会使中药的有效成分起化学变化而降低药效。铁锅禁忌的有：人参、五味子、山药、石榴皮、朱砂、何首乌、菖蒲、槐花、茜草根、龙胆、瓜蒌、芍药、麻黄、牡丹皮、知母、香附子、商陆、雷丸、皂角、甘遂、猪苓、苦楝子、刺蒺藜、桑寄生、雄黄地等。铜铁同忌的药物：地黄、肉豆蔻、玄参、益母草等。

煎药的水最好用地下水，不可用自来水，即便用自来水也应先烧开冷凉后再使用。因为自来水中有大量的漂白粉，其易还原氯离子而消耗很多的氧。

方剂中凡注明"先煎"者要先煎 15 min，再加入其他药；"后下"者要在药煎好以前 5～10 min 放入；"包煎"者要用布袋包好再放入锅内同煎；"溶化"者则置于煎好的药液中稍加文火使其溶解；"冲服"的药是用煎好的药液送服。煎头煎药时，加冷水超过药面 1～2 横指，浸泡半小时，其有效成分易于煎出。用大火煎沸后，再用小火煎 20～

30 min,滤渣备用。煎二煎药时水量要少些,沸后再煎 15～20 min。药品质地坚实者要多煎 5～10 min。滋补药可煎煮 40～60 min。清热解表药应少煎 5～10 min。头煎和二煎药液的量,以共计一茶杯左右为宜,混合后分两次服用。

服药时的饮食禁忌:简称食忌,也叫忌口。在古代文献上有常山忌葱,地黄、何首乌忌葱、蒜、萝卜,薄荷忌鳖肉,茯苓忌醋,鳖甲忌苋菜,以及蜜反生葱等记载。另外,凡不易消化及有特殊刺激性的食物,都应根据需要予以避免,如高烧患者忌油。其次,不同的季节、不同的时间、不同的用药方式,效果也有明显不同。

7. 常见功能性中药

大量试验证明:黄芪、党参、当归能补气、活血、生肌,促进新陈代谢,促生长;金银花、黄芩、连翘可抗菌、消炎;玄参、杜仲、人参能增强机体免疫力,可取代抗生素;金银花、柴胡、黄芩、鱼腥草、黄精、黄芪、天花粉、甘草、五味子、淫羊藿、夏枯草、苦参、白扁豆、荆芥、牡丹皮、白芍、升麻、青蒿、紫苏叶、板蓝根具有免疫调节功能;迷迭香具有健脾、益气、增香、增加胃口及对营养物质吸收,同时具有改善肉质、肉色的功能。

对肺部疾病有防治作用的有:黄芩、夏枯草、鱼腥草、连翘、地骨皮、石韦、大青叶、射干、马勃、麦门冬、天门冬、贝母、知母、沙参、苏子、款冬花、桑白皮、五味子、竹叶、芦根、苦木等。

归肺经的有:金银花、黄精、牛蒡子、五味子、黄芩、鱼腥草、黄芪、天花粉、甘草、紫苏叶、石韦、荆芥、升麻、连翘、麻黄、知母、薄荷、藿香、射干、苦参、桂枝、大青叶、地骨皮、忍冬藤等。

主治病毒性感冒的有:麻黄、藿香、荆芥、连翘、防风、薄荷、紫苏、桂枝、黄芪、板蓝根、辛苏、苦地丁、大蒜、败酱草、浮萍、四叶草、五加皮、桑叶、菊花、柴胡、茵陈、栀枝、苦木等。

主治热性的有:黄连、黄芪、黄柏、大黄、栀枝、丹皮、柴胡、板蓝根、菊花、茵陈等。

有抗菌作用的有:虎杖、莱菔子、百部等。

植物多糖:具有增强体液与细胞免疫功能;刺激巨噬细胞吞噬功能;加强 T 细胞、B 细胞的增殖;促进抗体和干扰素的产生和抗原抗体反应。

植物黄酮：良好的植物性免疫促进剂，能直接作用于淋巴细胞，明显加强整体免疫功能；加强体内蛋白质合成和利用，提高动物生长速度；促进乳腺发育，增加泌乳量、升高乳中母源性抗体，提高哺乳期仔畜存活率；提高禽类产蛋性能，显著延长产蛋期；改善反刍动物消化功能，直接影响瘤胃微生物的消化酶活性，提高生产性能。

植物类黄酮（多酚类）：良好的天然氧化剂，抑制脂质过氧化，保护动物组织、细胞膜结构稳定；明显抑制多种致癌物诱导的突变、染色体损伤及促癌物诱导反应如炎症、增生；明显拮抗促癌物对细胞间通行的抑制作用，维持细胞正常功能；提高肝脏中解毒酶的活性，保护肝功能；有很强的清除活性氧自由基的作用，防止自由基对细胞DNA 的损伤；可增强细胞介导的免疫功能。

以绿原酸为代表的植物有机酸：抑菌和杀菌作用，可改变细菌生理、干扰细菌代谢，抑制细菌毒素的活性和某些细菌芽孢的萌发，阻止病菌对机体的感染等；具有广谱抗菌性；对自然界所有动植物病原细菌都有一定抑制能力，且抑菌浓度低，最低抑菌浓度（MIC）为100～1 000 mg/kg。抑菌作用具有良好的选择性，可抑制有害菌生长，而对双歧杆菌等有益菌有增殖作用，维持正常菌群平衡，对病原菌有毒性而对机体细胞则无害。

寡糖：促进双歧杆菌和乳酸菌生长，维持肠道菌群的平衡，促进营养素消化吸收。

植物中高含量维生素：补充维生素不足，易吸收，减少营养成分配方占用空间，降低成本，浪费少，提高资源利用率。

发展抗病毒中药是治疗动物细菌、病毒及混合感染综合征的治疗原则和方向。

（六）中兽药的特色与优势

中兽药是在独特中医理论指导下用于防治动物疾病，安全性能高，资源丰富，运用广泛，具有天然性、多能性、低毒性、副作用小，不易产生有害残留和耐药性及三致等优点，在很大程度上弥补了疫苗和化学药品防治动物疫病的不足，具有营养作用和较强的增强动物免疫功能与抗病力及抗应激作用，可以有效地控制动物疫病和降低药物残留，从而保障了动物源性食品安全,促进动物与自然物质的和谐。

与西药相比,中药的优势和特色主要体现在药效的整体性和药源的天然性两方面。西药大都是化学合成的,成分单一,而中药来源于自然,化学成分复杂,多味中药配伍成分就更复杂了。

多种化学成分作用于动物体,往往会产生多元组合效应;中兽医的辨证论治主要着眼于调整机体动态平衡,也就是注重药效的全面性或整体性。这些是西药所不具备的。中医药学通过复方综合作用加上辨证施治原则作指导,因而在畜禽传染病的防治中能收到好于西药的效果。

中药的明显优点:吸收快,利用率高;不但能直接杀菌抑菌,而且能调节机体免疫功能,具有非特异性功能;几乎未有残留或残留较低;病原微生物不易产生耐药性;许多中草药兼有营养性和药物性的双重作用,既能促进机体糖代谢、促进蛋白质和酶的合成,又能增加机体抗价、刺激性腺发育,具有杀菌抑菌、调节机体免疫功能以及非特异性抗菌作用。但中药的成分复杂,标准化生产难度大;作用机制阐述不清楚;生产技术不完善;试验数据不够系统完善;加工工艺尚无完性的定论;质量指标和性能监测也无确切的定义。

(七)兽用中西药物配伍禁忌

1. 可降低西药疗效的中药

(1)可降低酶制剂作用:含有大黄酸的络合物如大黄及其制剂,可通过吸附或结合的方式抑制胃蛋白酶的活性即降低酶制剂疗效;硼砂、元胡、槟榔等含碱性物质的中药,可降胃液酸度,影响胃蛋白酶的活性;山楂、女贞子、五味子、山茱萸、木瓜、乌梅等富含有机酸,可提高肠内酸度,使胰酶及肠道的其他酶很小发挥作用;地榆、诃子、藕节、五倍子等含有丰富的鞣酸与酶的肽键易结合使酶失效。

(2)可降低活菌制剂疗效:金银花、连翘、蒲公英、地丁、黄芩、黄连、黄柏、栀子、龙胆草、鱼腥草、穿心莲、白头翁、知母、苦参、大黄、野菊花、山豆根、夏枯草、草河车等具有广谱抗菌作用,可杀灭活菌制剂中的活菌,使其疗效降低或失去疗效。

（3）可降低磺胺药物疗效：神曲及其制剂，含有大量氨苄甲酸，可干扰磺胺类药物与细菌的竞争，降低抗菌作用。

（4）可降低土霉素疗效：明矾、赤石脂等含铝；滑石、阳起石、伏龙肝等含镁；石膏、龙骨、牡蛎、乌贼骨、瓦楞子、寒水石等含钙。都宜与土霉素结合成为难以吸收的络合物。

（5）可降低喹诺酮类药物疗效：禹余粮、代赭石、磁石、自然铜等含铁，滑石、阳起石、伏龙肝等含镁，明矾、赤石脂等含铝，都与喹诺酮类药物结合成为难以吸收的络合物。

2. 可降低中药疗效的西药

（1）庆大霉素、红霉素等抗生素对穿心莲及其制剂提高动物白细胞吞噬能力的活性有抑制作用。

（2）氢氧化铝、胃舒平等含铝西药，其中铝离子可与丹参所含有效成分结合成络合物，影响吸收。

（3）维生素 C 可使丹参所含有效成分发生还原反应，降低或失去疗效。

（4）碳酸氢钠等碱性西药，对芦荟、大黄、番泻叶、虎杖等含有蒽醌衍生物的中药都有破坏作用。

七、针　　灸

针灸包括针术和灸术两方面。所谓针术是指使用特定的针具对动物的一定的穴位进行刺激以防治某些疾病的一种技术；灸术是使用点燃的艾绒或其他温热物体，对畜体表穴位或一定部位施以温热刺激以防治某些疾病的一种技术。针和灸都是通过刺激穴位、疏通经络、调和气血达到防治疾病和提高动物生产性能的目的。

（一）针灸的治疗作用和疗法

针灸疗法是传统兽医防治畜禽疾病的主要手段之一。根据传统的经络学说，针灸的治疗作用是通过刺激穴位，以激发经络系统的功能而发挥作用，现在也有用神经—体液学说等来进行解释的。

临诊实践和实验研究表明，针灸有提高痛阈值的作用，可用于抑制生理和病理性疼痛,是针刺麻醉的基础;针灸对脏腑功能具有双向性调节作用,可用于功能过亢或减退性疾病;针灸还有提高机体防御功能的作用,可用于防治某些传染病疾患,同时多种多样的巧治法也是针灸作用的重要方面。对于猪来说,用得较多的是针术,并往往和药方配合使用,即中医所谓的"针不离方,方不离针"。针灸和药物配合使用,相辅相成,疗效更高。

针灸疗法种类很多,大体上可分为针、灸、烙,另外有穴位注射、巧治法等。单从针法上来说,除了传统的疗法种类,如白针、血针、火针等外,对治疗猪病来说,较常用的有白针疗法、血针疗法、水针疗法、卡耳(尾)疗法等。卡耳(尾)疗法又称吊黄疗法,是指将药物埋入猪的卡耳穴或卡尾穴以治疗某些猪病的方法,属于针灸疗法中的巧治法之一,民间称"装信"。

埋卡药物较常用的是蟾酥或砒石,均为有毒之品。最多使用两次,每次间隔一星期以上。现代还有电针、磁疗等。

不论给何种家畜使用何种方法治疗时必须保定。保定要简单、可靠、安全。

穴位注射:每次取穴不宜过多,一般 1～3 穴。穴位注射量应为肌注量的 1/5～1/3,小家畜 1～8 mL 为宜,大家畜 10～15 mL 为宜。

(二)兽医针治的原则

(1)令兽保持宁静即保定很重要。

(2)明其穴道即清楚穴位的位置。例如:牛不开口,针舌上筋处;黄证可用引针,消毒去恶血而解;有寒,先刺天户穴后刺天门穴各针 3 次;膊、膀、脚、膝间有寒,凝湿气,当从骨缝间针刺,切忌刺硬骨而误事;寒呛,针前脚夹缝刺 3 次;伤力呛于前膀正中刺 3 次,各分前后一寸五分又针 3 次;火呛于正尻穴三分针 3 次;便血针肛门下粪阙骨针 3 次;牛发疯癫狂痫针前膊近腰心俞穴处针 3 次;针连贴黄,针鸡心下三寸刺 3 次(切忌,针骨缝忌针三分,皮间刺一分许二分止);牛前肢风湿,取抢风、膊尖等;眼病取睛明、太阳穴等;胃肠病,取后三里(阳明谓经),冷痛取三江穴和放四蹄血;牛急性瘤胃臌气取饿眼穴放气;半眼生云翳,顺气穴插枝等。猪病针灸治疗有：大椎退热，三里疗结，交巢止泻，肺俞治咳喘，百会百病祛（江西民间验方）。

（3）善选穴。穴位的选择与组合很有讲究。善用针者，从阴引阳，从阳引阴，以左治右，以右治左，以此治彼，以彼治里。

（4）辨证的措施。春宜浅，秋宜深，春秋治病，弃血如泥，余月无病，惜血如金。切记，用针之道：虚要补，实要泻，寒要温，热要凉，风用散，气要顺。

（5）认症用针。根据病症，认真推敲，最后确定针器及其使用方法。

（6）看病深浅，补泻相应，着眼内外与呼吸。注意：火针为补，冷针为泻，插针为补，提针为泻，慢进快出为补，快进慢出为泻，左转为补，右转为泻。

（7）因时制宜，因地制宜，因畜制宜。不同的季节、不同的环境、不同的品种、不同的性别、不同的年龄、不同的体重起针用针又有差异。

（8）或针或药，或针药结合，视病而定（口服与注射，肌注与静脉注射等）。

（9）分调血气，补固精神。

（三）兽医针灸中某些穴位的统称

（1）上、下六脉：上六脉：眼脉穴，鹊脉穴，胸堂穴，带脉穴，督穴，尾本穴。下六脉：同筋穴，夜眼穴，曲池穴，膝脉穴，缠腕穴，蹄头穴。

（2）膊上八穴：膊尖，膊栏，冲天，抢风，肺门，肺攀，掩肘，乘镫。疗：血脉凝滞、肺气，把膊尖骨肿大痛病。两面共十六针，用火针各入1寸。

（3）胯上八穴：巴山，路股，大胯，小胯，邪气，汗沟，仰瓦，仰牵。两面共十六针。疗：内肾积冷，抽把胯病。火针各入1寸。

（4）腰上七穴：腰上三穴：肾棚，肾俞，肾角，两面共六穴，百会一穴，共七穴。离脊梁四指，每穴相离四指。火针1.5寸。疗：内肾积冷，气把腰病。

（5）前后十门：耳后二针风门穴；颊下二针喉门穴；胸前二针肺门穴，此前六门。四蹄掌后四针，蹄门穴；相对者，左右相冲也。十穴而号，十门者，乃为一十二道经络之关津，三百六十络脉之道路也。

（6）三堂、六脉：马有三堂、六脉。玉堂、胸堂、肾堂，此谓三堂。六脉：耳根不动；耳脉不散；口色不恶；舌色不弱；膈前有七道命脉不绝；膈后有七根命毛不侧。此六脉，非穴位，似指六种征候。

（7）十二道巧治之针：通天穴，凿脑门；开天穴，取浑睛；喉门穴开喉门；莲花穴，剪脱肛；尾本穴，针斜尾；开臁穴，割腹肚。

《针灸巧治牲畜，常见十二种》（谷润田著）曰：

抽筋巧治低头难，起卧腹痛姜芽穿。

下颌肿大取槽结，眼内浑睛彻开天。

喉骨胀剧开喉喻，肚底黄肿散刺先。

肩肌萎缩弓子补，闪伤肩膊透胛痉。

肚腹气胀放肷俞，宿水停脐云门专。

莲花整复脱肛俞，败血凝滞烙垂泉。

（8）三宝针、五开针、七胜针、满身放针：

三宝针：高峰、腰梁、千金；疗：伤神、伤气、伤力、慢草诸症。

五开针：三宝加尾根、尾本。兼治便血，腹疼诸病。

七胜针：五开加尾下、尾尖、尤可兼治中暑，泄泻，闭尿，风湿诸症。

满身放针：在蹄冠、蹄叉用针，其直接作用主治，蹄炎、关节炎、四肢肿胀等症，但若与七胜针结合刺扎，又为满身放针，对于劳伤、湿热、痉挛等重症，可显著提高疗效，其道理就在于蹄穴能产生远隔反作用，调和各个脏腑间的失调关系。

（9）六合针：丹田、三台、苏气、安腹、安肾、百合。尖刺出血，驱腰背风湿。

（10）九路针：利用小宽针，对猪病取放血的一种配血放法，所取穴位为：

① 五关：腋夹穴，在前肢腋间正中的脉管上，左右前肢各一穴，共二穴。

② 接木：即吊筋，在前肢腕关节内侧方的脉管上，左右前肢各一穴，共二穴。

③ 大路：即涌泉、滴水，位在蹄叉末端上方约 1.5 cm 处针至皮下脉管，四肢各一穴，共四穴。

④ 总路：即尾本，位于尾巴腹面正中，距尾根部 1.5 cm 处，血管上仅一穴。

上列九穴均为血针，是在九处形成瘀筋的脉管上，故称九路针。九路针是治猪常见病（感冒，中暑，腹泻）的常用穴位，九处瘀筋放血，使毒外泄，开通脏腑关窍，舒活肢体络，祛除外感风邪，调和周身气血。另据试验，对发育不良猪有解僵促长作用。

（11）五湖（穴）＝ 四海（涌泉、滴水）＋尾夹。

（12）八络，点刺肚上络脉八针。"肚斑痧"即点刺八络，乳头外侧皮下静脉分支上，术时先将四肢拉直，平刺血管呈丁字形。此外，放血穴还有尾尖，耳尖，山根，寸子，八字。

（四）猪体常用的针灸穴位

1. 猪体表穴位

猪体表穴位见图 8 - 12。

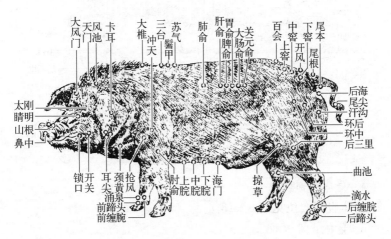

图 8 - 12　猪体表穴位

2. 猪体肌肉穴位

猪体肌肉穴位见图8－13。

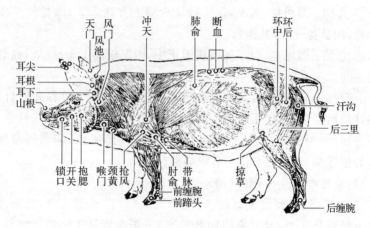

图 8－13　猪体肌肉穴位

3. 猪体骨骼穴位

猪体骨骼穴位见图8－14。

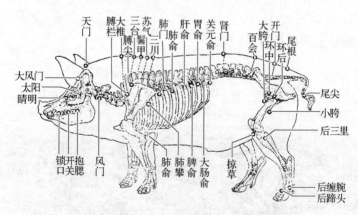

图 8－14　猪体骨骼穴位

4. 猪体腹部穴位

猪体腹部穴位见图8－15。

5. 猪体背部穴位

猪体背部穴位见图8－16。

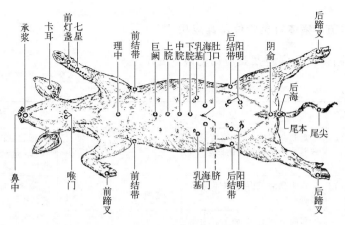

图 8 - 15 猪体腹部穴位

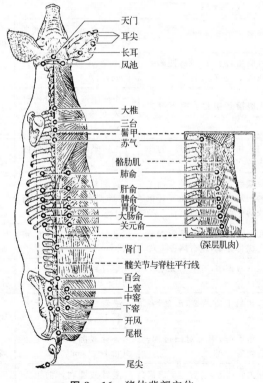

天门
耳尖
长耳
风池

大椎
三台
鬐甲
苏气

髂肋肌
肺俞

肝俞
脾俞
胃俞
大肠俞
关元俞

(深层肌肉)

肾门

髋关节与脊柱平行线
百会
上窌
中窌
下窌
开风
尾根

尾尖

图 8 - 16 猪体背部穴位

（五）猪体针灸穴位及其应用

猪体针灸穴位及其应用见表8-17。

表8-17　猪体针灸穴位及其应用

穴　名	穴　　位	针　灸　法	主　治
天门	后脑窝正中,两耳根后缘连线与背中线相交处的凹陷中,1穴	毫针或圆利针向后下方刺入1.5~2.5 cm	感冒、中暑、脑炎、癫痫、破伤风
大风门（顶门）	在头顶部,顶骨外矢状嵴分叉处	烧烙	脑炎、抽风、破伤风
山根	拱嘴上弯曲部,即上唇与吻突相连处向后第一条皱纹上,正中1穴,两侧旁开约1 cm处各1穴,共3穴	小宽针或三棱针垂直刺入0.5~1 cm	中暑、感冒、支气管炎、消化不良
鼻中（鼻梁）	两鼻孔正中,1穴	小宽针或三棱针垂直刺入0.5 cm	感冒、三焦积实
太阳	外眼角后上方2 cm凹陷处的血管上,左右侧各1穴	小宽针顺血管刺入1 cm,出血	结膜炎、感冒、中暑、热性病
睛俞	上眼睑正中与上突下缘之间,左右眼各1穴	下压眼球,以毫针沿眶上突下缘向内上方刺入0.5~1 cm	结膜炎、角膜炎
睛明（睛灵）	内眼角下部（泪切迹）的凹陷中,左右眼各1穴	上压眼球,以毫针向内方刺入0.5~1 cm	结膜炎、角膜炎
脑俞	眼眶后上方,下颌关节前上缘的凹陷中,即外眼角与耳根连线的中点处,左右侧各1穴	圆利针或毫针向前下方(即对侧眼球方向)刺入1~2 cm	脑炎、癫痫
转脑	在太阳穴后上方,下颌关节前上缘骨缝中,左右侧各1穴	毫针斜向后下方刺入2 cm	感冒、脑炎、癫痫
承浆	在下唇正中,有毛与无毛交界处,1穴	毫针或圆利针向上斜刺1~1.5 cm	下唇肿、口疮、胃火、歪嘴风
锁口（口角）	口角后上方约2 cm处,左右侧各1穴	毫针或圆利针向上方斜刺1~2 cm	破伤风、歪嘴风、颊部肿胀
开关（颊车）	口角后方,第三对臼齿间,左右侧各1穴	毫针或圆利针向上方斜刺1~2 cm	破伤风、歪嘴风、颊部肿胀
抱腮（牙关）	开关穴后方,最后上下臼齿间,左右侧各1穴	毫针或圆利针向上方斜刺1~2 cm	破伤风、歪嘴风、颊部肿胀

穴 名	穴 位	针 灸 法	主 治
风池	在天门穴旁,寰椎翼前缘直上部的凹陷中,左右侧各1穴	毫针或圆利针垂直刺入1～1.5 cm	感冒、颈风湿
风门	耳根后下方,寰椎翼前缘下部与腮腺之间凹陷中,左右侧各1穴	毫针或圆利针垂直刺入1～1.5 cm	感冒、中暑
玉堂	上颚第三棱正中线两侧各1穴	保定患猪,用木棒或开口器使嘴张开,以三棱针从口角斜刺入0.5 cm	胃火、舌疮、心肺积热
耳尖（血印）	耳尖背面3条血管上,每耳各3穴	小宽针或三棱针顺血管刺入0.5 cm,出血	感冒、中暑、中毒、腹泻
卡耳	耳郭中下部避开血管处（内外侧均可）,左右侧各1穴	中宽针在穴位皮下刺成1个皮下囊,深2～3 cm,嵌入适量白砒或蟾酥等,将白酒或乙醇少许针孔,轻柔即可	感冒、风湿症、热性病
耳根	耳根后,与寰椎翼前缘之间的凹陷中,左右侧各1穴	毫针或圆利针向内下刺入1～2 cm	感冒、中暑、歪嘴风
耳下（耳门）	耳根下,腮腺上缘的凹陷中,左右侧各1穴	毫针向内下方刺入1～1.5 cm	歪嘴风、感冒
耳上筋（脑筋）	在耳内面,前耳褶的中、下1/3交界处,左右侧各1穴	毫针沿皮下平刺入至耳基部	感冒
耳中筋（心筋）	在耳内面,中耳褶的中、下1/3交界处,左右侧各1穴	毫针沿皮下平刺入至耳基部	歪头,左歪刺右耳,右歪刺左耳
喉门（锁喉）	第一气管轮两侧的凹陷中,左右侧各1穴	毫针或小宽针垂直刺入1～1.5 cm(不要穿透气管)	咽喉炎、喉头麻痹
颈黄	颈部两侧,下颌骨颈角与肩关节连线中点,左右侧各1穴	中宽针在穴位处刺破皮肤,穿成皮下囊（约2 cm深）嵌入白砒	黄症、感冒、风湿症
刮喉	由咽喉至胸骨突部皮肤上	先擦以盐水,以刮痧器逆毛刮皮肤,出现淤毛斑为止	咽喉肿痛、感冒、肺热
膊尖	肩胛骨前角与肩胛软骨相接处的凹陷中,左右侧各1穴	毫针向内下方刺入1.5～2.5 cm	前肢风湿、肩胛痛及扭伤

穴　名	穴　　　位	针　灸　法	主　　治
膊栏 （肩中）	肩胛骨前缘下方约 6 cm 处，左右侧各 1 穴	毫针向内下方刺入 1.5～2.5 cm	前肢风湿、肩 胛痛及扭伤
肺门	肩胛骨后角与肩胛软骨相 接处的凹陷中，左右侧各 1 穴	毫针向前下方刺入 1.5～2.5 cm	肩胛风湿、闪 伤、咳嗽、喘气、 肺气肿
肺攀	肩胛骨后缘，肺门穴前下方 6 cm 处，左右侧各 1 穴	毫针向前下方刺入 1.5～2.5 cm	肩胛风湿、闪 伤、咳嗽、喘气、 肺气肿
抢风 （宏俞）	肩关节与肘头连线中点的 凹陷中，左右侧各 1 穴	毫针垂直刺入 3 cm	前肢风湿、前 肢闪伤
冲天	肩胛骨后缘中部抢风穴后 上方 3 cm 的凹陷处，左右侧 各 1 穴	毫针垂直刺入 3 cm	前肢风湿、前 肢闪伤
膊俞	臂骨外上髁上缘与尺骨肘 突前缘之间的凹陷中，左右侧 各 1 穴	毫针垂直刺入 1.5～ 2.5 cm	前肢风湿、肘 头肿痛
前结带	肘骨突后方胸壁皮下的硬 实滑动肌处，左右侧各 1 穴	取仰卧，两前肢前伸， 以小宽针或圆利针从下 方插入至硬实肌腱	尿闭、肚胀
刮泽	两前肢内侧肘关节下方至 腕关节的皮肤上	先擦盐水，以刮痧器逆 毛刮之，出现淤血状为止	呕吐、腹泻、 中暑、腕肿痛
七星	前肢腕后内侧，有 5～7 个 黑色小点，取中间点为穴，左 右肢各 1 穴	提起前肢，以毫针垂直 刺入 0.5～1 cm	腕肿痛、饲料 中毒
前灯盏	前肢两悬蹄后下方正中的 凹陷中，左右蹄各 1 穴	圆针或小宽针向内下 方刺入 0.5～1 cm，出血	蹄炎、中暑、 过劳
前缠腕 （前寸子）	前肢内外悬蹄旁上方的凹 陷处，每蹄左右侧各 1 穴	小宽针向后下方顺血 管刺入 0.5～1 cm，出血	球节捻挫、蹄 炎、风湿、中暑
永泉	前肢蹄叉正中上方 1.5 cm 处，左右蹄各 1 穴	小宽针顺血管刺入 0.5～1 cm，出血	感冒、中暑、 蹄炎、饲料中毒
前蹄头 （前八字）	前蹄叉上缘两侧，有毛与无 毛交界处，每蹄内外侧各 1 穴	小宽针顺血管刺入 0.5～1 cm，出血	感冒、中暑、 蹄炎、饲料中毒
前蹄门	前蹄后面，弹子头后上缘， 每蹄内外侧各 1 穴	小宽针顺血管刺入 0.5～1 cm，出血	蹄炎、肚痛、 过劳

穴　名	穴　位	针　灸　法	主　治
前蹄叉	前蹄缝上方缝末端处，左右蹄各1穴	毫针顺皮下向腕关节的方向刺入3～5 cm	感冒、消化不良、扭伤、风湿、热性病
大椎	在第七颈椎与第一胸椎骨棘突间的凹陷中，1穴	毫针向前下方刺入3～5 cm	感冒、咳嗽、热性病
三台	第二、第三胸椎骨棘突间的凹陷中，1穴	毫针向前下方刺入2.5～4 cm	项脊风湿、感冒、热性病
身柱（鬐甲）	第三、第四胸椎棘突间的凹陷中，1穴	毫针向前下方刺入2.5～4 cm	脑炎、癫痫、感冒、热性病
苏气	第四、第五胸椎棘突间的凹陷中，1穴	毫针顺棘突方向刺入2.5～4 cm	肺热、咳嗽、感冒、气喘
三川（灵台）	第五、第六胸椎棘突间的凹陷中，1穴	毫针向前下方刺入2.5～3 cm	咳嗽、气喘、肩风湿
断血	第十三与第十四胸椎、第十四胸椎与第一腰椎、第一与第二腰椎棘间凹陷中各1穴	毫针略向前下方刺入1.5～2.5 cm	尿血、便血及阉割出血
肺俞	倒数第六肋间，背最长肌与髂肋肌之间的肌沟中，左右侧各1穴	毫针或圆利针向内下方刺入1.5～2.5 cm	肺热咳、感冒、气喘
肝俞	倒数第四肋间，背最长肌与髂肋肌之间的肌沟中，左右侧各1穴	毫针或圆利针向内下方刺入1.5～2.5 cm	黄疸、眼病、消化不良
脾俞	倒数第三肋间，背最长肌与髂肋肌之间的肌沟中，左右侧各1穴	毫针或圆利针向内下方刺入1.5～2.5 cm	脾胃虚弱、便秘、膈肌痉挛、腹泻
胃俞	倒数第二肋间，背最长肌与髂肋肌之间的肌沟中，左右侧各1穴	毫针或圆利针向内下方刺入1.5～2.5 cm	脾胃虚弱、便秘、膈肌痉挛、腹泻
大肠俞（六脉）	倒数第一肋间，背最长肌与髂肋肌之间的肌沟中，左右侧各1穴	毫针或圆利针向内下方刺入1.5～2.5 cm	脾胃虚弱、便秘、膈肌痉挛、腹泻
关元俞	第十四肋骨后缘与第一腰椎横突顶端之间，背最长肌与髂肋肌之间的肌沟中，左右侧各1穴	毫针或圆利针向内下方刺入1.5～2.5 cm	便秘、腹泻

穴　名	穴　　位	针　灸　法	主　治
带脉	胸壁两侧，肘突后约 4.5 cm 处的血管上，左右各 1 穴	宽针顺血管刺入 0.5～1 cm，出血	脑炎、中暑、饲料中毒
刮肋	在第二肋与第九肋间的皮肤上	刮痧器蘸盐水逆毛刮皮，出现淤血斑为止	感冒、中暑
肾门	第三、第四腰椎棘突间凹陷中，左右各 1 穴	毫针或圆利针垂直刺入 1.5～2.5 cm	腰风湿、肾炎、膀胱炎
百会（千金）	腰椎与荐椎之间的凹陷中，1 穴	毫针或圆利针垂直刺入 1.5～2.5 cm	腰胯风湿、脱肛、二便闭结、瘫痪
开风	在第三、第四荐椎棘突间凹陷中，1 穴	毫针或圆利针垂直刺入 1.5～2.5 cm	腰胯风湿、脾胃虚弱
尾跟	第一、第二尾骨间背面的凹陷中，1 穴	毫针垂直刺入 1～1.5 cm	热症、便秘、风湿
尾本	尾部腹面，距尾跟约 1.5 cm 处血管上，1 穴	小宽针顺血管刺入 0.5～1 cm	中暑、肠炎、腰胯风湿
尾尖	尾巴尖部，1 穴	小宽针垂直刺入 0.5～1 cm	中暑、感冒、中毒、肚痛
巨阙	腹中线上，胸骨后缘与中脘连线前，中 1/3 交界处，1 穴	毫针垂直刺入 1～1.5 cm	胃寒、腹泻、咳嗽、气喘
上脘	腹中线上，胸骨后缘与中脘连线前，下 1/3 交界处，1 穴	毫针垂直刺入 1～1.5 cm	胃寒、腹泻、咳嗽、气喘
中脘	胸骨后缘与肚脐连线中点，1 穴	毫针垂直刺入 1～1.5 cm	胃寒、腹泻、咳嗽、气喘
下脘	中脘穴与肚脐连线上、中 1/3 交界处，1 穴	毫针垂直刺入 1～1.5 cm	胃寒、腹泻、咳嗽、气喘
肚口	肚脐正中，1 穴	艾灸 5～10 min	胃寒、肚痛、腹泻
上窨中窨下窨（六眼）	在第一至第三荐椎棘突外侧与荐结水平线的交点处，左右侧各 3 穴	毫针或圆利针垂直刺入 3 cm	腰胯风湿、阳痿、膀胱炎
海门（天枢）	肚脐两侧旁开 1.5 cm 处，左右侧各 1 穴	毫针垂直刺入 1～1.5 cm	仔猪拉稀、尿闭

穴 名	穴 位	针 灸 法	主 治
阳明	前后两对奶头根部旁开1.5 cm 处,左右侧各 1 穴	毫针垂直刺入 1～1.5 cm	乳腺炎、不孕、催情
乳基	近肚脐的 1 对乳头基部各 1 穴,为中间乳基穴,前后各隔 1 对乳头的基部各 1 穴,为前乳基穴,后乳基穴,共 6 穴	毫针垂直刺入 1～1.5 cm	乳腺炎、膀胱炎、热毒症
莲花	肛门处,1 穴	先将肛门去垢、清洗、消毒,再用 2% 的明矾水、盐水或硼酸水冲洗,后用圆利针多点针刺,再涂上植物油,缓慢整复	脱肛
后海(交巢)	肛门与尾跟间的凹陷中,1 穴	将尾举起,以毫针向前刺入 3～5 cm	泄泻、便秘
阴俞(会阴)	公猪在阴囊缝线后上部,母猪在肛门与阴门的凹陷中点处,左右侧各 1 穴	毫针垂直刺入 1～1.5 cm	膀胱炎、子宫炎、阴道脱、睾丸炎、垂缕不收
环中	股骨中转子前上方,即髂骨外角缘与坐骨结节连线的中点处,左右侧各 1 穴	毫针或圆利针垂直刺入 2～3 cm	后肢风湿、骨胯扭伤
环后	环中穴斜后方,股骨大转子前上缘的凹陷中,左右侧各 1 穴	毫针或圆利针垂直刺入 2～3 cm	后肢风湿、骨胯扭伤
大胯	股骨中转子前下方的凹陷中,左右侧各 1 穴	毫针或圆利针垂直刺入 2～3 cm	后肢风湿、骨胯扭伤
小胯	股骨第三转子后下方的凹陷中,左右侧各 1 穴	毫针或圆利针垂直刺入 2～3 cm	后肢风湿、骨胯扭伤
后结带	膝盖前方,腹壁两侧皮下的硬实滑动肌腱处,左右侧各 1 穴	小宽针或圆利针从下向上平刺至硬实滑动肌腱(皮下针)	便秘、肚胀
汗沟	坐骨弓下方,股二头肌与半腱肌腱的肌沟中,左右侧各 1 穴	毫针或圆利针垂直刺入 2～3 cm	后肢风湿、坐骨神经痛、髋关节扭伤

穴 名	穴 位	针 灸 法	主 治
掠草	膝关节前下缘稍偏外的凹陷中，左右肢各1穴	圆利针向后上方刺入1～1.5 cm	膝关节痛、后肢风湿
后三里	小腿外侧、膝盖骨后下方约5 cm处的凹陷中，左右肢各1穴	毫针或圆利针向内后方朝胫腓骨方向刺入2～3 cm	消化不良、腹痛、拉稀、后肢风湿
曲池（追风）	后肢跗关节前方稍内侧的凹陷中，左右肢各1穴	小宽针顺血管刺入0.5～1 cm	后肢风湿、跗关节炎、脾胃虚弱
刮曲	跗关节腹侧的皮肤上，左右肢各1穴	先涂盐水，以刮痧器逆毛刮之，皮肤出现淤血斑为止	呕吐、腹泻、中暑
后灯盏	后肢两悬蹄后下方正中的凹陷中，左右蹄各1穴	小宽针向下方刺入0.5～1 cm	蹄炎、中暑、过劳
后缠腕	后肢内外悬蹄旁上方凹陷中，左右蹄各1穴	小宽针向下方顺血管刺入0.5～1 cm	球节捻挫、蹄炎、风湿、中暑
滴水	后蹄叉正中上方1.5 cm处，左右蹄各1穴	小宽针向下方顺血管刺入0.5～1 cm	感冒、中暑、蹄炎、饲料中毒
后蹄头	后蹄叉上缘两侧，有毛与无毛交界处，每蹄内外侧各1穴	小宽针顺血管刺入0.5～1 cm	感冒、中暑、蹄炎、饲料中毒
后蹄门	后蹄后面，弹子头后上缘，每蹄内外侧各1穴	小宽针顺血管刺入0.5～1 cm	蹄炎、肚痛、过劳
后蹄叉	后蹄缝上方，蹄缝末端处，左右蹄各1穴	毫针顺皮下向跗关节方向刺入3～6 cm	感冒、消化不良、风湿、热性病

八、防御病弱猪的措施

养猪场难免会发生畜死亡，应切实做好防御病弱猪相对应的措施。

养，即营养：是能够打造动物内部免疫力的营养，与环境、管理、设备、品种统称为猪场经营管理的五大要素。同时把养提高一个高度来认识，即"养重于防"。

防，即预防：在有可能发病的时候，提前采取措施预防疾病的发生。

治，即治疗：要治疗的猪必须是有价值的。治疗时，必须有疗程，明白药物的配伍禁忌，认真查看说明书。

隔，即隔离：引种要隔离，病猪更要隔离。隔离是防止疾病传播的有效措施。

淘，即淘汰：猪场经营的策略是实现利润最大化，对于那些不能带来利润的病弱猪要积极地及时的淘汰。发病淘汰必然趋势。饲养病弱猪，不但占据饲养空间还浪费母猪的乳汁和饲养员的劳动力，更重要的是不但自身生长不好还会影响其他猪只的健康和生长。

九、猪常见病防治

猪只发病不可避免，大多死亡，发于病毒，死于细菌。发病并不可怕，最怕的是不知道发病的原因。加强饲养管理，减少应激，提高猪只免疫力，关注生物安全，刻不容缓。坚持"预防为主，防重于治"方针，牢记原则：传染性强者不治；无法治疗者不治；费时费工者不治；愈后无价者不治；费用昂贵者不治。发病淘汰是必然趋势。

（一）仔猪红痢

红痢，即魏氏梭菌性肠炎，又称仔猪传染性坏死性肠炎。广泛存在于猪群。二类传染病。由 C 型产气荚膜梭菌引起的 1～3 日龄仔猪高度致死性的毒血症，也见 5～7 周龄猪发病。仔猪腹泻，粪便有气泡，后躯沾满血样稀粪，消瘦，脱水，最后死亡。该病有最急性型、急性型、亚急性型和慢性型之分。病畜及其代谢产物、垫料是主要传染源。目前本病治疗效果较差。

剖检：小肠严重出血，肠壁增厚，肠系膜淋巴结鲜红色，肠腔充满含血的液体，以坏死性炎症为主，脾边缘有小点出血，肾灰白色有出血点，腹水增多。

实验室诊断：涂片镜检，酶联免疫吸附试验，酶标等。

防治：① 注射疫苗；② 加强消毒，母猪进产房前洗刷等；③ 新生乳猪注射或口服抗生素(青霉素＋链霉素);④ 血清治疗。

(二) 仔猪黄痢、白痢

仔猪黄痢、白痢由大肠杆菌引起的一种急性肠道疾病。当肠管内细菌平衡失调时,大肠杆菌增多而引起大肠杆菌病流行。血清型很多。以幼龄猪最易感。最后患猪因机体脱水、酸中毒而致死亡。世界各地均有发生,以早春、严冬、盛夏发病较多。尤以气候骤变时发病率显著上升。黄痢于产后一星期左右发生,粪便黄色,死亡率几乎 100%。白痢于产后 2～3 星期发生,粪便白色,死亡率较低。它们皆有粪便沾附肛门、消瘦、脱水死亡的共征。

剖检:肠道臌气,肠壁薄,肠系膜淋巴结肿胀、出血,肝、肾有凝固性坏死灶。

实验室诊断:血清学检查,酶联免疫吸附试验。黄痢、白痢的粪便 pH 偏碱性。

防治:① 注射疫苗(K_{88}、K_{99}、987P、F_{41}、LT‐B);② 母猪产后注射抗生素、鱼腥草液,冲洗子宫;③ 一般抗生素、磺胺类、呋喃类药物和中草药物均有疗效;④ 给患猪补液(口服、静注);⑤ 用鸡蛋清(含异原蛋白)向患猪腹腔注射或口服,每头每次 3～6 mL,每日 2 次,效果良好;⑥ 加强饲养管理及卫生、保温工作。

(三) 水肿病

水肿病是由溶血性大肠杆菌分泌的 VT 毒素引起的一种急性疾病。另外缺硒(饲料、环境)、饲养密度高也能引起该病的发生。多发于 5～15 周龄健壮的仔猪,每窝仅发 1～2 头,突发又突然停止,死亡率高,有特殊的规律性。体温不高,个别 40.5℃,共济失调,眼睑和头颈部出现水肿,触之惊叫,身毛稀处有红紫斑,麻痹,呼吸困难,口鼻流沫,抽搐死亡。注意与脑炎型链球菌区分。发病日龄的区别:脑炎型链球菌病各年龄猪均可发生,规模化猪场多见 20 日龄左右发生;水肿病仅断奶前后到断奶后 3～4 周发生。体温的区别:链球菌病的体温升高到 41～42℃,而水肿病自始至终体温正常。神经症状的区别:链球菌病病猪死前四肢划动,而水肿病死前全身麻痹。

剖检：可视黏膜有不同程度充血、出血，浆膜腔积液暴露空气后凝成胶冻状。

实验室诊断：血清学检查，酶联免疫吸附试验（ELISA）。

防治：① 注射水肿疫苗；② 加强消毒；③ 改变饲料，降低蛋白（青饲料、酶制剂、酸制剂）；④ 一般抗生素、磺胺类、呋喃类都有效（用维生素 C，腹腔注射 40~60 mL/头温热多维葡萄糖效果良好）。

（四）链球菌病

病原链球菌是 C、D、E、L 群链球菌的总称。主要由 β 溶血性链球菌引起有多种血清型的传染病。人畜共患，二类传染病。易感动物较多，一年四季都可发生，多发于仔猪。患病和病死动物是主要传染源，主要经呼吸道和受损皮肤及黏膜感染。临诊表现多种多样。猪常见败血型、淋巴脓肿型、脑膜脑炎型、心肌内膜型及子宫炎型。有的表现局部感染，关节腔内有炎性化脓液。子宫炎型易使怀孕母猪发生阴道炎及流产或产死胎现象。另外，链球菌病与副猪嗜血杆菌病也有些相似，链球菌病有疼痛嚎叫现象，然，副猪嗜血杆菌病只有在触摸时才发生因疼痛而嚎叫的现象。

防治：① 注射链球菌疫苗；② 加强消毒；③ 综合防治对症治疗，如支原净、氟甲砜霉素、先锋霉素、沙星类有效，但慎用安乃近。

另外，脓肿型可手术。其具体步骤为清洗、排脓、抗菌、消炎、包扎和护理。

（五）沙门氏菌病

沙门氏菌病是由沙门氏菌属细菌引起的疾病的总称。又名副伤寒。三类传染病。血清类型有很多，但仅有 3 个型对人、畜、家禽以及其他动物有致病性。主要发在应激状态下的断奶仔猪，反复发作。本病有急性、亚急性、慢性之分。一般呈散发性或地方流行性，一年四季都可发生，潮湿季节多见。病猪和带菌猪及其排泄物、母猪分泌物都是主要的传染源。病菌潜藏于消化道淋巴组织和胆囊内，经消化道感染，毒力因连续感染而增强。体温升高（41~42℃），精神不振，不食，腹泻，呼吸困难，毛稀处有紫色斑点，肢体末端发绀，被毛粗乱,生长发育不良,体质弱。总之,临诊多为败血症和肠炎,母猪也可流产。

剖检:淋巴、肝、脾肿大,间质性肺炎,局灶性肝坏死。

实验室诊断:血清学检查、酶联免疫吸附试验。

防治:① 注射沙门氏菌疫苗;② 加强饲养管理;③ 减少应激;④ 加强消毒;⑤ 常规治疗:目前效果有限,氟甲砜霉素,大环内酯类有效。

(六) 萎缩性鼻炎

萎缩性鼻炎是由支气管败血波氏杆菌引起的一种慢性呼吸道传染病。二类传染病。任何年龄猪都可感染本病,常见2~5月龄,但以仔猪易感染性最大。多发于春秋,呈地方流行性,病猪和带菌猪飞沫是主要传染源,其次是犬、猫、兔、鼠、狐及人均可带菌,甚至引起鼻炎、支气管肺炎等由接触经呼吸道水平传播的疾病。病猪生长缓慢,国内地方猪较少发此病。鼻炎,摩擦鼻腔出血,鼻梁变形,鼻甲骨萎缩,鼻甲骨下卷曲最常见。上腭缩短,打喷嚏,鼻塞,颜面部变形或歪斜,呼吸困难。应注意与坏死性鼻炎和骨软病相区别。

实验室诊断:X线摄片、血清学检查。

防治:① 检疫;② 免疫;③ 加强饲养管理;④ 加强消毒;⑤ 该病对卡那霉素、庆大霉素、链霉素及磺胺类药敏感。

注:麻黄素、地塞米松各2 mL,溶解80万U青霉素、50万U链霉素配成混合液,将猪头向上保定,将此混合液2 mL滴入患孔内,猪鼻窦炎一般一次见愈,严重者药液加重。

(七) 猪气喘病

本病即猪地方流行性肺炎,又称支原体肺炎。二类传染病。多呈慢性接触性传染。本病仅见于猪,一年四季各种年龄、性别、品种猪都可感染,常呈犬卧式呼吸,无明显的季节性,易重发。仔猪重于大猪,地方猪最为严重。体温正常,咳嗽,喘气。病变特征:肺尖叶、心叶、中间叶和膈叶前缘呈肉样或虾肉样实质。注意与传染性胸膜肺炎、猪肺丝虫病、蛔虫病引起的咳嗽要相区分。

实验室诊断：X线检查、补体结合、免疫荧光、间接血凝集、酶联免疫吸附试验等。

防治：① 选种、检疫是净化该病的主要手段；② 接种气喘疫苗；③ 选药：支原净，猪喘平，土霉素，林可霉素，卡那霉素，青霉素，链霉素，鱼腥草，蟾蜍注射液，氟苯尼等有效；④ 饲料添加金霉素；⑤ 注意延长疗程。

注意：土霉素要分多点注射。支原净对病毒性疫苗无负面影响，尤其灭活苗，活苗于接种前后一周内未使用就无影响。肺疫与肺炎用药鉴别：肺疫用庆大霉素；肺炎用青霉素、链霉素。

（八）副猪嗜血杆菌病

由于习惯的问题，人们常把副猪嗜血杆菌当成或写成猪嗜血杆菌，不过，它们都暂归嗜血杆菌属，其实，两者间缺乏核酸同源性，分类学位置仍未完全决定，姑且同等罢了。嗜血杆菌是一种不够完备酶系统，需要血液中的生长因子才能生长的细菌，尤其是 X 因子（血红素）和/或 V 因子（烟酰胺腺嘌呤核苷酸，也称为辅酶）。

本病也称革拉瑟氏病，又称纤维素性浆膜炎和关节炎，有人称之为猪副嗜血杆菌病。血清型很多，病菌很难培养。属呼吸道疾病，接触传染，呈散发性，多为慢性经过，也有急性经过。主要侵害哺乳和保育阶段猪（3～10 周龄）。病猪和带菌猪是主要传染源。易与猪气喘病、蓝耳病、圆环病毒病、链球菌病、沙门氏菌病、传染性胸膜肺炎等混合、继发感染，死亡率高。临诊表现为：往往首发为膘情良好猪，发热（40～42℃），呼吸困难（腹式），耳朵发绀，体表皮肤发红或苍白，耳尖发紫，眼睑皮下水肿，关节肿大（关节腔内无炎性液），触摸疼痛嚎叫。个别死前侧卧或四肢呈划水样，有时也会无明显症状突然死亡。未死猪后期咳、瘦、跛、被毛粗乱成为僵猪。目前尚无特效疗法，一旦发病，同圈猪应全部紧急防治效果良好。

剖检：皮下水肿，淋巴结尤其腹股沟淋巴结肿胀切面湿润外翻透明。胸、腹腔积水，少数粘连，肿胀出血、淤血，部分可见胶冻样水肿，肿大，关节有浆液性渗出或少量炎性分泌物。

实验室诊断：酶标。

防治：① 加强饲养（SEW，分段小密度饲养，减少应激）；② 药物：先锋霉素、阿莫西林、氨苄西林、增效磺胺等有效；③ "脉冲氏用药"。

（九）猪放线杆菌胸膜肺炎

本病由胸膜肺炎放线杆菌引起的一种危害严重的猪呼吸系统疾病。一年四季都可发生，春秋多见。主要以短距离空气飞沫传播。有最急性型、急性型、亚急性型及慢性型多种，2～6月龄猪较易发。体温升高，常呆立或犬坐势，张口伸舌，咳嗽，呼吸困难，肺炎，胸膜炎，末梢皮肤发绀，死前口、鼻流大量血性泡沫液体。急性型死亡率高。慢性型常能耐过。

剖检：胸腔积液呈粉红色，肺弥漫性胸膜肺炎，纤维素性腹膜炎，胸膜覆盖淡黄色渗出物，肺粘连，气管和支气管内有泡沫状分泌物，全身肌肉苍白。

实验室诊断：血清学（补体结合试验最可靠）；细菌学。

防治：① 检疫；② 接种疫苗；③ 加强消毒；④ 隔离；⑤ 加强饲养管理；⑥ 抗生素如氟甲砜、阿莫西林、强力霉素、丁氨卡钠、泰乐菌素有效。

（十）增生性肠炎

增生性肠炎又名增生性回肠炎，或坏死性肠炎，又称区域性肠炎。是由细胞寄居和繁殖的拉森氏小杆菌所致的肠道常见综合征。本病广泛流行于全世界，以消瘦，拉稀，肠穿孔为特征，哺乳仔猪和早期断奶猪不见此病，多发于6～12周龄猪。粪便有红、黄、绿色，似油漆状，沾附于肛门及后躯。病猪及排泄物是主要传染源，阳性率高。主要经口接触传播，其次是因饲养管理改变应激所致。慢性因肠腺极度增生阻碍营养吸收，体重下降，饲料利用率降低。急性以小肠和结肠肠道严重出血为主。特别注意本病与肠道综合征、猪痢疾的鉴别诊断。

剖检：小肠末端与大肠交界处50 cm，肠壁增厚。

实验室诊断：酶联免疫吸附试验、荧光抗体、酶标等。

防治：① 加强消毒；② 淘汰；③ 抗生素如泰妙菌素、支原净、利高、大环内酯类有效。

（十一）猪痢疾

猪痢疾又称猪血痢。是由猪痢疾螺旋体引起大肠黏膜发生卡他性出血性炎症的一种肠道传染病。以黏液出血性泻痢为特征。三类传染病。血清型7种。本病无明显的季节性，猪各种年龄均可感染。有急慢性之分，以2～3月龄的幼猪发生最多。经消化道感染，病猪及带菌猪是主要传染源，其次老鼠是不可忽视的传染源和传播者。康复猪带菌率很高。据调查，发此病大多因不慎引种所致。本病流行缓慢，持续时间长，停药后往往复发，导致较难净化的顽固性疫病。猪梭菌性肠炎往往因荚膜产气梭菌引起肛门流血现象，诺维氏梭菌可引起"猝死症"。症状为体温升高至40～40.5℃，泻痢，排出黄褐色或灰色稀粪，混有黏液及血液，后期失禁，肛门及尾根周围常被沾污。

剖检：主要病变在大肠（结肠、直肠、盲肠）壁明显肿胀，黏膜高度充血、出血。慢性者见大肠黏膜有点状坏死灶和灰黄色伪膜，胃底黏膜充血。小肠正常。

实验室诊断：粪便镜检、分离、酶标。注意：抗体检测特异性较差，与肠道螺旋体区别。

防治：加强检疫、消毒、淘汰工作。药物：痢菌净、痢特灵、林可、土霉素、硫姆林、万尼霉素、利高霉素等有效。

（十二）口蹄疫

口蹄疫俗称"口癀"、"蹄癀"。国际兽医局（OIE）将其列为A类动物传染病之首，也为重要的人畜共患，我国将其列为一类传染病。是由口蹄疫病毒所引起的偶蹄动物的一种急性、热性、高度接触性传染病。可随空气传播。每当抗体大于1：16，小于1：32时易发。主要因心肌炎致死，故治疗时禁用青霉素。仔猪接种"五号病"苗的首免时间是60～70日龄。该苗注射后28天才能检测到效果。

特征：口腔黏膜、蹄部、乳房有水疱，易破裂，出血，脱壳，尖叫，不食,最后衰竭死亡。本病有多型,目前已知 7 个血清型。口蹄疫病毒能在猪肾、牛肾原代细胞或传代细胞上生长并出现细胞病变。跳跃式传播,一般多在春秋,无严格季节性,各阶段的猪都可发生。牛最易敏感,该病毒在 50% 的甘油生理盐水中存活 1 年以上,但其不耐高温和阳光。对酸、碱很敏感,易被杀灭。

剖检:喉、气管、胃可见圆形烂斑,溃疡及出血性炎症,心包膜有弥漫性点状出血,心肌松软,其切面有灰白色或淡黄色斑点或斑纹似"虎斑心"。

实验室诊断:琼脂扩散、中和试验、反向间接血凝试验。

防治:以"早、快、严、小"为原则。① 接种"五号病"疫苗(佐剂206,2 次/年,注意过敏);② 加强消毒、隔离、扑杀。

(十三) 猪瘟

猪瘟又叫"烂肠瘟",国外称之"猪霍乱"。是由猪瘟病毒引起的高度急性、热性、接触性传染病。一类传染病。有最急性型、急性型、亚急性型、慢性型、温和型之分。患病猪与病死猪及其代谢产物是主要传染源。仅传染猪,死亡率高。弱毒感染不表现临诊症状。通常较常规免疫抗体高两个滴度以上,抗原呈阳性。各阶段的猪一年四季均可发生。本病重在预防,严防继发感染。我国 1954 年成功研制本病疫苗,1956 年提出根除计划,接种每头份 150RID,据报道,近 10年我国流行的猪瘟病毒大都是从欧洲传入的。

本病表现高热不退,眼角有分泌物,皮肤有点状出血且指压不褪色,尿液混浊,公猪有包皮积尿现象。粪便先黑、干硬后腹泻恶臭,喝脏水,喜打堆,共济失调,慢性为僵猪具有特异性免疫。妊娠母猪还会发生流产、产死胎、产弱仔、泌乳量小等现象。急性型为败血症突然死亡。

剖检:各内脏均有出血点,尤其会厌软骨出血及回盲瓣纽扣状溃疡的特征更具有诊断价值。

实验室诊断:分离病毒、检查抗原、抗体。

防治:① 接种猪瘟疫苗(加大头份、母猪空怀期接种更佳);② 加强消毒、卫生;③ 血清治疗;④ 注意免疫失败原因总结。

（十四）圆环病毒病

本病最早发生于加拿大（1977 年），此后很快流行于世界各地（除大洋洲）。该病病毒（PCV）是迄今为止最小的，有 7 个血清型：O 型、A 型、C 型、南非Ⅰ型、Ⅱ型、Ⅲ型和亚洲Ⅰ型。PCV-1 无致病性；PCV-2 为主病原单独或继发（混合）感染其他致病微生物的一种多基因复合症。宿主仅限于猪，主要感染 5～12 周龄的，发病率低，死亡率高。病猪消瘦、苍白、肾病、皮炎、腹泻、呼吸困难，最主要的是引起多系统进行性功能衰弱，有时也继发感染，可见关节炎、肺炎。目前尚无有效疗法。

剖检：淋巴结、脾、肾肿大，表面散布着白色病灶。肠黏膜出血、充血，盲肠有斑区。肺部有散在隆起的橡皮状硬块。

实验室诊断：荧光抗体；抗原、抗体；酶标等。

防治：① 加强消毒、卫生工作；② 综合防治，对症治疗。

（十五）伪狂犬病

本病是由伪狂犬病毒（属疱疹病毒）引起的一种急性传染病。二类传染病。由呼吸道、消化道及损伤的皮肤和黏膜感染，也可通过胎盘感染。以发热和脑脊髓炎为特征。仔猪死亡率高，两周龄内仔猪死亡率 100%。成年猪常为隐性传染，妊娠母猪感染后可引发流产，死胎及呼吸急促，肉猪还有腹泻、水肿、神经等症状。有的能自愈，终身带毒。牛、猪、犬、猫、鼠也可感染。据有关报道，我国猪群伪狂犬病重新流行，2011 年发现伪狂犬新毒株——TJ 株，感染日龄越早，死亡率越高。伪狂犬流行具有新的变化：① 感染后潜伏期更长；② 保育猪，甚至中大猪的临诊症状更加典型严重；③ 种猪终生带毒，造成繁殖障碍和垂直传播；④ 疫苗免疫效果下降。可以通过脐带血检测母猪伪狂犬病毒垂直传播，评估母猪伪狂犬疫苗的免疫效果。本病一般无特征性病变，目前尚无特效药物治疗，必要时紧急接种或用高免血清加抗生素如恩诺沙星治疗。高免血清经冰箱冻存后治疗效果更好。

剖检：眼凹陷有灰圈，皮下有浆液及出血性渗出物浸润，脑膜出血、充血，肠黏膜出血、肺出血、水肿，少数肝有灰白色坏死灶。

实验室诊断：动物接种；荧光抗体（脑或者扁桃体）；琼脂扩散；血清中和试验。

防治：① 检疫；② 接种伪狂犬疫苗；③ 消毒；④ 淘汰阳性母猪；⑤ 血清治疗。

（十六）蓝耳病

本病是由蓝耳病病毒引起的一种繁殖与呼吸综合征，1992 年正式命名为 PRRS。二类传染病。美国 1987 年发现，德国 1990 年发现，荷兰 1991 年发现，我国 1995 年发现。本病暴发至今，已成全球范围内流行，是危害严重的猪的重大传染病。

猪场感染，主要侵袭繁殖母猪和仔猪。临诊表现已从"流产风暴"为特征的暴发型转向损害保育猪为特征的"呼吸障碍"型，并构成仔猪、生长猪呼吸综合征首位原发性病原病。母猪感染后发热、流产，多见妊娠 100～102 天，死胎、木乃伊、弱仔、迟发情。仔猪呼吸困难（肺炎特征），双眼肿胀，结膜炎（有眼屎），蓝耳朵（持续时间短，称一过性），有的能自愈。蓝耳病毒株众多，单一毒株向多毒株共存发展。死苗免疫空白期 21～28 天。

蓝耳病发作时，易混合、继发感染其他的一些呼吸道疾病。卫生差、气候恶劣、饲养密度大可促使本病的流行。病猪和带毒猪是主要传染源。蓝耳病随空气传播速度快，也可垂直传播。该病毒极易变异、重组，至目前尚无缺失现象发生；毒株呈高致病性、低致病性、疫苗毒的多样性；持续感染；免疫抑制。临诊上极难区分疫苗毒与野毒感染。主要病变，高致病性的猪肺呈弥漫性间质肺炎，并伴有细胞浸润和卡他性肺炎区呈鲜红色，而低致病性的呈紫色。本病目前尚无特效药物治疗，主要采取综合防治措施及对症疗法，尽管国家已将本病纳入常规免疫中，但争论较大。

剖检：死胎胸腔内存在大量透明液体；病理变化不完全一致，多数表现肺脏间质增宽、水肿，表面或切面有出血点，切面外翻。个别仔猪可见化脓性脑炎和心肌炎的病变。

实验室诊断：镜检（脑、扁桃体、淋巴结和心）、血清学试验、病毒检测。

防治：① 接种蓝耳病疫苗(经典的也好,变异的也罢,不可随意选用,一定要根据对本场猪抗体检测情况而定,万不可在同一场使用多家毒株苗。尽管是同一毒株,但不是同一厂家生产的也不宜使用。一般情况下,流行期首选活苗,过渡期选弱毒苗,否则,变异。待接种后有稳定,应立即停止再接种。总之,净化、淘汰是最佳的方法)；② 消毒；③ 血清治疗(采病愈后 30～60 天的血液,分离后得血清,以 1 mL 加 0.25 mg 恩诺沙星的剂量于断奶时每头注射 3～5 mL,至 11～13 周龄再注射一次)；④ 抗生素对本病无效,只能用于控制继发感染。

(十七) 细小病毒感染

本病由细小病毒引起的猪的繁殖障碍疾病。二类传染病。该病毒耐热性强,对乙醚、氯仿不敏感。pH 适应范围广。猪是已知的唯一易感动物,不同性别的家猪和野猪都可感染。病猪和带毒猪是主要传染源。该病毒除通过胎盘感染、交配、人工授精感染外,还可由被感染的食物、环境经呼吸道和消化道感染。本病以初产母猪发病为主,一般呈地方流行性散发。不同孕期的感染可分别造成流产(70 天)、死胎(50～60 天)、木乃伊(30～50 天)的不同症状,还可引起产仔弱小、发情不正常、久配不孕现象,但母猪本身无明显症状。感染的胎儿可见充血、水肿、出血、体腔积液、脱水(木乃伊化)、坏死及所产死胎大小不一等病变现象。注：大于 70 日龄木乃伊化胎儿、死胎和初生猪不宜送检。注意本病与蓝耳病的区别：本病母猪怀孕 2～3 周,细小病毒可经胎盘传给胎儿,并在子宫内缓慢传播但不一定感染整窝胎儿。35 天前感染,则被吸收；35 天后感染,则形成木乃伊。由于细小病毒在子宫内传播速度很慢,所以可以引起分娩延迟,木乃伊的大小很不一致,每窝产仔数差别很大。而蓝耳病：母猪发情延迟,分娩率低,年产仔数少,断奶体重轻,存活率低,妊娠后期流产率高,哺乳期呼吸困难,咳嗽。二者都可以引起繁殖障碍病,流产,死胎,木乃伊。

实验室诊断：血清中和试验；血凝抑制试验；酶联免疫吸附试

验;琼脂扩散试验;补体结合试验。

防治:① 检疫;② 免疫。

(十八) 乙型脑炎

本病又称日本乙型脑炎。是由流行性乙型脑炎病毒引起的一种蚊媒病毒病,人畜共患。二类传染病。主要传播媒介是蚊虫,流行有明显的季节性,常呈散发性。在人和家畜中,马属动物、牛、猪、羊等均有易感性,马最易感,人次之。母猪表现出流产、死胎、木乃伊、弱仔多;流产胎儿头大,解剖常见脑水肿。初产母猪多见,常是 114 天后分娩,胎衣不下,木乃伊胎儿从拇指个儿大小到正常大小,所产死胎大小均匀一致,少数母猪流产后从阴道流出红褐色乃至灰褐色黏液,易发子宫炎,影响下一次发情、受胎,但对继续繁殖无影响。死仔见关节畸形,脑壳软,易打开;中猪有时可表现后肢麻痹,视力障碍,摆头,乱冲撞;公猪表现睾丸炎、表面光滑及大小不一,精子畸形多,活力差。本病尚无特效疗法,解毒、护理、综合防治有效。

实验室诊断:病毒分离、血清学。

防治:① 免疫(150 日龄首免);② 杜绝传播媒介。

(十九) 猪传染性胃肠炎

本病是由胃肠炎病毒引起的猪的一种高度接触性肠道疾病。属三类传染病。只有一种血清型,易与 PCV 混存。本病易感动物只有猪。有明显的季节性,一般多发于冬春。新疫区呈流行性,老疫区呈地方流行性。10 日龄以内仔猪病死率高达100%,5 周龄以上猪的死亡率很低,成年猪几乎无死亡。各种性别年龄的猪都可发生。病猪和带毒猪及其代谢产物是主要传染源,由消化道和呼吸道传染,一般的消毒液都有防治效果。但本病尚无特效药物治疗。主要特征为呕吐、腹泻、失水。食欲不振或废绝通常只有一天。粪便黄、绿或白色呈喷射状,5~8 天后泻停而康复。

剖检:胃内充满乳块,胃底黏膜出血、充血,小肠壁薄半透明,肠内充满黄绿或灰白色液体,含有气泡和凝乳块,绒毛短,肠系膜淋巴结肿胀。

实验室诊断:荧光抗体;病毒中和试验;抗原检查;血清学;ELISA。

防治：① 加强消毒、保暖、卫生；② 增饮人工盐；③ 防止继发感染。

（二十）猪流行性腹泻

本病是由猪流行性腹泻病毒（属冠状病毒科）引起的一种急性接触性肠道腹泻性传染病。各年龄的猪都可发病，但年龄越小发病率越高，死亡率也越高。但杜洛克猪、地方猪和杂交猪发病率较低。冬季多见，夏季少见。表现呕吐、腹泻、脱水。与猪传染性胃肠炎极为相似。该病易与猪传染性胃肠炎、圆环病毒病、增生性肠炎、轮状病毒、细菌性肠炎相混淆。更值得注意的是，与断奶猪多系统综合征腹泻的区别。

防治：同猪传染性胃肠炎；本病死亡率略低于猪传染性胃肠炎。

（二十一）断奶猪多系统综合征

本病1991年加拿大首次报道，1997年定为断奶猪多系统综合征（PMWS），由PCV-2及蓝耳病、细小病毒病、气喘病、副猪嗜血杆菌病、霉菌毒素、附红细胞体病等引起的一种新的、慢性、进行性、高致死率的传染病。该病主要破坏猪免疫系统。多发于5～16周龄的猪，以8～12周龄为常见。存活病猪多为僵猪。潜伏期可达2个月。共同特征：多系统进行性功能衰竭，消瘦，生长慢，呼吸困难，体表淋巴结肿胀。少见症状：苍白，腹泻，黄疸。此病的重发可能与品种有关，以皮特兰血统猪多发。

剖检：全身淋巴结肿大，肺表面有红色至灰褐色斑点，间质性肺炎。手触之有橡皮感。肝脏、黄疸萎缩。肾肿胀，有大量灰白色病灶（即白色斑肾），有出血点。胃无腺区溃疡，如继发细菌感染病变更为复杂。例PCV-2感染可使猪体表可见非寄生虫病或非坏死性杆菌引起的出血坏死。

实验室诊断：酶标核酸探针（聚合酶链式反应）、核酸杂交、病毒分离。注：检到此病毒并不一定证明该猪场要发病。

防治：① 加强饲管（提倡自繁自养、早期断奶、分段保育等）；② 综合防治。

(二十二) 呼吸道病综合征

本病由多种病毒和细菌共同或先后感染,且互相间具有协同和加强作用综合征。有猪肺炎支原体的存在更易使其他的病毒、病菌侵袭感染。诱发本病的主要因素与猪场的结构、饲养管理有关。

本病常见于集约化猪场 1～20 周龄猪,多暴发于 6～10 周龄,体温升高,急性突然死亡。呼吸困难,个别咳嗽,结膜炎,眼分泌物多;慢性猪生长缓慢,腹泻,喜打堆,消瘦,僵猪比例升高。哺乳仔猪以呼吸困难和神经症状为主。病猪和带菌猪及其分泌物、代谢物是主要接触传染源。

剖检:所有得此病的猪均出现不同程度的肺炎,小部分病猪可见肝肿大、出血;淋巴结、肾、膀胱、喉头有出血点,四肢末端紫色。但无特征性表现。

实验室诊断:病毒或细菌分离,血清学。

防治:加强饲养管理(早期断奶、分段保育、减少应激、氨气密度、卫生)。

(二十三) 猪皮炎与肾病综合征

本病由 PCV-2 引起,多发于 8～16 周龄,个别 4 周龄始发。皮肤红疹,后期苍白,消瘦,严重者满身有紫红色斑点。

发生原因:① 周围环境卫生差;② 应激频繁;③ 蓝耳病严重;④ 饲料霉菌素严重。

防治:① 一般抗生素有效,联合抗毒素使用效果更佳。② 饲料中添加脱霉剂。③ 巧用酸化剂。

(二十四) 附红细胞体病

本病是由附红细胞体寄生于红细胞表面游离于血浆或骨髓中而引起的一种传染病。人畜共患,很多动物体内有附红细胞体。本病病原体分类学定位尚有争议,有的归属立克次氏体目。附红细胞体无细胞壁、无鞭毛;对干燥和化学试剂抵抗力弱,但对低温抵抗力强,一般消毒剂均可杀死,5℃存活 5 天,冰冻凝固的血液中可存活 31 天,冻干保存可存活 765 天。本病传播途径尚不清楚(有报道:接触性传播、血源性传播、垂直性传播、媒介昆虫传播等),生活史尚不清楚。目前多发于应激状态下及夏秋或雨水较多季节。有相对宿主特异性,一般不能相互感染。临诊表现眼圈、肛门、乳头发紫。病初期青霉素有效,后期无效,首选药土霉素,对磺胺类不敏感。症状为高热,黏膜黄染,贫血,背腰及四肢末梢淤血,淋巴结肿大,还可以出现心悸及呼吸加快,腹泻。病程长短不一。妊娠母猪可引起流产、早产,但不见木乃伊。有的猪背部条形带明显。总之,主要以发热、贫血、黄疸为特征。

剖检:可见皮肤黄染,肝、脾肿大,胆汁浓稠,各内脏有炎性变化。

实验室诊断:镜检、心衰竭和淋巴结锈色沉积(黄染)和血浆中有增殖虫体(5 个红细胞体)。

防治:① 首选药物 914、土霉素,其次阿散酸、强力霉素、林可霉素、卡那霉素;② 消毒;③ 防止(换针头,打耳标,耳号,人工授精等时间)交叉感染;④ 驱虫;⑤ 场内禁养猫、狗,消灭老鼠;⑥ 建议:每吨饲料添加阿散酸 100～200 mg/kg、四环素 600～800 mg/kg。砷制剂酸性好于碱性。

(二十五) 寄生虫病

寄生虫病是由寄生虫为害引起的疾病。常见的有内寄生虫、外寄生虫或称土源寄生虫、生物源寄生虫。

防治原则:① 驱虫药物要具备广谱,高效,安全,价廉,使用方便,无耐药性,低产留,促生长,卫生;② 定期驱虫。母猪每胎 1 次,肉猪全生长期 2～3 次。不论何阶段何品种猪的驱虫宜连续 2 次,间隔 10～15 天;③ 母猪产仔时垫草宜用陈旧的干净稻草。④ 常用药物:内外驱、敌百虫、丙硫咪唑、吡喹酮、磺胺喹噁啉、氯苯胍、氨丙啉、左旋咪唑(新发现有抗癌作用。超量能致死,用时宜配地塞米松)、伊维菌素等;⑤ 磺胺类药物有良好的治疗效果;⑥ 驱虫后洗胃、健胃,饲用好料效益更佳。

注:阿维菌素到伊维菌素到多拉菌素三代菌素;左旋咪唑对线

虫无效,左旋咪唑中毒可用维生素 C 及多维葡萄糖腹腔注射解救;它们联合使用效果良好。

(二十六)真菌毒素中毒

真菌毒素包括黄曲霉毒素、赤霉菌毒素等,广泛存在于粮食和饲料中。以主要侵害肝脏,导致全身性出血、消化功能障碍和神经症状为特征。黄曲霉毒素及其衍生物有 20 多种,其中 8 种有致癌作用,以 B_1、B_2 和 G_1、G_2 毒力最强。目前所谓的黄曲霉毒素均指 B_1(简写 AFT—B_1)。危害多表现于雏禽、仔猪。赤霉菌(镰刀菌)既可感染作物穗期(如小麦,T-2 毒素,于猪表现呕吐、腹泻、拒食),也可在贮藏期感染(如玉米,F-2 毒素中毒,主发于猪尤其后备母猪,表现阴道炎、外阴水肿等。雌性激素综合征即雌性发情、不育和流产),故检毒、防毒势在必行。

防治:① 换用好料后 7~10 天症状消失;② 检毒、防毒;③ 进行支持和对症疗法,控制继发感染;④ 消除毒素;翻晒、拍打、发酵、蒸煮、碱水漂洗、吸附等。

(二十七)胃溃疡

本病普通、常发。屠宰场显示,猪胃部溃疡、糜烂,潜在溃疡,愈合或角化,占 5%~38% 比例。本病与地区、季节、饲料等方面发生差异性很大,临诊检出率不高,病因尚不清楚。

病因:① 应激因素:应激反应导致猪内分泌改变,影响全身血液循环,使全身血液重新分布,因导致肠道缺血,故黏膜容易坏死,再加胃酸作用,从而引起溃疡。② 饲料因素:已知饲料中的某些成分可以刺激胃黏膜,导致胃溃疡。可在饲料中添加干草粉及小苏打(500 g/t料)或在主餐之间加喂青饲料(如胡萝卜等)加以预防。③ 感染:某些病毒感染后可以引发胃溃疡,如蓝耳病、PCV-2 型。④ 遗传因素:本病有较高遗传性,其次生长速度过快也可导致胃溃疡。

症状与病变:① 急性:立即死亡。胃黏膜出血,胃中积有血。② 亚急性:皮肤苍白,贫血,衰弱,厌食,粪便由黑色黏稠状而变为少量覆盖有黏液的小粪球,卧地不起,多在 12~48 h 虚弱死亡。③ 慢性:失血所致。皮肤苍白,贫血,粪便黑球状。

防治：抗酸止酵,镇静止痛,消炎止血,促进愈合。盐酸西咪替丁有效。

（二十八）经产母猪猝死症

本病多发于经产母猪,有明显阶段性和季节性。常见于每年的11月至翌年2月份,且以妊娠1～2个月的猪多发。发病前无先天性临诊症状,体温不高,一般在采食后1～2 h突发腹痛,腹围迅速增大,呼吸急促,继而卧地不起。死亡率100%。

剖检：脾严重瘀血、移位,肿大1～3倍,有深色血液溢出;肠充气,胃扭扩、出血、溃疡。

防治：① 日粮要求无霉变、颗粒不过细、勿突增;② 保证充足饮水;③ 减少应激或无应激。

（二十九）乳腺炎

病原为多种细菌,多见慢性子宫炎。可分为隐性感染、非临诊型乳腺炎、临诊型乳腺炎和非特异性乳腺炎。

症状：母猪乳腺红、肿、热、痛,乳上淋巴结肿大,体温正常。

防治：① 配前外阴消毒、子宫冲洗(利凡诺、生理盐水、高锰酸钾、抗生素等);② 产后注射抗生素、冲洗子宫。

（三十）缺乳、无乳症

缺乳、无乳征由乳腺功能衰退所致,乳量减少或无乳,总称为无乳综合征(MMA)。因仔猪发育不良,免疫力差,发病率高,育成率低而过早被淘汰。表现为乳头小,乳房皮肤松弛,乳腺松软,乳量少或无乳。

病因：① 乳腺发育不良;② 内分泌失调,垂体后叶素分泌不足;③ 应激;④ 管理差;⑤ 营养不良,子宫恢复慢;⑥ 疾病(细菌病、病毒病、霉菌病等);⑦ 年老;⑧ 母猪助产时消毒不严格不科学;⑨ 配种时的年龄过早或过晚。

防治：①（卡那霉素2 g或阿莫西林2 g或先锋1.5 g＋磺胺＋抗菌增效剂2.5 g)/头,2针。② 激素疗法：常用催产素。③ 中药疗法：a. 红糖200 g,黄酒250 g,鸡蛋1个,拌匀后混于饲料中喂3～4

天。b. 大豆煮熟加适量动物油每日喂 1～2 次,连喂 2～3 天。c. 王不留行、党参、熟地各 55 g,穿山甲、黄芪各 45 g,通草 35 g,水煎灌服。或将药汤及渣拌料喂,每日 1 次,连服 2 天。d. 穿山甲 8 g,通草 8 g,王不留行 8 g,益母草 28 g,水煎拌料喂猪。e. 在煮熟的豆浆中加 100～200 g猪油,连喂 2～3 天。f. 海带 300 g 泡好切碎,然后加通草与 120 g 动物油煮汤每日 2 次,连喂 2～3 天。④ 产后注射抗生素、洗宫。⑤ 加强消毒。⑥ 淘汰病猪。

(三十一)母猪难产

母猪从衔草做窝至分娩约需 8 h;羊水流出至产仔约需 2 h。正常产仔间隔小于 20 min,分娩时间 2～4 h。若产仔间隔超 40 min,胎儿全部产出超 5 h,且表现体温升高,呼吸加快,努责,尿频,长时间静卧时可定为难产。

难产原因,其一,母猪自身:产道狭窄、畸形(新母猪多见)、产力虚弱、膀胱积尿、外界刺激、母猪过肥、发育不良、疾病等。其二,胎儿过大、畸形、胎位不正、死胎等。

助产方法:药物、人工、剖腹等。

(三十二)创伤

指皮肤或黏膜因受各种机械性外力作用而引起组织开放性损伤。分新鲜、化脓两种。

(1) 新鲜污染创的治疗:① 及时止血:方法有压迫、钳夹、结扎、止血针等;② 应用药物:生理盐水、过氧乙酸、普鲁卡因、新洁尔灭、高锰酸钾;③ 清洁创口:注意由外到内顺序;④ 洁创手术:规范、彻底干净;⑤ 缝合伤口:无菌;⑥ 包扎:根据性质、部位、季节等制定包扎方法。

(2) 化脓疮的治疗:① 清洁创围、创腔;② 手术处理;③ 用药(外用、肌注、输水、引流);④ 包扎。

(三十三)脓疮

根据脓肿的不同阶段、程度采取相应疗法。一般采取消炎、促进脓肿成熟、手术去除、包扎等步骤。

(三十四) 耳血肿

耳血肿是由耳部血管破裂引起的,当血肿被机体吸收并且或多或少会被结缔组织替换掉,耳朵就会变成皱缩。一般不予治疗,即便治疗,手术加护理。

(三十五) 疝

内脏器官从扩大的自然孔道或病理性破裂孔脱至皮下或其他解剖腔的一种疾病。常见脐疝、阴囊疝、腹疝。发生原因与遗传、外伤等有关。手术治疗是最可靠的方法。手术步骤:① 保定;② 消毒;③ 切口;④ 止血;⑤ 缝合;⑥ 抗菌;⑦ 消炎;⑧ 护理。

(三十六) 锁肛

由隐性基因引起,具有致死作用。表现肛门被膜或组织封闭。属先天畸形,孕期维生素缺乏尤其维生素 A 的缺乏易产生此症。锁肛使正常肠内的内容物无法排出,公仔猪于 1～3 天内全部死亡,若闭肠短且距体表不到 1 cm,可手术挽救。因缺乏食欲,生长受阻成为僵猪。母猪的死亡率 50%,其余往往会自然形成一条直肠阴道瘘连接直肠与阴道前庭,使粪便通过阴道排出而得以存活并繁殖。

(三十七) 直肠脱

直肠末端黏膜或直肠的一部分经肛口向外翻出而不能回缩,俗称"脱肛"。仔猪多见。

病因:霉菌中毒、便秘、腹泻、咳嗽等。

治疗:可注射盐酸山莨菪碱注射液,疗效较好。也可采用手术疗法。手术步骤:① 保定:提升后肢,让其倒立;② 清洗肛套:淘米水、明矾溶液、高锰酸钾溶液;③ 切除污垢:谨慎小心;④ 针刺肿胀肛肠使其出血缩小;⑤ 整复:将肠管还纳原位;⑥ 缝合:注意打结方式,留出排粪口,视情拆线;⑦ 截肠术:当肠管发生坏死、穿孔、套叠、腐烂不能复位时使用截断,易选去皮莴笋撑涨肠管极好,再缝合;

⑧ 护理。

(三十八) 关节滑膜炎

关节滑膜炎是以关节囊滑膜层的病理变化为主的渗出性炎症。治疗原则：制止渗出，促进吸收，保持安静，解热镇痛。必要时手术：穿刺排脓，向关节内注射普鲁卡因青霉素和链霉素。手术程序：切口、排脓、引流、缝合、包扎、抗菌消炎。

(三十九) 蜂窝组织炎

蜂窝组织炎发生于皮下、肌膜下或肋间等处的疏松结缔组织的急性弥漫性化脓性感染。对病畜应给予清洁饮水和营养丰富易消化的饲料，对久病卧者应防褥疮。它分为局部疗法、全身疗法两种。

(四十) 湿疹

湿疹常指皮肤的表皮和真皮上皮组织的轻型过敏性炎症反应，在无菌感染情况下，以皮肤出血，肿胀，小结节，水疱，脓疱和结痂等程序发展。仔猪多发，春夏常见。

预防：加强管理，棚舍通风、干燥，卫生，消毒。

治疗：先剪短毛，而后清洗消毒，擦抹氢化可的松、硫黄软膏、消炎、止痒，喂富含维生素 A 饲料。

(四十一) 风湿病

风湿病其特征是胶原结缔组织发生纤维蛋白变性以及骨骼肌、心肌和关节囊中的结缔组织出现非化脓性局限性炎症。治疗原则为祛风除湿，建议使用水杨酸钠、地塞米松等。

预防：加强管理，棚舍通风、干燥，光照、卫生条件较好。

(四十二) 便秘

便秘的主要症状：排便困难，大便干燥，常带有黏膜或血液。原因：饲料中粗纤维少、酶制剂缺少或营养缺乏、搭配不当、钙磷比例过高、运动量不够、饮水不足，以及夏天高温应激、滥用抗生素、疾病等。

防治：① 饲料中增加粗纤维、青饲料，营养平衡，下泻（药用 KCl、$MgSO_4$ 避 Na_2SO_4，高钾比高钠好等）；② 肌注安胆注射液或硫酸新斯的明等；③ 当归 50 g、肉苁蓉 50 g、番泻叶 20 g、木香 25 g、醋香附 30 g、厚朴 30 g、神曲 30 g、炒枳壳 30 g、瞿麦 15 g、通草 15 g、麻油 200 g，水煎取汁候温分两次灌服；④ 直肠灌大黄、巴豆汤（适于各时期）：巴豆 30 g 放入 100 mL 烧杯中，浸 60 min，再加 800～1 000 mL 水，煮沸 30 min，再加入 150 g 大黄，继煮 30 min，冷却，再加苯甲醇 5 mL 含原生药 0.34 g/mL，装瓶。一次 20～25 mL，3～5 min 有粪便排除，再灌第二次即可。

（四十三）猪应激综合征

猪应激综合征指猪受到应激刺激而出现的综合征候群。主要表现为肌肉紧张，由于肌糖元过量迅速酵解引发内分泌和代谢紊乱失调，出现一系列酸中毒症状：呼吸促迫，心跳加快，喘气、皮肤苍白或变红，体温升高，严重突然死亡。宰后有灰白色水肉。

预防措施：减少各种应激因素。

（四十四）黄膘

黄膘又称黄脂病。该病大都是黄疸，由遗传、基因、胆囊受损、霉菌毒素及饲料原料天然色素摄入过多而引起。

（四十五）喝尿

猪喝尿大多由于缺水或饮水中的盐分过高所致；或猪只严重脱水，它们会像醉酒一样摇摇晃晃。但也有的属于异食癖。

（四十六）僵猪

需长时间饲养且生长缓慢的瘦弱猪叫僵猪。一旦成为僵猪，一般没有治疗价值，首选淘汰。

临诊表现：胎僵、奶僵、食僵、病僵 4 类。胎僵先天不足，多补维生素及鱼肝油；奶僵需要多吃或食补；食僵需要少餐多吃；病僵需要助消化、喂易吸收的饲料、驱虫。

治疗：首先给猪内外驱虫包括环境杀虫,停药 2～3 天后,洗胃、健胃,补铁。首选用肌苷和辅酶 A 及葡萄糖盐水静脉注射,同时肌注复合维生素 A、维生素 D,每日 2 次,连续 3～5 天。注意,用红糖与生姜熬水待凉后加电解多维混溶,让猪每日饮,效果良好。用石榴皮、柿树皮、枣树皮各 30 g,水煎加红糖 60 g,灌服可治肠炎。用石榴皮 30～50 g,槟榔 10～60 g,煎汁灌服可驱蛔虫、绦虫等。

(四十七) 猪缺硒

1915 年科学家首次发现硒对癌有防治作用。硒是生命元素,是人体必需的 14 种微量元素之一,具有抗癌、保护心脏、抗肝坏死,预防近视和白内障,解毒,提高免疫力、延缓衰老和增强生殖功能等多种药理作用,被誉为"生命的火种"、"心脏的保护神"和"抗癌之王"。

硒是动物体内的麸胱甘胱氧化酶(一种抗氧化酶)的重要组成成分,是谷胱甘肽过氧化合酶、5♯脱碘酶的必需组成部分,同时又是体内许多蛋白质的组成成分,对动物肌体抗氧化、抗应激、提高免疫力等方面起着重要作用。硒在抗氧化能力方面比维生素 E 强 50～100 倍。被归类为抗氧化营养素。有机硒比无机硒具有吸收率高、生物活性强、毒性低、环境污染小等特点,常与酵母组合。酵母硒是人类利用最早、最广泛的天然营养性微生物。几乎不含脂肪、淀粉和胆固醇,而含有绝佳的蛋白质、完整的 B 族维生素、14 种以上生命结合态的必需矿物质和 20％以上的优质膳食纤维,是天然营养宝藏。猪体内谷胱甘肽过氧化物酶组成,以硒代半胱氨酸的形式参与体内抗氧化过程,缺乏时可引起以下疾病：① 白肌病又称营养性肌坏死,肌肉萎缩,透明变性,叫声嘶哑,肌颤抖;② 营养性肝坏死(花肝、肝凸凹不平、心坏死);③ 水肿病;④ 猝死;⑤ 补铁时过敏;⑥ 应激大;⑦ 易发膈疝;⑧ 灰白肉;⑨ 繁殖障碍病;⑩ 呼吸困难。

防治：饲料不能缺硒。必要时注射亚硒酸钠。

(四十八) 母猪蹄裂

母猪蹄裂的原因：① 与品种有关。高度选育的高瘦肉率品种易发,如丹麦长白、长大二元杂交猪,然,本地猪及杂交猪极少发生。② 也可能与长期酸中毒或饲料制作时高温导致植酸酶的灭活有关。③ 无机物的铜、锌、锰摄入过多,或缺乏硒、锰(缺乏多呈横裂)、锌(缺乏多呈底裂或侧裂)以及光照不充足。④ 母猪年龄偏大。⑤ 天气寒冷、干燥、饲料中能量不足。⑥ 现代集约化的笼养运动量少,蹄壳坚韧性变差、肢蹄受力不均匀。⑦ 与猪舍的水泥地面有关。水泥呈碱性,对猪蹄有慢性腐蚀,其次是周边环境如水、有害气体超标等。⑧ 长期使用同一种消毒液且又是带猪消毒后未用清水冲洗干净。⑨ 生物素不足及缺乏。生产中,大剂量使用链霉素、磺胺类、杀虫剂、霉变饲料也都破坏生物素吸收。⑩ 新型未知副产品。⑪ 长期大量无机物摄入过多。⑫ 尚不清楚的疾病。⑬ 拒绝使用劣质脱霉剂。

欧美国家已高度重视蹄裂问题,企图通过选育和消除怀孕母猪笼养方式来解决蹄裂问题。